全国优秀畅销书

证　书

电子科技大学出版社：

你社出版的《2000 版电脑短训班教程》一书，经我会评选委员会评审，被评为 2002 年度全国优秀畅销书（科技类）。

特发此证书。

中国书刊发行业协会

二〇〇二年十二月

本书获评全国科技类优秀畅销书

2015版 电脑短训班教程

第15版

李　飞/编著　杨旭明/主审

李飞创作工作室

LIFEI WRITING STUDIO

电子科技大学出版社
DIANZIKEJIDAXUECHUBANSHE

图书在版编目（CIP）数据

2015 版电脑短训班教程 / 李飞编著. —15 版. —成都：电子科技大学出版社，2015.3（2016.8 重印）

ISBN 978-7-5647-2880-9

Ⅰ.①2… Ⅱ.①李… Ⅲ.①电子计算机—技术培训—教材 Ⅳ.①TP3

中国版本图书馆 CIP 数据核字（2015）第 093598 号

内容简介

本书（第十五版）仍以全新的思路，循序渐进地讲述了电脑的基础知识、汉字的输入、Windows XP/2003/Vista 的使用；介绍了 Office 办公软件中的 Word 2003/2007、Excel 2003/2007、PowerPoint 2003/2007 的应用，同时结合近年来互联网的巨大发展与进步，对在 Internet 网上发送和接收电子邮件、博客、QQ 聊天以及信息的搜索、常用工具软件的应用等操作技能做了详细的介绍，对电脑维护与维修则完全根据电脑软、硬件发展的最新理念，用启迪的思维进行了诠释。

"第十五版"仍保留了选材广泛而精炼，内容翔实，图文并茂，讲解详尽而又通俗易懂，并配有大量实例，融实用性、知识性、趣味性于一体的特色，"第十五版"仍像前面十四版一样，既可作为电脑初、中级培训班，电脑操作上岗培训指导，专业技术职称计算机考试教程，又可作为办公自动化培训及国家公务人员电脑培训用书。

本书自初版问世以来，供不应求，而且每年修订一次，紧跟计算机发展潮流，为此，深受广大读者的欢迎，是全国各级各类电脑培训班最受欢迎的教程之一。

2015版
电脑短训班教程
（第15版）

李 飞 编著 杨旭明 主审

出 版：电子科技大学出版社（成都市一环路东一段 159 号电子信息产业大厦 邮编：610051）
策划编辑：吴艳玲
责任编辑：吴艳玲
发 行：新华书店经销
印 刷：四川省南方印务有限公司
成品尺寸：185mm×260mm 印张 13 字数 350 千字
版 次：2015 年 3 月第十五版
印 次：2016 年 8 月第十七次印刷
书 号：ISBN 978-7-5647-2880-9
定 价：15.80 元

2015 版序

本书是成都信息工程学院李飞教授推出的畅销之作，在几年的时间里，行销了数十万册，并获得全国科技类优秀畅销书奖。目前，本书已成为国内电脑短期培训的首选教材，是“电脑短期培训类教材”选用中的一面旗帜。随着计算机技术的飞速发展，昔日的软、硬件系统已被更新、更高级的系统所代替，原有的应用领域也在不断地拓展和创新，电子商务、电子政务、企业 ERP 等都是电脑应用的热门话题，Internet 更是以空前的速度发展，截至 2014 年 12 月，我国网民规模达 6.49 亿，普及率为 47.9%，互联网在整体环境、应用普及和热点行业发展方面取得长足进步。学习电脑已成为时尚，在这样的历史背景下，教材的编写必须精益求精，技术上还必须符合电脑高速发展的要求。

本书虽然历年来都在修订，作为一本电脑基础应用的短期培训教程是成熟的、完善的，然而与电脑发展的速度相比又是滞后的，尤其是 Windows 操作系统，应以 Windows XP 为核心平台，拓展它的各种功能。过去几年，由于电脑硬件的发展跟不上，操作系统的功能没有得到充分应用，而更为高级的 Windows 2003/Vista/Windows 7 则无法实现。现在，Pentium 4、酷睿系列机已经普及，为充分调度和应用 Windows 高版本软件创造了条件。在应用软件方面，文字处理软件 Word 2003/2007、电子表格软件 Excel 2003/2007、幻灯片制作软件 PowerPoint 2003/2007、压缩软件 WinRAR、杀病毒软件卡巴斯基、下载软件迅雷都扩展到了许多应用层面，把原来的“基础应用”提升到“快捷应用”和“高级应用”。

本书的 2015 版，正是沿着这个思路去修订和提高的。除保持了前面版本的技术新、选材精，集基础性、实用性、可读性、图文并茂，以图导读，易学易用于一体的特点外，更以现代电脑的全新技术诠释了计算机技术及应用的最新成果，可以说，“2015 版”仍引领着计算机基础教育的潮流。本书的低价位，也为读者提供了方便。

笔者与李飞先生交往多年，审阅过他的多部书稿，总的印象是，李飞先生具有广博的计算机知识，深厚的计算机基础教育功底，熟练的计算机操作技能。因此，他写作的计算机类图书，符合初学者的学习需求，为广大读者接受，当然也就畅销、热销不衰。

笔者相信，本书 2015 版的问世，依然像前面的版本一样，将行销全国大江南北，为国人学习电脑、应用电脑带来帮助和启迪。

杨旭明
于电子科技大学沙河畔
2015.3

（杨旭明　著名计算机教育专家、电子科技大学教授、原电子科技大学出版社社长兼总编辑、国家信息产业部专家组成员、中国计算机用户协会常务理事、四川省计算机用户协会常务副理事长兼秘书长、成都市软件行业协会副理事长）

目　录

第3章 学习中文Windows XP/2003/Vista

第4章 学习中文 Word 2003/2007

第7章 学习应用计算机网络

第8章 电脑的维护和管理

第 1 章　电脑基础知识

电脑作为一个强有力的工具已经被大家认同，在学习电脑之前，必须对电脑有一个初步的认识，即了解电脑的构成、它的基本工作原理等。只有学好了这些基本知识，才能进一步学习电脑的其他知识。

1.1　电脑的硬件系统

我们通常看到的电脑只是构成电脑的物质实体，在电脑领域中称其为硬件。相对于硬件而言，我们把具有一定功能的各种电脑程序称为软件。硬件类似于人类的只有血肉无思维的大脑，而软件相当于人类大脑的思维，软件依附于硬件，在工作中起控制作用，而硬件在执行指令时，如同人的大脑思维驱使行动，所以称计算机为电脑。如此看来，一个完整的电脑系统由硬件和软件两大部分组成。

电脑的基本结构可以用以下五个部分来描述：

第一部分是进行运算的部件，称之为运算器。

第二部分是记忆原始数据和中间结果以及为了使机器能自动进行运算而编制的各种命令，称之为存储器。

第三部分是能代替人的控制作用的控制器，它能根据事先给定的命令发出各种控制信息，使整个电脑指令执行过程一步一步地进行。

第四部分是原始数据与命令的输入部分，称之为输入设备。

第五部分是将计算的结果（或中间过程）输出的部分，称之为输出设备。

电脑的基本组成结构如图 1-1 所示。

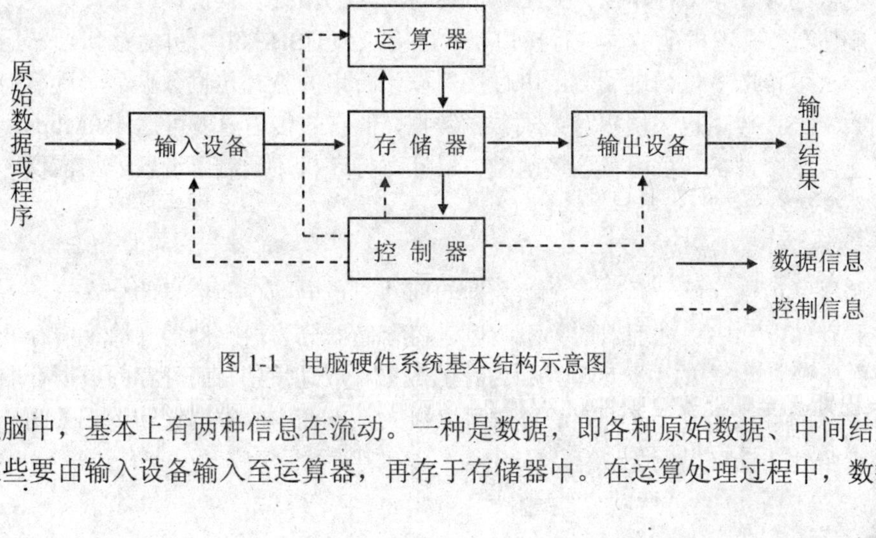

图 1-1　电脑硬件系统基本结构示意图

在电脑中，基本上有两种信息在流动。一种是数据，即各种原始数据、中间结果、程序等，这些要由输入设备输入至运算器，再存于存储器中。在运算处理过程中，数据从存储器读入运算器进行运算，运算的中间结果要存入存储器中，或最后由运算器经输出设备输出。用户给电脑的各种命令（即程序），也以数据的形式由存储器送入控制器，由控制器经过译码后变为各种控制信号。所以，另一种即为控制命令，由控制器控制输入装置的启动或停止，控制运算器按规定一步一步地进行各种运算和处理，控制存储器的读或写，控制输出设备输出结果等等。

1.2 电脑的基本配置

电脑由显示器、主机、键盘、鼠标等组成。其中，主机是电脑的主体，电脑的运算、存储过程都是在这里完成的，主机箱中安装有中央处理单元 CPU（在主机板上）、硬盘、电源、显示卡、网卡等硬件。

1.2.1 主机的配置

1. 主板

主板即主机板，是一块印刷电路板。主板上分布有总线、中央处理器、内存储器、高速缓冲存储器 CACHE、扩展 I/O 插槽、电池及集成电路等部件。

中央处理器 CPU 由运算器和控制器组成，它是电脑系统的核心，控制电脑的所有工作。通常所说的计算机的型号，如 Pentium Ⅳ就是指 CPU 的型号。CPU 的时钟频率决定了计算机的运算速度。运算器的主要功能是进行算术、逻辑运算。控制器是电脑的指挥中心，它根据事先给定的命令，发出各种控制信号，指挥电脑的各个设备自动地有条不紊地进行工作。在微机中，运算器和控制器通常做在一块芯片上，这块芯片也称为微处理器。

总线是实现微机内部各模块的连接和信息传递的部件。总线分为数据总线、地址总线和控制总线。数据总线是 CPU 和存储器及输入输出（I/O）接口之间传递数据的通道，地址总线是传递地址信息的通道，控制总线是传递控制信号的通道。

输入输出接口是 CPU 与外部设备进行信息交换的部件。所有的输入输出设备都是通过其对应的适配器与主机相连接的。接口作为主机和外设之间进行数据传送的暂存器及控制设备，使低速外设（如打印机）的工作节奏与高速的微处理器协调一致。

一般情况下，主机配备了并行接口、串行接口和 USB 接口。并行接口通常用来连接打印机，一次可传送多位二进制数。串行接口以比特串的方式传输数据，一次只能传送 1 位二进制数。USB 接口也采用串行方式传输数据，但它的传输速度可达 480Mbps。USB 接口能同时连接多个设备，可用于连接键盘、鼠标、打印机、调制解调器、扫描仪、摄像机、外挂式存储器等。

2. 存储器

存储器是用来存储一系列指令和数据的部件，是电脑存储信息的仓库。

按照存储器和中央处理器的关系，可以将存储器分为内存储器（简称内存）和外存储器（简称外存）。它们的主要区别是：内存的数据存取速度快，而外存的数据存取速度相对较慢；内存的容量比较小，外存的容量可以很大；内存中的数据在断电或关闭计算机后消失，外存中的数据可以永久保存。

内存储器是 CPU 直接读取信息的地方，程序和数据都必须调入内存后才能进行处理。内存储器根据其作用不同分为随机存储器和只读存储器。

随机存储器 RAM 的特点是可读可写，但关机后，RAM 中的信息自动丢失。RAM 一般用来存放计算机当前运行的程序，所处理的数据以及支持用户程序运行的系统程序等。通常所说的计算机内存大小就是指 RAM 的大小，计算机内存容量越大，在同一时间内处理的信息量就越多，计算机的处理速度就越快。

只读存储器 ROM 的特点是只能读出信息，不能写入信息，只读存储器中的信息可长期保存而不受断电的影响。ROM 中存储的是厂家装入的磁盘引导程序、自检程序及输入输出程序等系统服务程序。

3．硬盘

硬盘是电脑最主要的外存储设备，固定在主机箱内，电脑中绝大多数的文件都存储在硬盘中。硬盘具有存储容量大、存取信息速度快、密封性好等特点。

由于硬盘的存储空间较大，通常对这些大容量的硬盘要进行分区。硬盘是由操作系统管理的设备，操作系统按一定的方法对硬盘进行管理，合理地组织文件、数据。

近年来，USB 移动硬盘以实用、轻巧、安装使用方便越来越受到用户的青睐。USB 移动硬盘通过单一线缆与计算机的 USB 接口连接，支持即插即用和热插拔。

4．显卡和声卡

显卡是连接显示器和主板的适配卡，衡量其性能的重要指标是卡上的显存容量的大小，显存容量越大越好。

声卡是多媒体电脑中的一块语音合成卡，电脑通过声卡来控制声音的输出。

5．光盘

光盘包括只读光盘、刻录光盘和数字通用光盘。目前在微机系统中使用最广泛的是只读光盘，但数字通用光盘取代只读光盘将是一种趋势。只读光盘（CD-ROM）只能从中读取信息而不能向其写信息，光盘上已有的信息是制造厂家预先写入的数据和程序，出厂后用户只能读取，不能写入、修改。CD-ROM 的存储容量为 650MB 左右，适合于存储诸如百科全书、文献资料、各种软件等信息量比较大的内容。刻录光盘分一次性写入光盘（CD-R）和可擦写光盘（CD-RW），用户可以将信息资料写入到此类光盘中。可擦写光盘可多次写入。数字通用光盘（DVD ROM）集计算机技术、光学记录技术和影视技术为一体，成为一种容量大、性能高的存储媒体。

6．优盘

优盘是目前使用最广泛的便携式存储设备，它的主要特点是既可在不加电的情况下长期保存信息，又能在线进行快速擦除与重写。

优盘不使用驱动器，不仅方便文件共享与交流，还可节省开支；优盘的接口是 USB，无需外接电源，支持即插即用和热插拔；优盘的存取速度快，体积小，重量轻，防潮，耐高低温，便于携带，防震性能好。

1.2.2　显示器

显示器是计算机系统中不可缺少的部分，用来显示用户输入的命令、数据和计算机运算的结果。显示器的种类主要有阴极射线管显示器（CRT）和液晶显示器（LCD），现在一般都使用 LCD 显示器。

显示器按颜色来分有单色和彩色两种，按分辨率来分有高、中、低三种。显示器的分辨率用整个屏幕的光栅的列数和行数的乘积表示。例如，320×320 分辨率显示器属于低分辨率，640×480 分辨率显示器属于中分辨率，1024×768、1280×1024 分辨率显示器属于高分辨率。

1.2.3 键盘

键盘是电脑的主要输入设备，是电脑的重要组成部分，我们给计算机的各种命令、数据和程序往往是通过键盘输入的。

键盘由一组按阵列方式装配在一起的按键组成。键盘的种类很多，微型计算机中常用的键盘有机械式和电容式两类。通常，一个标准键盘可分为 4 个区域：主键盘区、功能键区、光标键区、数字键区。

主键盘区是键盘的主要使用区，其键位排列与标准的英文打字机的键位排列相同，由数字键、英文字母键、常用运算键、标点符号和控制键组成，共有 59 个键。

功能键区由 F1~F12 共 12 个键组成，在软件中被定义成执行特定的功能。功能键的设置和利用可以为用户使用计算机提供极大的方便。

光标键区中的键主要用于编辑修改操作。

在数字键区的 17 个键中，有 11 个键具有双重功能，由 Num Lock（数码锁定）键进行控制。当按下 Num Lock 键，键盘的右上角 Num Lock 指示灯亮时，可实现数据的输入；再按一次该键，Num Lock 指示灯熄灭，可实现编辑键的功能。

1.2.4 鼠标

随着图形界面系统的推出，鼠标一般被作为窗口软件或绘图软件的首选输入设备。它可以准确、方便地移动光标，进行光标的定位。

鼠标是一种“定点”设备，使用鼠标可以方便地确定光标在显示器窗口上的位置，在各种相应软件的支持下，通过对鼠标上按钮的“点击”操作完成某种特定的功能。

按结构原理可把鼠标分为光学式和机械式两类。光学式鼠标工作的可靠性高，维护简单。机械式鼠标又有机电式和光电式两种，目前多数使用的为光电机械鼠标。

1.2.5 打印机

打印机是电脑的一种输出设备，可以把电脑输出的结果打印在纸上。

打印机按工作原理，可分为击打式和非击打式；按打印方式，可分为点阵式打印机、喷墨打印机和激光打印机。

点阵式打印机也称针式打印机或击打式打印机，有 9 针、16 针、24 针等多种形式，最常用的是 24 针打印机，能够打印汉字和质量要求不高的图形。

激光打印机属于非击打式的页式打印机，无噪音，分辨率高，打印速度快，质量好。其工作原理和结构复杂，价格相对较高。

喷墨打印机和针式打印机相比，打印速度较快，噪音较小，质量好，对打印的纸张要求比较高，需要专用的打印纸和专用墨水。

1.3　电脑的软件系统

1.3.1　软件的概念及分类

软件是指电脑运行所需要的各种程序和数据及其有关资料，软件是电脑的重要组成部分。没有配置任何软件的电脑，称为“裸机”，裸机不可能完成任何有实际意义的工作。一台性能优良的电脑能否发挥其应有的功能，取决于为之配置的软件是否完善、丰富。因此，在使用或开发电脑系统时，必须要考虑到软件系统的发展与提高，熟悉与硬件配套的各种软件。

从电脑系统的角度来划分，软件可分为系统软件和应用软件两大类。

系统软件是指管理、控制和维护电脑硬件和软件资源的软件，它的功能是协调电脑各部件有效地工作或使电脑具备解决某些问题的能力。系统软件主要包括操作系统、程序设计语言、解释和编译系统、数据库管理系统等。

应用软件是用户利用电脑及其提供的系统软件为解决各种实际问题而编制的电脑程序。应用软件是面向应用领域、面向用户的软件，它主要包括科学计算软件包、字处理软件、辅助工程软件、图形软件、工具软件等，如 OFFICE、WPS、AUTOCAD、3DMAX 等均是著名的应用软件。

1.3.2　操作系统

操作系统是一组直接控制和管理电脑硬件资源和软件资源，使电脑高效、协调、自动地工作，以方便用户充分而有效地利用资源的程序。由此可见，操作系统在电脑系统中占有特殊的重要地位，所有其他系统软件和应用软件都是建立在操作系统基础上，并得到它的支持与服务。

操作系统的目的有两个，首先是方便用户使用电脑，用户通过操作系统提供的命令和服务去操作电脑，而不必去直接操作电脑的硬件；其次，操作系统尽可能地使电脑系统中的各项资源得到充分合理的利用。

操作系统提供了五个方面的功能：存储器管理、处理机管理、设备管理、文件管理和作业管理。

目前在微机上常见的操作系统有 DOS、Windows 和 Linux，最常用的是 Windows。

1.3.3　程序设计语言

1．电脑的指令

人们要利用电脑来解决具体的问题，是通过一连串电脑指令来完成的，这个指令序列就是程序。一条指令规定电脑执行一个最基本的操作，一种电脑所能识别的一组不同指令的集合称为该种电脑的指令集或指令系统。指令完全是用二进制数表示的，指令系统包括以下类型的指令：

（1）数据处理指令

数据处理指令用于对数据进行算术运算、逻辑运算、移位和比较操作。

（2）数据传送指令

数据传送指令用于在存储器、寄存器、微处理器等设备间进行数据传送。

（3）程序控制指令

程序控制指令用于进行条件转移、无条件转移、转子程序、暂停等操作。

（4）状态管理指令

状态管理指令用于中断、屏蔽中断等操作。

一串指令的有序集合就是程序，一个程序规定电脑完成一项完整的任务。程序设计语言是软件系统的重要组成部分，一般可分为机器语言、汇编语言和高级语言三类。

2．机器语言

前面介绍的电脑指令就是机器语言。机器语言是最低层的电脑语言，它的每一条指令都是二进制形式的指令代码。用机器语言编写的程序，电脑硬件可以直接识别，因此它的执行速度比较快，基本上充分发挥了电脑的速度性能。

机器语言存在两个问题。第一个问题是用机器语言编写程序很不方便，阅读这种程序也很吃力；第二个问题是不同的电脑硬件（主要是CPU）其机器语言是不同的，因此，针对一种电脑所编写的机器语言程序不能在另一种电脑上运行。

3．汇编语言

机器语言程序的不易编制与阅读促进了汇编语言的发展。为了便于理解和记忆，人们采用能反映指令功能的英文缩写助记符来表达电脑语言，这种符号化的机器语言就是汇编语言。

汇编语言采用助记符，比机器语言直观，容易记忆和理解。因此汇编语言程序比机器语言程序易读，易检查，易修改。另外汇编语言与机器语言一般是一一对应的，因此汇编语言与机器有关，其程序的执行效率仍然比较高，但程序可移植性较差。

用汇编语言编写的程序称为汇编语言源程序，机器无法直接执行，要用电脑配置好的汇编程序把它翻译成机器语言表达的目标程序，机器才能执行。这个翻译过程称为汇编。

4．高级语言

机器语言和汇编语言都是面向机器的语言，虽然其程序的执行效率高，但它们对机器依赖性大，编写程序效率却很低，编制好的程序通用性差。

高级语言是一种不依赖具体电脑类型，与机器指令系统表面无关，描述方法接近人们对求解问题的表达方式，易于书写与掌握的程序设计语言。

高级语言一经诞生，就得到了迅速的发展。目前广泛应用的高级语言有 BASIC、FORTRAN、PASCAL、C、JAVA 等等。所有的高级语言具有以下共同特点：

（1）它们独立于具体电脑，即使用高级语言完全不必知道所用电脑的机器指令系统。

（2）高级语言中的一条可执行的语句包含许多条机器指令。

（3）用高级语言编制的程序可移植性好，不需要经过太大的修改，就可以在其他类型的机器上运行。

（4）所有高级语言编写的程序（称为源程序）都要通过编译程序翻译成机器语言表达的目标程序后才能被电脑执行，或者通过解释程序边解释边执行。

1.3.4 编译程序

在电脑上执行一个高级语言程序一般要分为两步：第一步，用一个编译程序把高级语言程序翻译成机器语言程序；第二步，运行所得的机器语言程序求得计算结果。编译程序的作用是把某一种语言的源程序改造成另一种语言表达的目标程序，而源程序与目标程序在逻辑上是等价的。不同的高级语言都有自己的高级语言编译程序。一般来说，编译程序均是把源程序改造成用机器语言或汇编语言表达的目标程序。编译程序的工作过程可以划分成词法分析、语法分析、中间代码生成、优化和目标代码生成等阶段。

1.3.5　数据库管理系统

数据库是电脑软件的一个重要分支，它和电脑网络、人工智能并称为当今电脑技术的三大热门技术。数据库系统是具有数据库管理功能的电脑系统，它的出现是电脑数据处理技术的重要进步。数据库管理系统具有以下特点：

（1）数据共享

允许多个用户同时存取数据库而不相互影响，这个特点正是数据库技术的先进性所在。

（2）数据独立

指应用程序不必随数据存储结构的变化而异，是数据库的基本优点之一。

（3）减少了数据冗余度

用户的逻辑数据文件和具体的物理数据不必一一对应，存在着多对一的重叠关系，有效地节省了存储资源。

（4）避免了数据的不一致性

由于数据只有一个物理备份，数据的访问不会出现不一致的情况。

数据库系统主要包括数据库和数据库管理系统两大部分。数据库是存储数据的“仓库”。在数据库中，数据间存在着逻辑关系，它们是按一定的组织方式存放在一起并相互关联的。数据库管理系统是对数据库进行管理的软件。该软件的作用是维护数据库，为用户提供管理、操作数据库的各种命令，包括数据库的建立、编辑、检索、统计、制表、打印等。实际上数据库管理系统是用户和数据文件的接口，用户通过它可以对数据库中的数据进行操作，而不必掌握数据间的组织方式。

著名的数据库管理系统有 dBASE、FoxBASE、FoxPro、Oracle、Informix 等，目前在我国微机上使用比较广泛的数据库管理系统是 FoxPro。

习题与思考题

1．电脑的主机中装有哪些部件？各起什么作用？

2．CPU 是什么？它的作用是什么？

3．电脑的存储器有几种？电脑的内存分几种？

4．什么是系统软件？什么是应用软件？二者之间的差别是什么？

5．电脑是如何根据用户的要求进行工作的？请谈谈电脑指令的作用。

6．低级语言与高级语言的区别是什么？一般来说，哪一种语言的执行速度快？

第2章　学习汉字输入

在我国，要普及与推广计算机的应用，就必须解决汉字信息的处理问题。近年来，多种汉字操作系统的推出，有力地推动了汉字信息处理技术的发展。

2.1　键盘操作

2.1.1　基准键位和手指分工

打字首先要注意打字的姿势。如果姿势不当，不但会影响打字速度的提高，也很容易疲劳。正确的姿势是身体保持端正，两脚平放。椅子高度以双手可平放桌上为准，桌、椅间距离以手指能轻放基本键位为准。两臂自然下垂，两肘轻贴于腋边。肘关节呈垂直弯曲，手腕平直，身体与打字桌距离约20～30厘米。手指稍斜垂直放在键盘上，击键的力量来自手腕，尤其是用小指击键时，仅用手指的力量会影响击键的速度。

正确的指法是提高速度的关键，掌握正确的指法，养成良好的习惯，才会有事半功倍的效果。正确的指法要求如下：

（1）准备打字时，两手八指轻放在第三排的基本键位上，如图2-1所示。

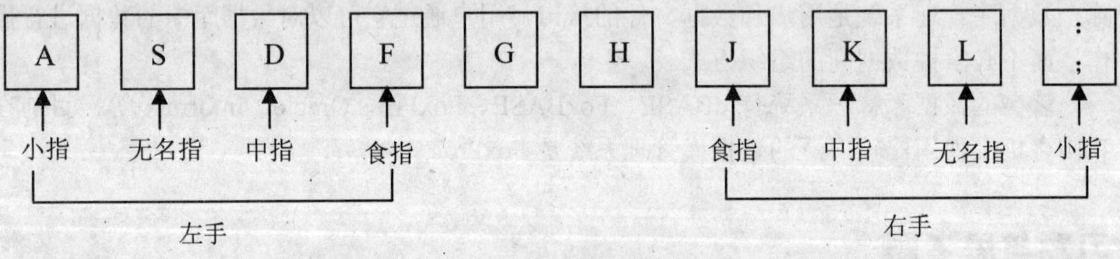

图2-1　基准键位图

（2）十指分工明确。各手指分工如图2-2所示。

（3）平时手指稍弯曲拱起，指尖后的第一关节微成弧形，轻放键位中央。手腕悬起不要压在键盘上。

（4）应是轻击键而不是按键。击键要短促、轻快、有弹性。用手指垫击键，不要用指尖或把手指伸直击键。

（5）无论哪一个手指击键，该手的其他手指也要一起提起上下活动，而另一只手则放在基本键上，不要小指击键时，食指上翘，或者相反。

（6）任一手指击键后，只要时间允许都应退回基准键位，不可停留在已击字键上。实践证明：从基准键位到其他键位的路径简单好记，容易实现盲打。

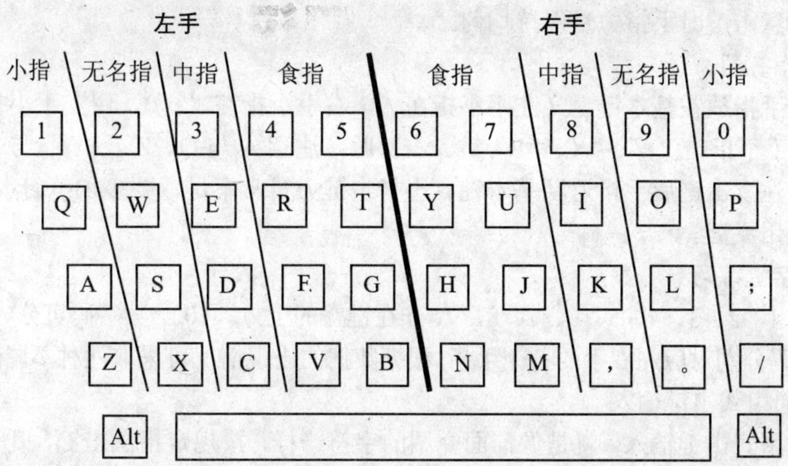

图 2-2　指法分区图

（7）用拇指侧面击空格键，右手小指击回车键。

（8）击键力度适当，节奏均匀。

（9）应默念稿件，不要出声。

2.1.2　指法训练

1．食指练习

练习“F G H J”键时把左右手指放在基本键上（左手食指在 F，右手食指在 J），击键时手腕不动，用左手食指击 F、G 键，用右手指击 J、H 键。左手食指击完 G 键后应立刻返回 F 键，右手食指击完 H 键后应立刻返回 J 键。

练习“R T Y U”键时把左右手指放在基本键上（左手食指在 F，右手食指在 J），用左手食指击 T、R 键，用右手食指击 Y、U 键。击键时，注意 F 键与 R、T 键及 J 键与 Y、U 键之间的角度和距离。

练习“V B N M”键时把左右手指放在基本键上（左手食指在 F，右手食指在 J），用左手食指击 V、B 键，用右手食指击 N、M 键。击键时，注意 F 与 V、B 及 J 与 N、M 之间的角度，并注意击键后手指返回基本键。

2．中指练习

把左右手指放在基本键上（左手中指在 D，右手中指在 K），用左手中指击 D、E、C 键，用右手中指击 K、I 和“,”键。击键时，注意 D 与 E、C 及 K 与 I、“,”之间的角度，并注意击键后手指返回基本键。

3．无名指练习

把左右手指放在基本键上（左手无名指在 S，右手无名指在 L），用左手无名指击 S、

W、X键，用右手无名指击L、O和“.”键。击键时，注意S与W、X与L与O、“.”之间的角度，并注意击键后手指返回基本键。无名指的运用比较难，常常是力量不足，应经常练习，注意击键时手指力量保持均匀。

4．小指练习

把左右手指放在基本键上（左手小指在A，右手小指在“;”），用左手小指击A、Q、Z键，用右手小指击“;”、“/”、“P”键。击键时，注意A与Q、Z及“;”与P、“/”之间的角度，并注意击键后手指返回基本键。小指击键力量常不足，要多加练习小指力度，才能使小指运用灵活。

5．数字键练习

数字码1、2、3、4、5、6、7、8、9、0在键盘的上方。10个数字码可分成左右两大部分，10个数码分别对应左右手的各个手指。根据数据的出现情况可采取两种不同的击键方式：

（1）通用式击键输入

所谓通用式击键输入，就是像前面介绍的字符一样，按规定指法击键，既有准备阶段，又有回归阶段。这种方式适用于数字和字符混合出现的情况。输入数码时，必须从基准键出发。击键完毕后再回到基准键。

（2）基准式击键输入

所谓基准式击键输入，就是将数字1、2、3、4和7、8、9、0作基准键位处理。输入数码时，我们像基准那样，将手指轻放在对应的数码键位上，敲完一个数字后不必缩回到原定的字母基准键位，而只需回归到这里的数字基准键位上，这样可以提高输入数字的速度，但指法的对应关系和担任动作还必须按基准键的要求。这种方式适用于成批的数字数据输入。

对于数字键的输入，重点还是应该放到通用式击键输入法的练习上。

6．空格键、回车键和“Shift”键的练习

空格键在键盘的最下方，它用大拇指控制。击键方法是手指处于基准键位上，右手从基准键位垂直上抬1～2厘米，大拇指横着向下击空格键，击键完毕立即缩回。一个空格击一次键，例如 SALL　　SAILED　　FALL　　JAFE　　SAFES　　LIKES，其中数字之间的空白代表空格键，以后书写时，空格就用一个空白位置来表示。

回车键在键盘上用Return来表示，我们用 ↵ 表示，它应该由右手的小手指来控制。击键方法是手指处于基准键位上待命，抬右手，伸小指击键。

在基础练习阶段，要把指法操作的正确性放在第一位，不要急于盲目追求输入速度，自己不太熟悉的击键动作要反复训练。

Shift键的作用是用于控制换挡。在计算机键盘上，如果一个键位上有两个字符，那么当需要输入上端字符时就必须先压住Shift，再敲上端字符所在的键。

由键位分区图可见，Shift是由小指控制的。为使操作起来方便，键盘的左右两端均设有一个Shift键。如果待输入的字符是由左手控制的，那么事先必须用右手的小指压住Shift键，再用左手的相应指头击上端字符键；如果待输入的字符是右手控制的字键，那么事先必须用左手的小指压住Shift键，再用右手的相应指头击上端字符键。只有上端字符击键完毕后左右手的指头才能缩回到基准键位上。

7．其他字符的输入练习

除了字母和数字键以外，键盘上还有其他一些字符，如+、−、*、/、(、)、#、!、@、?、

&、:、"、$、%、↑、↓、→、←、Ctrl 等等。这些字符的输入也必须按它们各自的分区，用相应的手指按规则击键输入。只要我们熟悉了字母和 Shift 符号的击键原则和方法，那么这些字符的输入是不难体会和掌握的。

至此，键盘上的主要字符的输入方法介绍完毕。对于其他字符，亦可参照相应原则进行练习。读者一定要结合自己的实际情况，反复练习，反复体会和琢磨，才能真正掌握这门技术。

2.2　汉字输入方法概述

汉字操作系统名目虽繁多，但都在原西文 DOS 操作系统下，经过开发，增加了汉字的输入、显示和打印功能而实现的。所以 IBM PC 机在进入某种汉字系统前，要先进入西文 DOS 系统，然后执行一系列该汉字系统的命令，才能进入该汉字系统。各汉字系统的结构不同，命令不一样，进入这些汉字操作系统的方式也各不相同。

英文为拼音文字，26 个字母排列规则简单、明确。把一篇英文资料输入计算机是比较容易的。但汉字就完全不同了，它的字形结构复杂、同音字多，难于给出明确、统一、简单的编码排序规则。

电脑为汉字信息自动化处理提供了条件。近年来，随着汉字电脑输入技术的进步，新发明的许多汉字输入方法其速度已达到甚至超过了英文打字的水平。

近年发明的汉字编码方案有数百种，但流行的不过十余种，这些高效输入方案中，均是以汉字编码的方案实现的。

利用电脑原有的西文键盘，把一个汉字拆成几个键位的序列，这就是汉字编码。这样编码由于键位少，可以实现盲打，许多方案都能达到 100 字/分钟以上，其编码方案可以分成三类：

（1）音码：利用汉字的读音特性编码。压缩拼音、全拼双音等属于音码。

（2）形码：利用汉字的字形特征编码。五笔字型、首尾码等属于形码。

（3）音形结合码：既利用汉字的语音特征，又利用字形特征的编码方案。自然码、大众音形码输入法就是这类方案的代表。

2.3　学习搜狗拼音输入法

搜狗拼音输入法是搜狗（www.sogou.com）推出的一款基于搜索引擎技术、特别适合网民使用的新一代的输入法产品。

2.3.1　输入法界面

1．状态条

搜狗拼音输入法的标准状态条是。状态条上的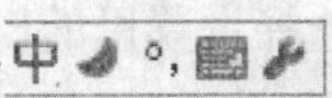分别代表“输入状态”、“全角/半角符号”、“中文/英文标点”、“软键盘”和“设置菜单”。

2. 输入窗口

搜狗输入法的输入窗口如下：

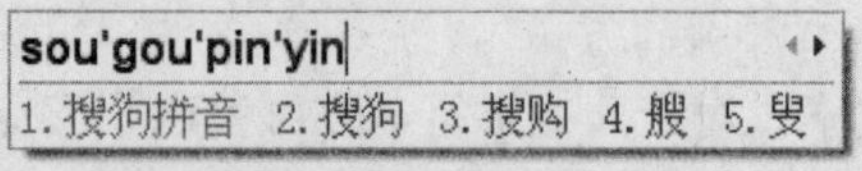

搜狗输入法的输入窗口很简洁，上面一排是用户所输入的拼音，下面一排是候选字，输入所需的候选字对应的数字，即可输入该词。第一个词默认是红色的，直接敲一下空格即可输入第一个词。

3. 设置窗口

搜狗拼音输入法的设置窗口如图 2-3 所示。在状态条上点击鼠标右键或者点击小扳手图标，都可以进入设置属性窗口，在这里可进行常用设置、按键设置、皮肤设置、词库设置和高级设置等。

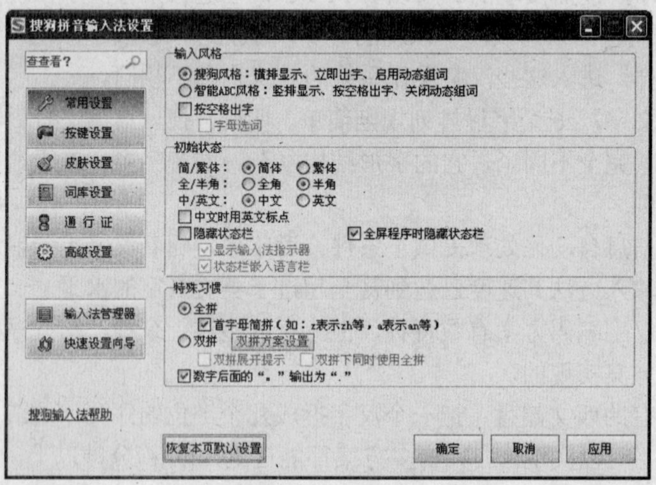

图 2-3 “搜狗拼音输入法设置”窗口

2.3.2 输入法规则

1. 全拼

全拼输入是拼音输入法中最基本的输入方式。只要切换到搜狗输入法，在输入窗口输入拼音，然后依次选择所要的字或词即可。可以用默认的翻页键“逗号（，）”和“句号（。）”来进行翻页。

2. 简拼

简拼是输入声母或声母的首字母来进行输入的一种方式，有效地利用简拼，可以大大提高输入的效率。搜狗输入法现在支持的是声母简拼和声母的首字母简拼。例如，想输入“市场经济”，只要输入“scjj”或“shcjj”都可以输入“市场经济”。同时，搜狗输入法支持简拼全拼的混合输入，例如，输入“srf”或“sruf”或“shrfa”都可以得到“输入法”。

注意：这里的声母的首字母简拼的作用和模糊音中的“z，s，c”相同。但是，即使没有选择设置里的模糊音，同样可以用“scjj”输入“市场经济”。有效使用声母的首字母简拼可以提高输入效率，减少误打，例如，要输入“指示精神”这几个字，如果输入传统的声母简拼，只能输入“zhshjsh”，需要输入的多个 h 容易造成误打，而输入声母的首字母简拼，"zsjs"能很快得到想要的词。

简拼由于候选词过多，可以采用简拼和全拼混用的模式，这样能够兼顾最少输入字母和输入效率。打字熟练的人会经常使用全拼和简拼混用的方式。

3．英文的输入

输入法默认是按下"Shift"键就切换到英文输入状态，再按一下"Shift"键就会返回中文状态。用鼠标点击状态栏上面的中字图标也可以切换。

除了"Shift"键切换外，搜狗输入法也支持回车输入英文和 V 模式输入英文。在输入较短的英文时，可以省去切换到英文状态下的麻烦。具体使用方法如下：

回车输入英文：输入英文，直接敲回车即可。

V 模式输入英文：先输入"V"，然后再输入英文，可以包含"@+*/-"等符号，然后敲空格键即可。

4．模糊音

模糊音是专为对某些音节容易混淆的人所设计的。当启用了模糊音后，例如 sh 与 s，输入"si"时也可以显示出"十"，输入"shi"时也可以显示出"四"。搜狗输入法支持的模糊音如下：

声母模糊音：s 与 sh，c 与 ch，z 与 zh，l 与 n，f 与 h，r 与 l。

韵母模糊音：an 与 ang，en 与 eng，in 与 ing，ian 与 iang，uan 与 uang。

5．网址输入模式

网址输入模式是搜狗输入法特别为网络设计的便捷功能，让用户能够在中文输入状态下就可以输入几乎所有的网址。目前的规则如下：

输入以"www."、"http:"、"ftp:"、"telnet:"、"mailto:"等开头的字母时，自动识别进入到英文输入状态，后面可以输入如"www.sogou.com"、"ftp://sogou.com"类型的网址。

输入非"www."开头的网址时，可以直接输入如"abc.abc"这样的网址，但是不能输入 abc123.abc 类型的网址，因为句号还被当作默认的翻页键。

输入邮箱时，可以输入前缀不含数字的邮箱，例如，lfbq@163.com。

2.4　学习五笔字型输入法

在日常应用中，拼音输入法使用较广泛，因为拼音输入法学习容易，操作简便，但是编码较长，输入速度较慢。对于专业录入和想提高输入速度的人来说，学习五笔字型输入法，则是明智的选择。

2.4.1　五笔字型的笔画和字根

1．五种基本笔画

什么是汉字的笔画？1984 年，发明人王永民教授给笔画的定义为：书写汉字时，一次写成的一个连续不断的线段。

五笔字型中的笔画只考虑笔画的运笔方向，而不计其轻重长短，这样将汉字的诸多笔画归结为基本的五种笔画，即横、竖、撇、捺、折。我们将这五个基本的笔画按照顺序、汉字使用频度的高低进行排列，分为五个单元区，并用数字 1、2、3、4、5 五个代号代表五种基本笔画，如表 2-1 所示。

表 2-1　汉字的五种基本笔画

代号	笔画名称	笔画走向	笔画及变形
1	横	左→右	一 ㇀
2	竖	上→下	丨 亅
3	撇	右上→左下	丿
4	捺	左上→右下	㇏ 丶
5	折	带转折	乙 ㇇ ㇉ ㇋ ㇆

实际上汉字的笔画没有这么简单，除这五种笔画外，还有多达 10 多种的其他笔画。根据汉字基本笔画的形态，我们可以把这 10 多种笔画都归结为上述五种。

2．五笔字型的字根

在五笔字型中，我们把那些组字能力很强（组字频度高），而且在日常汉语文字中出现次数很多（实用频度高）的字根，称作基本字根。

五笔字型输入法中包含有 130 种基本字根，按照其起笔代号，并考虑键位设计的需要，分为五个大区，每区又分为五个位，命名以区号位号，以 11～55 共 25 个代码表示之。

书写字根时，我们将其开始的笔画与五个区的笔画相对应的归入一类。如“木”字的第一笔是横就归为横区，即第一区；“早”字的第一笔是竖就归为竖区，即第二区；“月”字的第一笔是撇就归为撇区，即第三区；“广”字的第一笔是捺就归为捺区，即第四区；“又”字的第一笔是折就归为折区，即第五区。

每一区占键位是 5 个，也就是一共有 25 个字根键位，如图 2-4 所示。

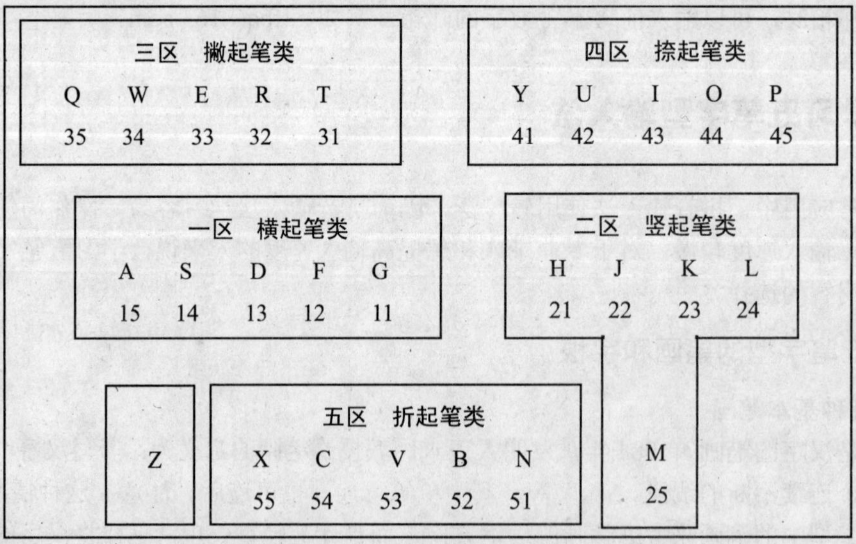

图 2-4　字根的区和位

五笔字型的基本字根分布在键盘的字母键上，形成了“字根键盘”。五笔字型在键盘上字根的分布方式是：

（1）将英文键盘上的 A～Y 共 25 个键分成五个区，区号为 1～5，并用字根首笔画的代号作为区号。

（2）每区 5 个键，每个键称为一个位，位号为 1～5。

（3）将每个键的区号作为第一个数字，位号作为第二个数字，将这两个数字组合起来就表示一个键，即我们所说的“区位号”。

五笔字型键盘字根分布图如图 2-5 所示。

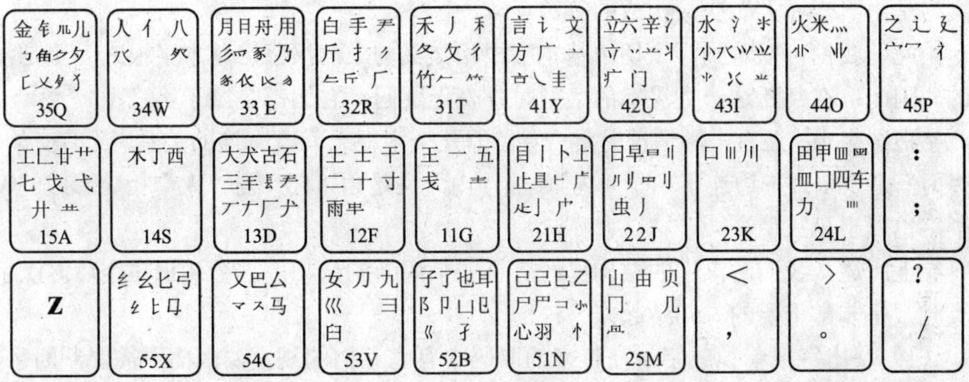

图 2-5 五笔字型字根键盘分布图

2.4.2 字根结构和汉字结构

1. 组成汉字的字根结构

基本字根在组成汉字时，按照它们之间的位置关系也可以分为四种类型，即“单、散、连、交”。基本字根与基本字根之间、基本字根与单笔画之间按照这四种位置关系，则可组成所有的汉字。

· 单字根结构

在字根间的结构关系中，“单”应理解为单独成为汉字的字根，即这个汉字只有一个字根。具有这种结构的汉字包括键名汉字与成字字根汉字，如“口、木、山、田、马、寸”等。这里需要强调的是，要将字根和笔画区别开，构成汉字最基本的单位是字根而不是笔画，字根是由笔画按一定的方式组成的。

· 散字根结构

指构成汉字的基本字根之间可以保持一定的距离，如“吕、足、困、识、汉、照”等。

注意：既然字根间是可以保持一定距离的，那么它们就有一个相互位置关系问题。要么左右，要么上下，要么杂合，总归属于一种，从而形成三种不同的字根。

· 连笔字根结构

指一个基本字根连一单笔画，如“丿”下连“目”成为“自”，“丿”下连“十”成为“千”，“日”下连“一”成为“旦”等。其中单笔可连前也可连后。注意，这种情况下的字根与单笔之间，不能当作散的关系。

连的另一种情况是所谓“带点结构”，如“勺、术、太”等字中的点，近也可，稍远也可；连也可，不连也可。为了使问题简化，我们规定，一个基本字根之前或之后的孤立点，一律视作是与基本字根相连的。

由此，我们可以看到，一切基本字根与单笔连了之后形成的汉字，都是不能分作为几个保持一定距离的部分的。因此，在判断这一类汉字的字根时，它们不可能是左右、上下型，而只能是第三类字型了。

· 交叉字根结构

指几个基本字根交叉套叠之后构成的汉字，如“申”是由“日丨”、“里”是由“日土”、“夷”是由“一弓人”交叉构成的等等。

由此，我们可以看到，一切由基本字根相交叉构成的汉字，基本字根之间更是没有距离的。因此，在判断这一类汉字的字型时，毫无疑问，它们都是属于第三型。

字根组字中，还有一种情况是混合型，即几个字根之间既有连的关系，又有交的关系。如“丙”是“一”下边连了一个“内”，而“内”又是由“冂”与“人”相交形成的，自然这类字也属于第三型。

综上所述，我们对汉字的结构已经有了一个清晰的认识。这个认识在今后对汉字字型分类时，是非常重要的。归纳起来为：

（1）基本字根单独成字，在将来的取码中有它专门的规定，因而不需要判断字型。

（2）属于“散”的汉字，才可以分为左右、上下型。

（3）属于“连”与“交”的汉字，一律属于第三型。

（4）不分左右、上下的汉字，一律属于第三型。

2. 汉字结构

根据构成汉字的各字根之间的位置关系，可以把成千上万的方块汉字分为三种类型：左右型、上下型和杂合型。我们按照它们拥有汉字的字数多少，将左右型命名为1型，字型代号1；将上下型命名为2型，字型代号2；将杂合型命名为3型，字型代号3。

· 左右型汉字

如果一个汉字能分成有一定距离的左右两部分或左、中、右三部分，则这个汉字就称为左右型汉字，如肚、胡、咽、树、剖、淡等。

· 上下型汉字

如果一个汉字能分成有一定距离的上下两部分或上、中、下三部分，则这个汉字就称为上下型汉字，如字、节、意、型、蔽等。

· 杂合型汉字

如果组成一个汉字的各部分之间没有简单明确的左右型或上下型关系，则这个汉字称为杂合型汉字。

这一类汉字主要有内外型汉字和单体汉字两种，也包括非上下型、非左右型汉字，即组成整字的各部分之间不能明显地分隔为上下两部分和左右两部分的汉字都属杂合型。

内外型汉字一律视为杂合型，如团、这、乘等，各部分之间的关系是包围与半包围的关系。

2.4.3　汉字的拆分原则

通过前面的学习，对汉字的结构有了一定的了解，也认识了五笔字型字根在键盘上的分布情况。但要想通过键盘来输入汉字，还必须学习汉字的编码规则，才能快速、准确地输入汉字。

汉字的字型分左右型（字型代号 1）、上下型（字型代号 2）和杂合型（字型代号 3）。当我们要输入一个汉字时，首先要学会拆分汉字，即把汉字分成几个单独的字根。

拆分汉字应遵循下面一些拆分原则：

1．按书写顺序，从左到右，从上到下，从外到内

也就是说按书写的顺序拆分，拆分出的字根应为键面上有的基本字根。例如：

按 = 扌+ 宀 + 女　　　　（从左到右，左右型）

字 = 宀 + 子　　　　　（从上到下，上下型）

困 = 囗 + 木　　　　　（从外到内，杂合型）

2．"取大优先"原则

指在拆分汉字时，拆分出来的字根的笔画数量要尽量地多。例如：

果 = 曰 + 木

或　果 = 曰 + 一 + 小

或　果 = 曰 + 十 + 八

根据"取大优先"的原则，应该拆分成"曰、木"。

3．"能连不交"原则

指能拆分成互相连接的字根就不拆分成互相交叉的字根。例如：

天 = 一 + 大

或　天 = 二 + 人

拆分成"一、大"时两个字根互相连接，取此种拆分法；而拆分成"二、人"时两个字根互相交叉，不取此种拆分法。

4．"能散不连"原则

指拆分时能拆分成散结构的字根就不拆分成连接的字根。例如：

午 = 𠂉 + 十

或　午 = 丿 + 干

拆分成"𠂉、十"时两个字根是散开的，取此种拆分法；而拆分成"丿、干"时两个字根相连，不取此种拆分法。

5．"兼顾直观"原则

指拆分出来的字根要符合一般人的直观感觉，例如"羊"字拆分成"丷、丰"就比拆分成"䒑、二、丨"要直观一些。

2.4.4　五笔字型汉字输入编码规则

1．键名汉字的编码规则

观察五笔字型键盘字根表，可以发现每一个键的左上角都是一个完整的汉字，这就是键名汉字。键名是这个键位的键面上所有字根中最具有代表性的字根，而这个字根本身也是一个有意义的汉字（X 键上的“纟”除外），同时其组字频度也很高。如图 2-6 所示。

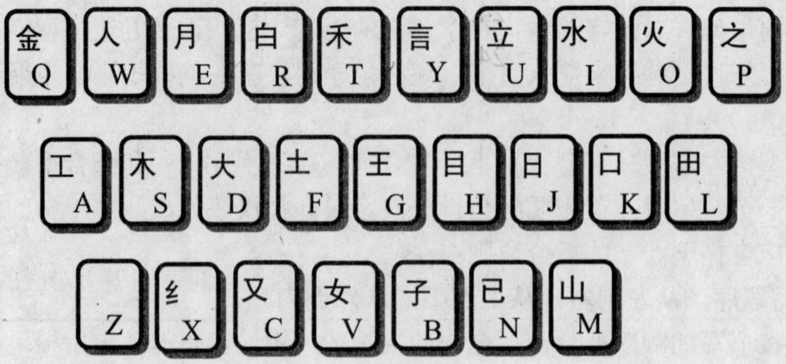

图 2-6　键位上的键名

输入键名汉字时，只需把它们所在的键连击四次，屏幕上就出现了相应的汉字。例如，“王”的编码为“GGGG”，“火”的编码为“OOOO”。

2．成字字根的编码规则

每个键上除了键名汉字外，还有一些完整的汉字，我们称之为成字字根。当你要键入一个成字字根时，首先把它所在的那个键打一下（称为“报户口”），然后按书写顺序依次打它的第一个笔画、第二个笔画及最末一个笔画。

取码顺序	第一码	第二码	第三码	第四码
取码要素	报户口	取首笔画	取次笔画	取末笔画

有些成字字根不足四码，击一下空格键就行了。例如：

辛：辛（报户口）　丶（首笔）　一（次笔）　丨（末笔）
　　U（42）　Y（41）　G（11）　H（21）

石：石（报户口）　一（首笔）　丿（次笔）　一（末笔）
　　D（13）　G（11）　T（31）　G（11）

力：力（报户口）　丿（首笔）　乙（次笔）
　　L（24）　T（31）　N（51）　（空格）

雨：雨（报户口）　一（首笔）　丨（次笔）　丶（末笔）
　　F（12）　G（11）　H（21）　Y（41）

十：十（报户口）　一（首笔）　丨（次笔）
　　F（12）　G（11）　H（21）　（空格）

3．五种笔画的编码

按照成字字根编码输入的规定，五种笔画的编码则是键入键名后，再敲一下此笔画所在的键，结果造成了单笔画只有两码。让这些单笔画享有两码，不如让位于较常用的汉字更能提高效率。因此，作为成字字根编码的一个特例，有必要把单笔画编码设计为打原码之后再打两个 24（L 键）。这里之所以要加 L，是因为 L 键除便于操作外，作为竖结尾的单体型字的识别键码是极不常用的，这样，就足以保证这种定义外码的唯一性。

五种单笔画的编码如下：

一	11	11	24	24	（GGLL）
丨	21	21	24	24	（HHLL）
丿	31	31	24	24	（TTLL）
丶	41	41	24	24	（YYLL）
乙	51	51	24	24	（NNLL）

4．一般汉字的编码规则

一个汉字的笔画一般较多，在输入某个汉字时，按照书写顺序，以基本字根为单位取四码，即取这个汉字的第一、二、三、末笔四个字根，找到这四个字根所对应的键，敲入即可。

取码顺序	第一码	第二码	第三码	第四码
取码要素	取第一个字根	取第二个字根	取第三个字根	取最后一个字根

例如：

“社”取码为“礻、丶、土”，不能取码为“ネ、土”，因为“ネ”不是基本字根。

“微”由“彳、山、一、几、攵”5 个字根组成，我们只取第一、二、三及最末一个字根，即“彳、山、一、攵”。

“能”取码为“厶、月、匕、匕”，“模”取码为“木、艹、日、大”，“蕴”取码为“艹、纟、日、皿”，“成”取码为“厂、乙、乙、丿”，“德”取码为“彳、十、四、心”。

5．末笔字型交叉识别码

对于拆不够四个字根的汉字，如果只输入其一、二个字根，则会出现很多汉字等待你去选择所需要的那个汉字。为了解决这个问题，五笔字型输入法采用了一种“末笔字型交叉识别码”的方法，识别码由末笔画代号与字型代码组合而成。

例如，按一般规则打“住”字时可拆分为：

住 = 亻+ 丶+ 王　　（WYG）

但是，你打出来的是不是“住”字呢？不是，而是“隹、信”字，这就到利用识别码的时候了。

“住”字的最末笔画是一横，说明是在第 1 区，“住”字属于汉字的左右型结构，其字型代号为 1，则“住”的识别码为最末笔画与字型代号的组合，为“11”，而编码为“11”所对应的键位为“G”键，所以打“住”字应打“WYGG”。

对于五笔字型输入法中的“末笔字型交叉识别码”应该牢牢掌握，因为有很多汉字必须加入识别码，才能迅速准确地打出所需要的那个汉字。表 2-2 对识别码进行了归纳和举例。

6．重码

在五笔字型编码方案中，将极少一部分无法唯一确定编码的汉字，用相同的编码来表示，这些具有相同编码的汉字称为“重码字”。

五笔字型对重码字按其使用频率作了分级处理。输入重码字的编码时，重码字同时显示在提示行，而较常用的那个字排在第一个位置上。这时，机器报警，发出“嘟”的声音，提醒你出现重码字了。

如果需要的就是那个比较常用的字，则只管输入下文，这个字会自动跳到正常编辑位置上去。它们的输入就像没有重码一样，完全不影响输入速度。

表2-2　五笔字型末笔字型交叉识别码

该字末笔		横（一）	竖（丨）	撇（丿）	捺（丶）	折（乙）
末笔识别码	左右型	G（11） 翔　UDNG 肚　EFG	H（21） 浑　IPLH 汗　IFH	T（31） 财　MFTT 扩　RYT	Y（41） 吓　KGHY 汉　ICY	N（51） 他　WBN 吧　KCN
	上下型	F（12） 奋　DLF 查　SJGF	J（22） 牢　PRHJ 弄　GAJ	R（32） 参　CDER 声　FNR	U（42） 足　KHU 京　YIU	B（52） 气　RNB 卷　UDBB
	杂合型	D（13） 固　LDD 扇　YNND	K（23） 升　TAK 连　LPK	E（33） 户　YNE 庐　YYNE	I（43） 头　UDI 飞　NUI	V（53） 万　DNV 亏　FNV

如果需要的是不常用的那个字，则可根据它的位置号按数字键“1、2、3…”即可使它显示在编辑位置上去。

例如，键入“FGHY”后，屏幕上会显示出：

fghy　　1.寸　　2.雨

如果这时你需要“寸”字，就不必挑选，只管输入下文，“寸”就会自动跳到光标位置；如果需要的是“雨”字，则需击一下数字键“2”。

为了进一步减少重码，提高输入速度，在五笔字型汉字输入法中特别定义了一个后缀码“L”，即把重码字中使用频度较低的汉字编码的最后一个编码改成后缀码“L”。这样，在输入使用频率较高的重码汉字时用原码，输入一个使用频度较低的重码汉字时，只要把原来单字编码的最后一码改成“L”即可。这样两者都不必再作任何特殊处理或增加按键就能输入，从而再次把重码字离散开来。掌握了这一方法后，在输入一级汉字的范围内，就可以不用再担心遇到重码，同时也提高了汉字的输入速度。

7．帮助键“Z”的使用

当你由于对键盘字根不太熟悉或者对某一汉字的拆分一时难以确定时，你的一切“未知数”字根都可以用“Z”键来代表。

“Z”键为万能学习键，五笔字型汉字输入法中，可用“Z”键来代替任何一个键。可用Z键帮助我们掌握和巩固前面所学的字根分布。它不但可以代替“识别码”，帮助你把字找出来，并告诉你“识别码”，而且还可以代替一时记不清或分解不准的任何字根，并通过提示行，使你知道“Z”键对应的键位或字根。

初学时，最大的困难是不能在短时间内把所有字根的分布都记住。在输入时去查字根的分布图是很麻烦的，有了“Z”键，我们就可让机器去查了。

例如，在输入“潜”字时，记不清字根“日”是在哪个键上，此时就可以用“Z”键来代替输入“日”字根的键，即输入“氵、二、人、Z”这样四个键，结果在提示行中显示出“潜：IFWJ”，并把含有“氵、二、人”的所有汉字以及它们的编码都显示在提示行里。根据这些字在提示行中的位置号，打键盘上的数字键，即可将你所需要的字从提示行中“调”到所在的光标位置上来。这样，由于提示行中的每个字后边都显示有它的正确外码，你就可以从这里学习有关汉字的正确输入码。

2.4.5 简码的输入

1. 一级简码

根据每一个键位上的字根形态特征，在五个区的 25 个键位上，每键安排一个使用频率最高的汉字，称为“一级简码”，即“高频字”。分布的规律基本上是按第一笔画来进行分类的，即横起笔的放在一区，竖起笔的放在二区，撇起笔的放在三区，捺起笔的放在四区，折起笔的放在五区，并且尽可能使它们的第二笔画与位号一致。当然不可能完全符合，只有多练习来加强记忆。

一级简码的输入方法是单击一下所在的键，再按一下空格键即可。图 2-7 是在 25 个键位上对应的简码字。

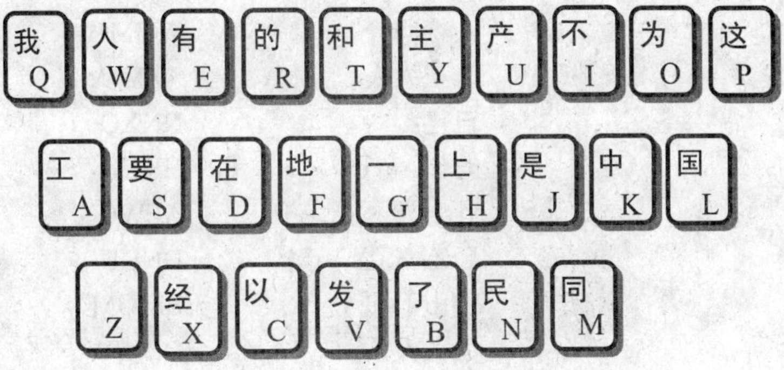

图 2-7 键位上对应的简码字

2. 二级简码

一个汉字的五笔字型全码是四个，需要击键四次，比较麻烦。为了加快输入速度，五笔字型输入法把使用一些使用频率较高的汉字作为二级简码的汉字。

二级简码是由汉字全码中的前两个字根的代码来作为该字的代码，再按一个空格键表示结束。对于前两笔比较直观的二级简码汉字，使用二级简码输入就避开了取最后一个识别码所带来的麻烦。

3. 三级简码

三级简码是用单字全码中的前三个字根来作为该字的代码。选取时，只要该字的前三个字根能唯一地代表该字，就把它选为三级简码。此类汉字输入时不能明显地提高输入速度，因为在打了三码后还必须打一个空格键，也要按四键。由于省略了最后的字根码或末笔字型交叉识别码，故对于提高速度来说，还是有一定的帮助的。例如：

华　全码：34　55　12　22（WXFJ）
　　简码：34　55　12　　（WXF）　　省略了末笔字型交叉识别码 J
情　全码：51　11　33　11（NGEG）
　　简码：51　11　33　　（NGE）　　省略了末笔字型交叉识别码 G

2.4.6 词组的输入

为了提高录入速度，五笔字型输入法里还采用常见的词组来进行录入。“词组”（亦称词汇）指由两个及两个以上汉字构成的汉字串。这些词组有二字词组、三字词组、四字词组和多字词组，取码规则因词组长短而异。

1. 二字词组

取第一个字的第一、二字根和第二个字的第一、二字根，组合成四码。

取码顺序	第一码	第二码	第三码	第四码
取码要素	取第一个字的第一个字根	取第一个字的第二个字根	取第二个字的第一个字根	取第二个字的第二个字根

二字词组	拆分	键入
经济	纟ㄡ氵文	XCIY
合同	人一冂一	WGMG
工人	工工人人	AAWW
已经	已已纟ㄡ	NNXC
战斗	⺊口丷十	HKUF
革命	廿串人一	AFWG
成立	厂乙立立	DNUU
出现	凵山王冂	BMGM
大众	大大人人	DDWW
开会	一廾人二	GAWF
保证	亻口讠一	WKYG
机器	木几口口	SMKK

2. 三字词组

前两个字各取其第一字根，最后一个字取其前两个字根，组合成四码。

取码顺序	第一码	第二码	第三码	第四码
取码要素	取第一个字的第一个字根	取第二个字的第一个字根	取第三个字的第一个字根	取最后一个字的第二个字根

三字词组	拆分	键入
计算机	讠⺮木几	YTSM
动物园	二丿囗二	FTLF
大熊猫	大厶犭丿	DCQT
饲养员	𠂊丷口贝	QUKM
操作员	扌亻口贝	RWKM

3. 四字词组

取每个字的第一个字根，组合成四码。

取码顺序	第一码	第二码	第三码	第四码
取码要素	取第一个字的第一个字根	取第二个字的第一个字根	取第三个字的第一个字根	取第四个字的第一个字根

四字词组	拆分	键入
社会主义	礻人、、	PWYY
人民政府	人コ一广	WNGY
五笔字型	五⺮宀一	GTPG
少数民族	小米コ方	IONY

4．多字词组

取第一、二、三和最末一个汉字的第一个字根，组合成四码。

取码顺序	第一码	第二码	第三码	第四码
取码要素	取第一个字的第一个字根	取第二个字的第一个字根	取第三个字的第一个字根	取最后一个字的第一个字根

多字词组	拆分	键入
中国共产党	口囗龷⺌	KLAI
为人民服务	、人コ夂	YWNT
中央电视台	口冂日厶	KMJC
中华人民共和国	口亻人囗	KWWL
全国人民代表大会	人囗人人	WLWW

利用词组的输入会大大提高输入速度。当然，不是所有的词组计算机内都有，需要初学者长时间实践，慢慢就会熟悉。

习题与思考题

1．五笔字型字根的含义是什么？五笔字型的字根有多少个？

2.为什么要使用末笔字型交叉识别码？它是如何编码的？在什么场合使用？并写出下列汉字的末笔字型交叉识别码：

艾　单　赶　秤　忌　佳　眉　私　宋　捂　羊　轧

3．请说明二字词组、三字词组、四字词组和多字词组的编码规则。

4．用五笔字型输入法输入下面的汉字：

宾馆　波动　玻璃　下班　部长　灿烂　车队　窗口

询问　聪明　才智　担保　灯光　都市　队长　锻炼

奥运会　芭蕾舞　办公楼　招待会　报告会　闭幕式　备忘录

笔记本　毕业生　编辑部　辩证法　标准化　出版社　蛋白质

不甘落后　直截了当　新闻联播　资产阶级　轻工业部　孜孜不倦

人大常委会　人民大会堂　中国共产党　辩证唯物主义　全国各族人民

金 钅 儿 儿 勹 鱼 ク 夕 ㇄ 乂 夕 犭 35Q	人 亻 八 癶 癶 34W	月 目 丹 用 彡 爫 豕 乃 豸 衣 𧘇 ⺝ 33E	白 手 龵 斤 扌 ⺈ 𠂉 斤 厂 32R	禾 丿 禾 夂 攵 彳 竹 𠂉 ⺮ 31T	言 讠 文 方 广 亠 古 ㇏ 圭 41Y	立 六 辛 冫 立 丷 䒑 丬 疒 门 42U	水 氵 氺 小 ⺌ ⺍ 业 ⺗ ⺌ 业 43I	火 米 灬 业 业 44O	之 辶 廴 宀 冖 礻 45P
工 匚 廿 艹 七 戈 弋 廾 艹 15A	木 丁 西 14S	大 犬 古 石 三 𡗗 镸 龵 𠂇 ナ 厂 𡗗 13D	土 士 干 二 十 寸 雨 𤴓 12F	王 一 五 戋 𤴓 11G	目 丨 卜 上 止 且 ⺊ 广 ⻊ 亅 广 21H	日 早 ⺜ 〢 〢 刂 ⺜ 刂 虫 亅 22J	口 〣 川 23K	田 甲 皿 罒 皿 囗 四 车 力 罒 24L	： ；
   Z	纟 幺 匕 弓 纟 𠂉 ⺆ 55X	又 巴 厶 マ ス 马 54C	女 刀 九 巛 彐 臼 53V	子 了 也 耳 阝 卩 凵 已 巜 孑 52B	已 己 巳 乙 尸 户 コ ⺗ 心 羽 忄 51N	山 由 贝 冂 几 𠕁 25M	< ， 	> 。 	？ /

横区	竖区	撇区	捺区	折区
G 王旁青头戋（兼）五一	H 目具上止卜虎皮	T 禾竹一撇双人立 反文条头共三一	Y 言文方广在四一 高头一捺谁人去	N 已半巳满不出己 左框折尸心和羽
F 土士二干十寸雨	J 日早两竖与虫依	R 白手看头三二斤	U 立辛两点六门疒	B 子耳了也框向上
D 大犬三羊古石厂	K 口与川，字根稀	E 月彡(衫)乃用家衣底	I 水旁兴头小倒立	V 女刀九臼山朝西
S 木丁西	L 田甲方框四车力	W 人和八，三四里	O 火业头，四点米	C 又巴马，丢矢矣
A 工戈草头右框七	M 山由贝，下框几	Q 金勺缺点无尾鱼，犬旁留 叉儿一点夕，氏无七(妻)	P 之字军盖建道底 摘礻(示)衤(衣)	X 慈母无心弓和匕 幼无力

五笔字型字根助记词

五笔字型键盘字根总图

五笔字型的编码口诀

五笔字型均直观 依照笔顺把码编；　键名汉字打四下 基本字根请照搬；

一二三末取四码 顺序拆分大优先；　不足四码要注意 交叉识别补后边。

第 3 章　学习中文 Windows XP/2003/Vista

Windows 自问世以来，在个人计算机用户中得到大力推广和应用。人机交互界面的图形、窗口化，使得用户使用计算机更加简单、方便。中文版 Windows XP 运行可靠、稳定、快速，为计算机的安全、正常、高效地运行提供了保障。中文版 Windows XP 系统中增加了众多的新技术和新功能，使用户能轻松地完成各种管理和操作。

3.1　Windows XP 使用基础

Windows XP 是基于 Windows 2000 和 Windows NT 的内核代码构架的，比 Windows 95/98/Me 更安全、更稳定且功能强大。特别需要指出的是，Windows XP 的稳定性有了大幅度的提升，即使某个应用程序崩溃了，操作系统依然能正常运行，出现蓝屏的可能性越来越小了。另外，Windows 的外观有了较大的改变，具有醒目的按钮、协调的颜色和各种淡入淡出效果。

3.1.1　Windows XP 的安装

Windows XP 是一个庞大的操作系统。在安装前，应检查计算机是否满足安装条件，同时最好把硬盘中的重要数据进行备份。

1．硬件需求

主频在 233MHz 以上的奔腾处理器。

内存最少为 64MB，建议使用 128MB 以上的内存。

硬盘至少应有 1.5GB 的自由空间。

2．安装过程

Windows XP 可在 DOS 下进行安装，也可在 Windows 98 下升级安装。在安装前先检查计算机的 BIOS 是否开启了病毒检测功能，如果有，应在安装前将其关闭。Windows XP 的安装步骤如下：

01　开机后，将中文 Windows XP 系统的安装光盘插到 CD-ROM 驱动器中。

02　如果在 DOS 下进行安装，可执行光盘上 i386 目录下的 winnt.exe 文件；如果在 Windows 98 下安装，可运行光盘上的安装程序 setup.exe。屏幕上将出现安装向导，根据向导的指引开始进行安装。

03　系统自动搜集计算机的有关信息，并将 Windows XP 文件解压后复制到计算机中。

04　重新启动后，系统自动检测安装硬件并完成最后的设置。

在安装过程中，用户只需按安装向导的提示进行几个简单的选择和输入，就可完成整个安装。安装 Windows XP 系统的时间视计算机性能和选项的不同而不同。

3.1.2 Windows XP 的启动与关闭

在安装完成 Windows XP 后，系统将自动启动并进入图形桌面。由于 Windows XP 是一个庞大的操作系统，启动过程中将装载许多的驱动文件，因此，Windows XP 的正常启动与关闭非常重要，尤其是关闭，非正常的关闭有可能导致系统的损坏。

1. 启动进入 Windows XP

只要正确安装了 Windows XP，系统就会直接启动 Windows XP 系统。操作步骤如下：

01 单击登录图标，输入密码后按回车键，如图 3-1 所示。

02 第一次进入 Windows XP 时的桌面如图 3-2 所示。

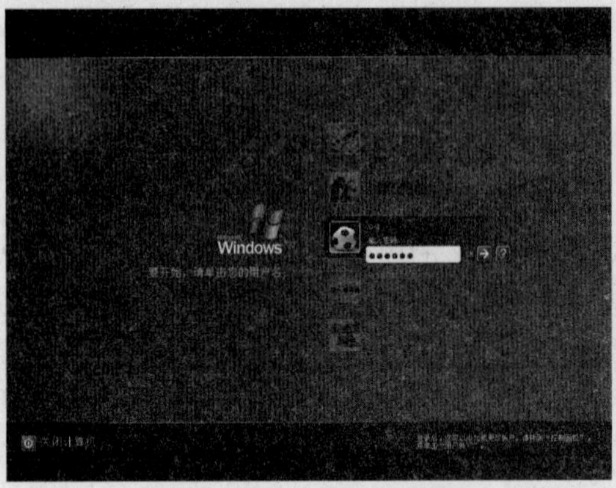

图 3-1　Windows XP 的登录

图 3-2　Windows XP 桌面

2. 关闭 Windows XP

当使用完成后，不能强行关闭电源来退出系统，这样会导致文件的损坏或 Windows XP 系统的破坏。

正确的操作步骤是先关闭桌面上打开的应用程序，然后用鼠标单击屏幕左下角的“开始”按钮，在弹出的菜单中选择“关闭计算机”命令，出现如图 3-3 所示的对话框，然后单击“关闭”按钮。

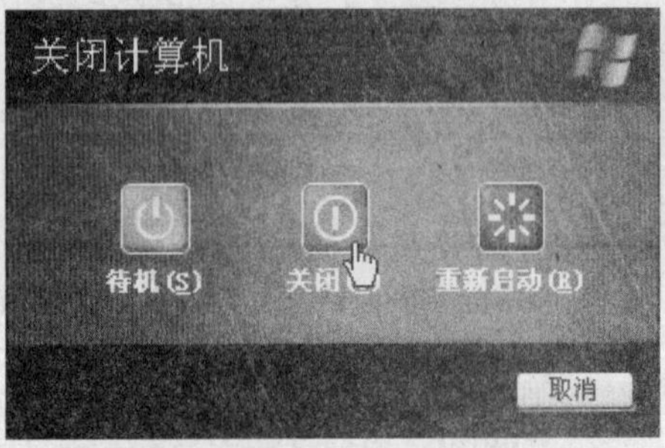

图 3-3　正常关闭 Widnows XP

3.2 使用“我的电脑”

“我的电脑”一直以来都是 Windows 系统中管理计算机资源的一个重要工具，在 Windows XP 中“我的电脑”窗口的功能更加丰富，它不仅可以了解到各驱动器的使用情况，还可以完成有关文件及文件夹的有关操作。

3.2.1 “我的电脑”窗口组成

在“开始”菜单中单击“我的电脑”图标，即可打开如图 3-4 所示的“我的电脑”窗口，它由以下几部分组成：

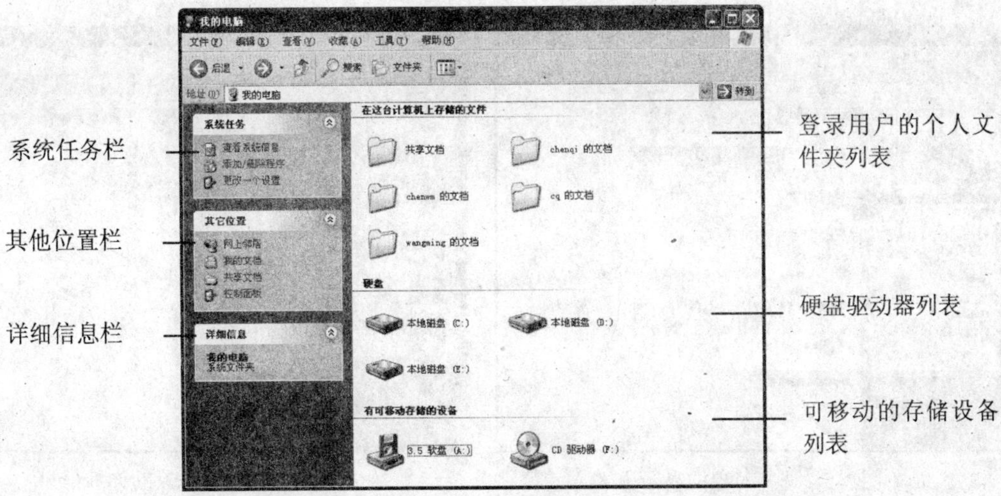

图 3-4 “我的电脑”窗口组成

：登录用户的个人文件夹图标。一般情况下，文件夹名与登录用户名相同。

：硬盘驱动器图标。从图 3-4 所示的窗口可以看到，共有 C、D、E 四个硬盘驱动器，双击它们可查看对应的硬盘驱动器中的信息。

：软盘驱动器图标。在软驱中插入软盘，双击该图标，即可查看软盘中的信息。

：光盘驱动器图标。通过双击光盘驱动器图标，可以查看光盘中的信息。

：提供执行查看系统信息、添加/删除程序以及更改设置操作的快捷方式。

：提供从当前窗口跳转到“网上邻居”、“我的文档”、“共享文档”以及“控制面板”窗口的快捷方式。

：查看“我的电脑”窗口中文件夹及驱动器的详细信息。

3.2.2 改变图标的显示方式

Windows XP 是一个图形化的操作系统，驱动器、文件、文件夹等都称为对象，并以图标的方式进行显示的。对象的显示方式有缩略图、平铺、图标、列表和详细信息五种，默认情况下是以平铺方式进行显示的。

改变对象的显示方式可按以下步骤进行操作：

01 打开“我的电脑”窗口，单击工具栏上的“查看”按钮，弹出下拉菜单，如图 3-5 所示。

02 选择“详细信息”命令，改变方式后的窗口显示如图 3-6 所示。

3.2.3 改变图标的排列方式

在“我的电脑”窗口中，各个对象图标按照类别的排列顺序，依次显示在窗口中。如果要改变对象的排列方式，可按以下步骤进行操作：

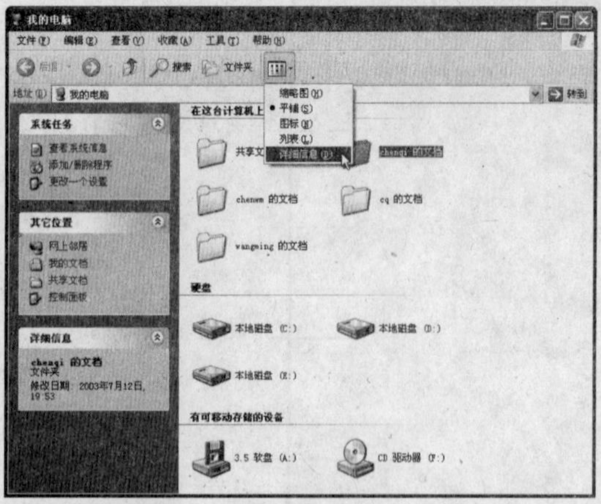

图 3-5　选择对象的显示方式

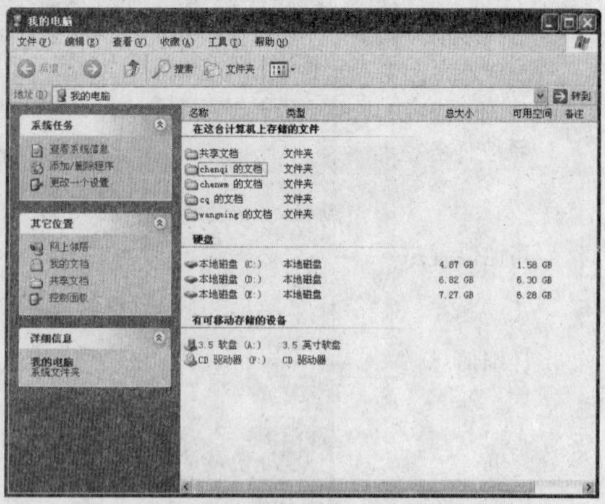

图 3-6　显示对象的详细信息

01　打开“我的电脑”窗口，选择“查看”菜单中的“排列图标”，然后单击“可用空间”命令，如图 3-7 所示。

02　按照“可用空间”重新排列图片，屏幕显示如图 3-8 所示。

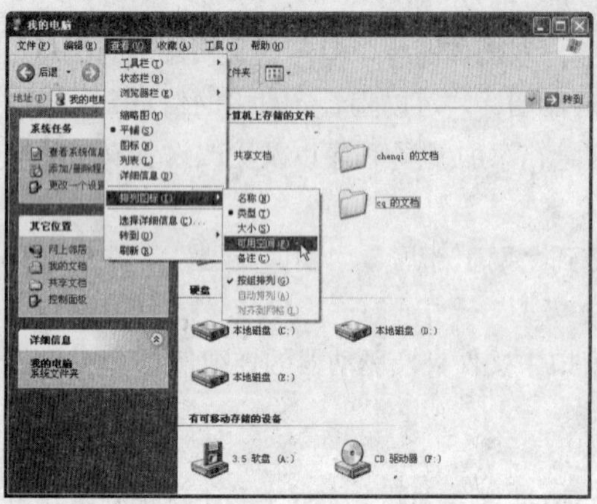

图 3-7　选择排列方式

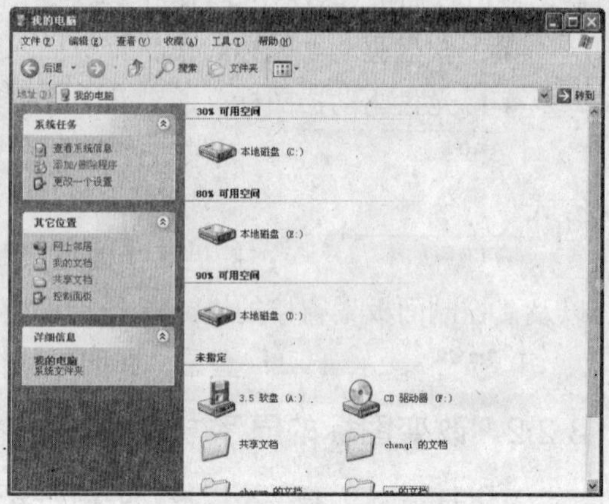

图 3-8　重排图标后的窗口

3.2.4　查看对象的属性

在“我的电脑”窗口中，可以通过两种方法来了解对象的简单信息：一是将图标的显示方式设置为“详细信息”；二是在“我的电脑”窗口中单击要查看的对象图标，该对象的信息将显示在“详细信息”栏中。如果要了解更多对象属性，可通过下面介绍的方法进行操作。

1．查看磁盘驱动器常规信息

磁盘驱动器是电脑中最重要的存储设备，在 Windows XP 中通过查看驱动器属性，可以完成对磁盘的空间管理及整理操作。具体的操作步骤如下：

01　选中要查看的磁盘对象，单击鼠标右键，在弹出的快捷菜单中选择“属性”命令，如图 3-9 所示。

02　单击“常规”标签，屏幕显示卷标、磁盘文件系统类型和磁盘使用情况，如图 3-10 所示。单击“磁盘清理”按钮可清除垃圾文件。

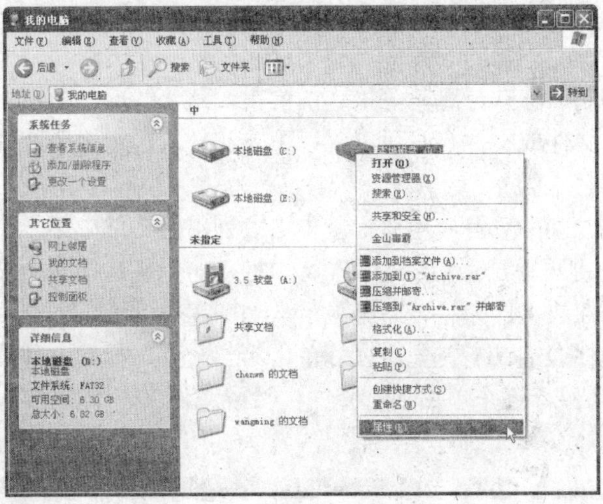

图 3-9　查看对象属性

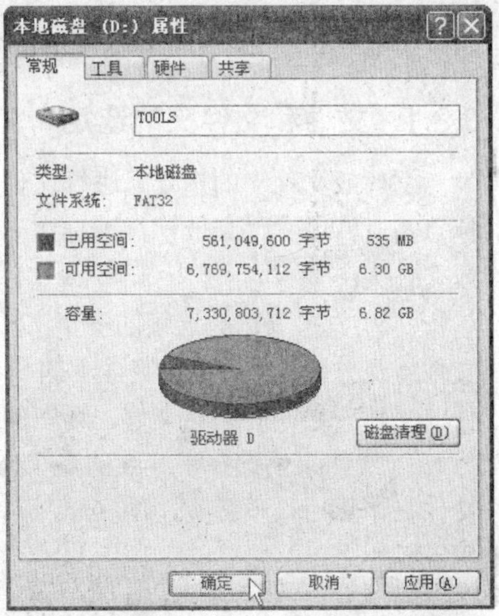

图 3-10　驱动器属性对话框

2. 查看文件或文件夹的常规信息

文件和文件夹是 Windows XP 中最常见的操作对象，要查看文件或文件夹的属性，可按以下步骤进行操作：

01　选择文件或文件夹所在的路径。

02　选中要查看的文件夹并单击鼠标右键，在弹出的快捷菜单中选择“属性”命令，如图 3-11 所示。

03　单击“常规”标签，屏幕显示文件夹名称、文件夹大小、文件夹创建时间以及文件夹的属性等信息，如图 3-12 所示。

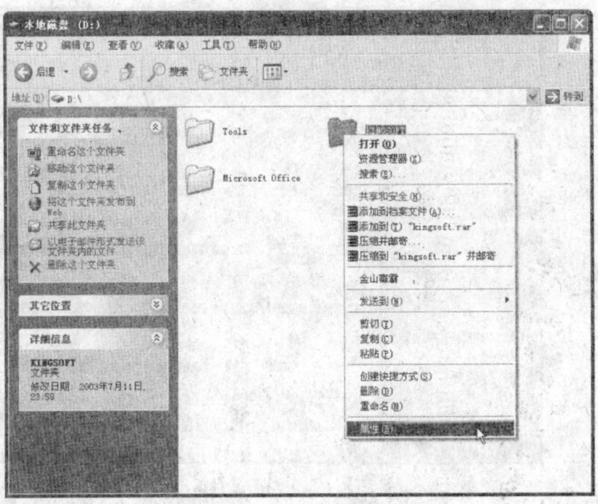

图 3-11　选择要查看的文件夹

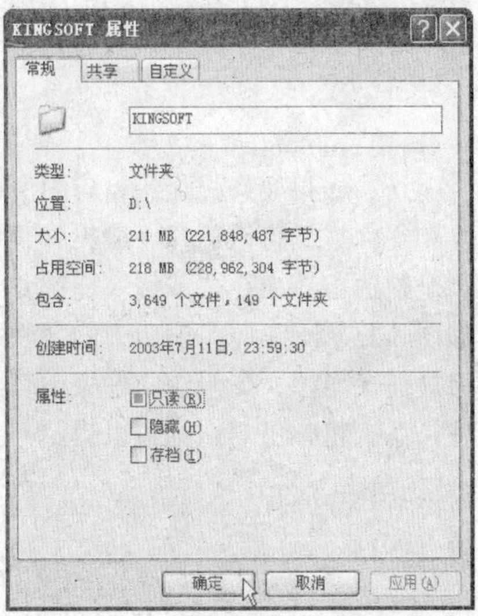

图 3-12　文件夹属性对话框

3.3 文件和文件夹的管理

在 Windows XP 中，最重要的操作就是掌握文件和文件夹的管理。

3.3.1 文件和文件夹的选定

文件或文件夹的选定是进行文件复制、移动、删除等操作的前提，默认情况下每用鼠标点击文件或文件夹一次，可选定一个文件或文件夹。可以用以下方法一次选定多个文件或文件夹：

（1）如果要选择连续的多个文件或文件夹，首先用鼠标单击连续列出的文件中第一个文件或文件夹，然后按住键盘上的 Shift 键再单击最后一个文件或文件夹，则将选中两个文件或文件夹之间的所有文件，选中的文件或文件夹将以高亮显示，如图 3-13 所示。

（2）如果要选择不连续的多个文件或文件夹，首先用鼠标单击第一个要选择的文件或文件夹，然后按下键盘上的 Ctrl 键，用鼠标逐个单击要选择的文件或文件夹，如图 3-14 所示。

图 3-13　选定连续的多个文件和文件夹

图 3-14　选定不连续的多个文件和文件夹

（3）如果要选择显示窗口中所有的文件和文件夹，可以选择“编辑”菜单中的“全部选定”命令，或按快捷键 Ctrl+A，如图 3-15 所示，此时窗口中的文件和文件夹被高亮显示。如果该文件夹中有隐藏文件，系统将弹出对话框加以提示。

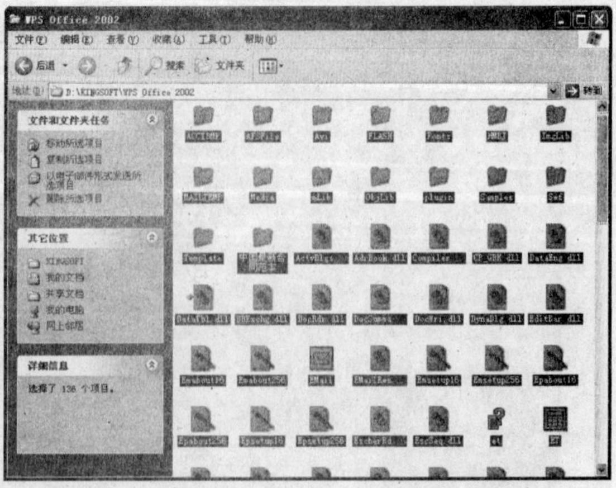

图 3-15　选定全部文件和文件夹

3.3.2　文件和文件夹的复制

复制文件和文件夹是指将文件或文件夹从原来的位置复制到一个新的位置。Windows XP 一次可以复制多个文件和文件夹，被复制到目的地后，文件名和文件夹名不变。如果发现目的地址中已有同名文件或文件夹存在，系统将给出一个“确认文件（文件夹）替换”对话框，询问用户是否用新文件（文件夹）替换原有的同名文件（文件夹）。

具体的操作步骤如下：

01　选择要复制的文件和文件夹，然后单击“复制所选项目”命令，如图 3-16 所示。

图 3-16　选择要复制的文件和文件夹

02　弹出“复制项目”对话框，选择复制到的路径，单击“复制”按钮，如图 3-17 所示。

03　屏幕显示正在复制选定的文件和文件夹，如图 3-18 所示。

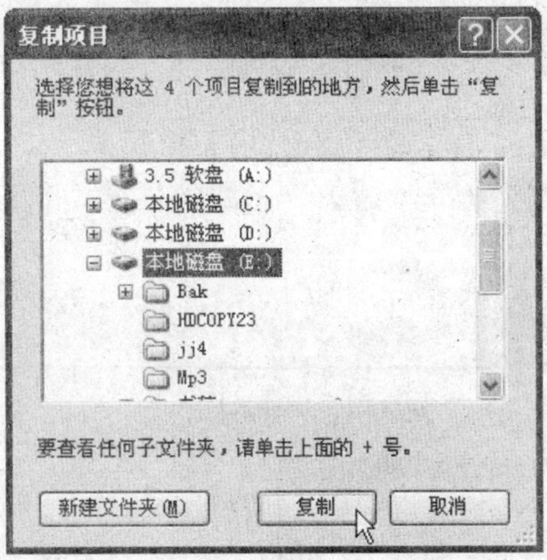

图 3-17　“复制项目”对话框

图 3-18　显示文件和文件夹复制进度

3.3.3　文件和文件夹的移动

文件和文件夹的移动是指将文件或文件夹从原来的位置移动到一个新的位置，其操作类似于复制，操作步骤如下：

01　选择要移动的文件和文件夹，然后单击“移动所选项目”命令，如图 3-19 所示。

02　弹出“移动项目”对话框，选择移动到的路径，单击“移动”按钮，如图 3-20 所示。

图 3-19　选择要复制的文件和文件夹

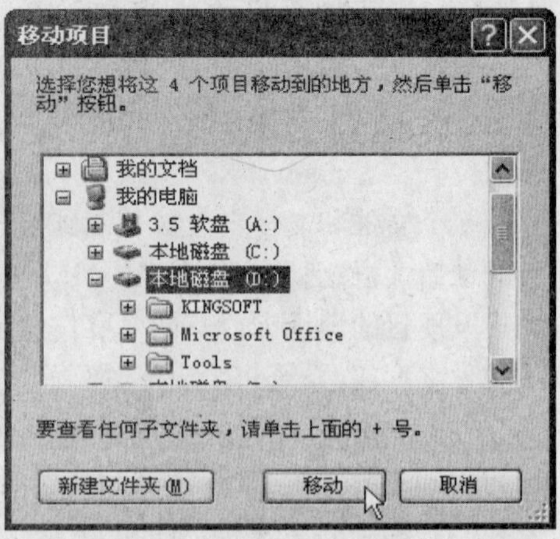

图 3-20　选择移动路径

3.3.4　文件夹的建立与更名

在 Windows XP 中文件夹是存放文件的仓库，其作用就如同 DOS 中的目录一样。可以在驱动器或文件夹中创建新的文件夹，也可以为已存在的文件夹进行更名。具体的操作步骤如下：

01　选择文件夹的存储路径。

02　单击“创建一个新文件夹”，系统自动以“新建文件夹”命名，如图 3-21 所示。

03　选择要更名的文件夹，单击“重命名这个文件夹”，然后输入新的文件夹名，如图 3-22 所示。

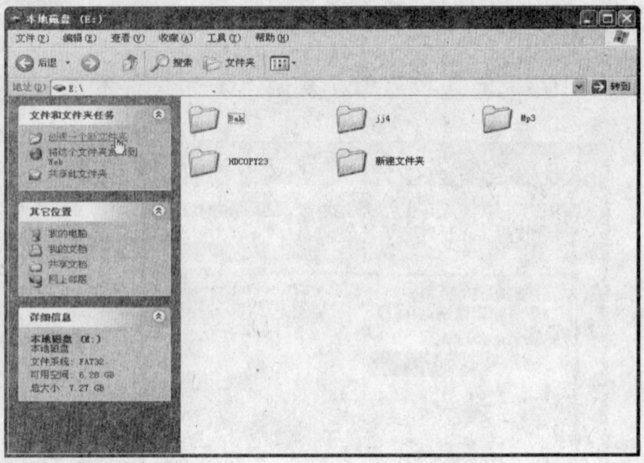

图 3-21　创建文件夹

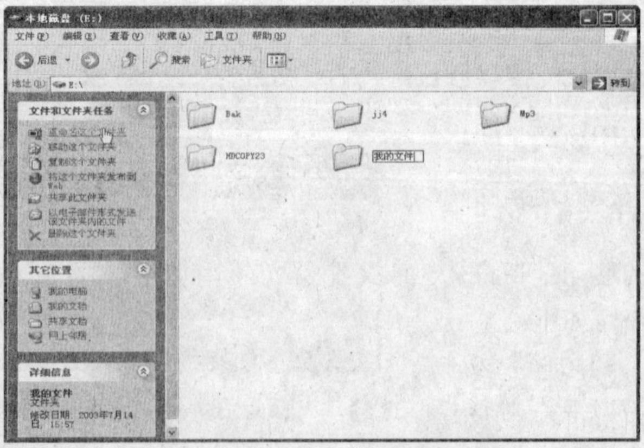

图 3-22　文件夹的更名

3.3.5　文件和文件夹的查找

如果要查找一些具有某些特征的文件或文件夹时，可以按以下步骤进行操作：

01　单击“搜索”按钮，选择“所有文件和文件夹”，如图 3-23 所示。

02　输入要查找的文件特征，单击“搜索”按钮，如图 3-24 所示。

03　屏幕上显示出满足条件的文件或文件夹，如图 3-25 所示。

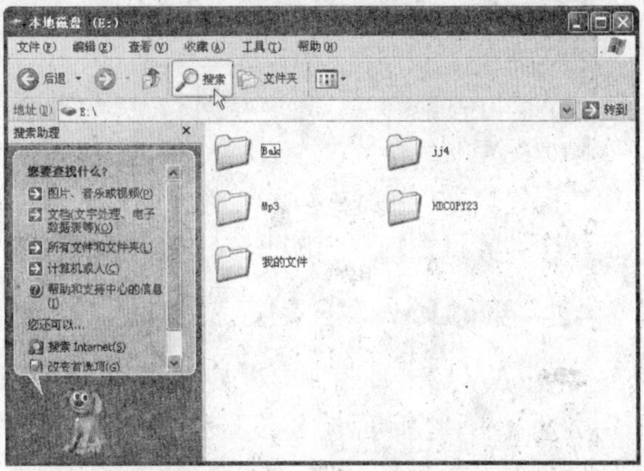

图 3-23　查找文件或文件夹

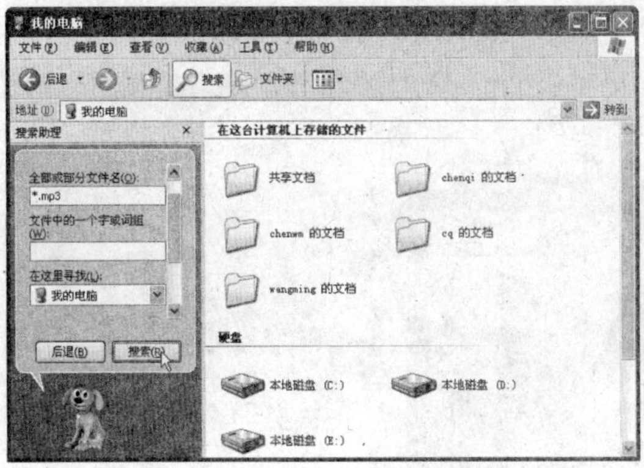

图 3-24　输入要查找的文件特征

图 3-25　显示搜索结果

3.3.6　文件和文件夹的删除

对于不用的文件或文件夹，可以将其删除以腾出磁盘空间。在 Windows XP 中删除文件或文件夹有以下三种方法：

- 先选中要删除的文件或文件夹，然后选择“文件”菜单中的“删除”命令，即可进行删除操作。
- 选中要删除的文件或文件夹，然后按键盘上的 Del 键也可完成删除操作。
- 选中要删除的文件或文件夹，然后用鼠标将它们直接拖动到回收站中。

无论使用哪一种方法，都会弹出如图 3-26 所示的对话框，进一步确认是否将选中的文件或文件夹进行删除。单击“是”按钮，可把选中的文件和文件夹放入“回收站”中。

图 3-26　确认删除对话框

3.4 使用控制面板管理电脑

Windows XP 是一个支持用户个性化的操作系统，不同的用户可以根据自己的需要和实际情况定制工作环境。“控制面板”是 Windows XP 用来管理系统软、硬件，显示当前系统情况，设置屏幕显示效果，修改日期、时间的工具。它关系到计算机系统的整体性能，而每个计算机系统的个性也由此而得到体现。

3.4.1 Windows XP 的控制面板

Windows XP 的控制面板与以前 Windows 版本都不相同，各种系统设置工具都被分门别类地放在“控制面板”上，因此需要首先判断你想要使用的设置工具是属于哪个类别，然后再单击相应的类别才可以看到具体的设置工具。如图 3-27 所示。

如果对这个新的操作环境不熟悉，可以单击“控制面板”窗口中的“切换到经典视图”，Windows XP 将回到大家所熟悉的“控制面板”界面，如图 3-28 所示。

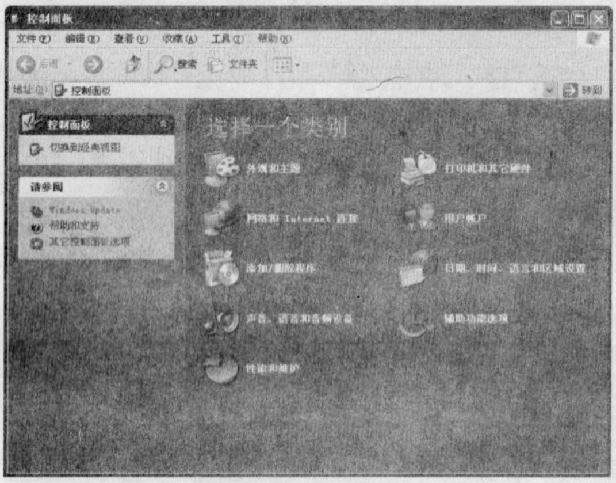

图 3-27 Windows XP 的“控制面板”窗口

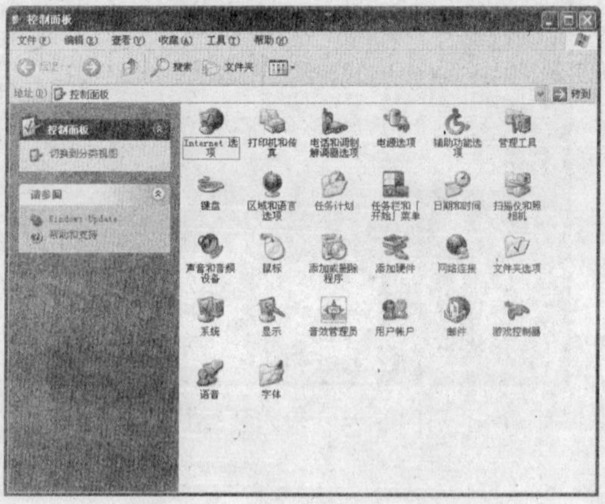

图 3-28 “控制面板”经典视图窗口

3.4.2 显示属性的设置

显示器是使用计算机的界面，一个设置恰当的显示器界面，不仅给人一种愉快的感觉，而且操作起来也更方便。在“控制面板”窗口中用于设置与显示相关的属性和参数都在“外观和主题”类别中。

1. 修改桌面背景

具体的操作步骤如下：

01 打开“控制面板”窗口，单击“外观和主题”类别，如图 3-29 所示。

02 单击“更改桌面背景”，如图 3-30 所示。

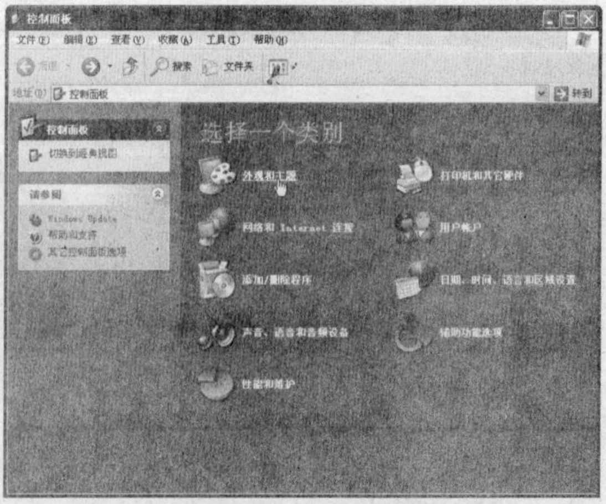

图 3-29 选择设置类别

03 弹出“显示属性”对话框，如图 3-31 所示。在列表中选择背景图片，在窗口上方可预览桌面背景，单击“确定”按钮。

图 3-30 选择设置任务

图 3-31 设置桌面背景图案

在 Windows XP 中内置了许多用于桌面背景的图片，你可以在“背景”列表中进行选择。除此以外，你还可以在 Internet 上下载需要的图片，然后通过“浏览”按钮，将下载的图片作为桌面背景使用。

2．设置屏幕保护程序

如果长时间地打开计算机而不使用，对屏幕的损害是很大的，会大大缩短其使用寿命。设置屏幕保护程序就是为了避免这种情形对显示器的不良影响。具体操作步骤如下：

01 在“外观和主题”类别中单击“选择一个屏幕保护程序”，如图 3-32 所示。

02 弹出“显示属性”对话框，如图 3-33 所示。在列表中选择屏幕保护程序，在窗口上方可预览屏幕保护程序运行状态，设置屏幕保护程序启动的时间，单击“确定”按钮。

图 3-32 选择屏幕保护设置任务

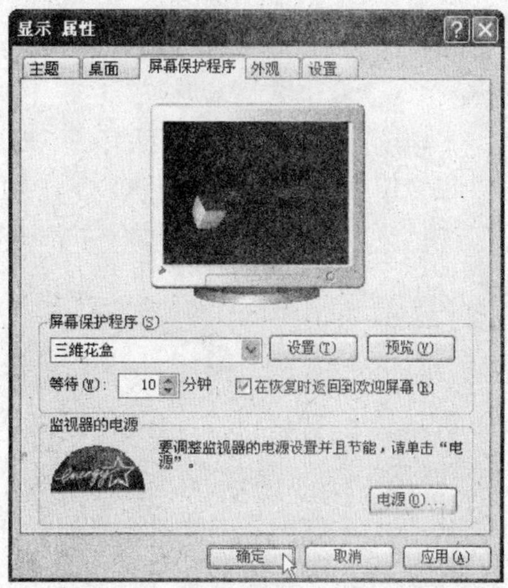

图 3-33 设置屏幕保护程序

3. 设置屏幕颜色和分辨率

屏幕颜色与分辨率依赖于电脑中所用显卡的好坏，好的显卡能够提供更多的显示颜色和更高的分辨率，电脑显示的图像就越接近于真实，其清晰度也就越高。一般情况下应该在 Windows XP 中将屏幕颜色设置为 32 位，分辨率设置为 1024×768 像素。具体操作步骤如下：

01 在“外观和主题”类别中单击“更改屏幕分辨率”，如图 3-34 所示。

02 弹出“显示属性”对话框，如图 3-35 所示。拖动滑块调整屏幕分辨率，在“颜色质量”框中选择屏幕颜色，单击“确定”按钮。

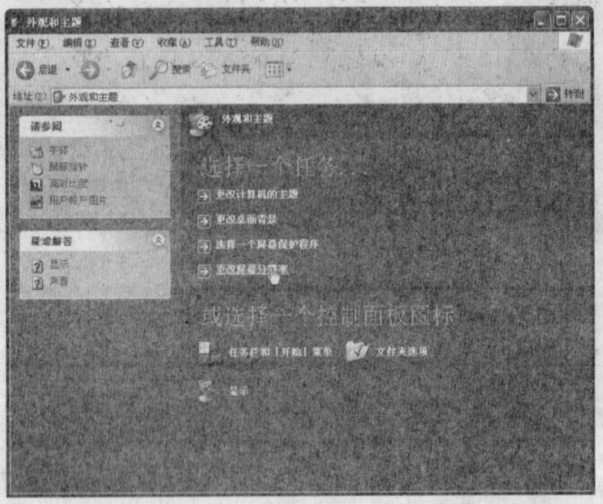

图 3-34 选择设置屏幕分辨率任务

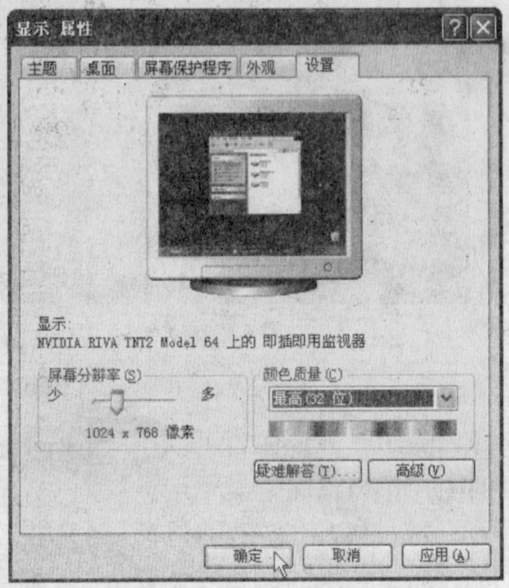

图 3-35 设置屏幕颜色和分辨率

3.4.3 系统属性的设置

Windows XP 将系统属性的设置归纳到“控制面板”中的“性能和维护”类别中，它不仅可以查看当前电脑系统的信息，还可以用于查看和管理硬件资源，优化系统运行的性能属性。

1. 查看电脑基本信息

电脑基本信息主要包括有关 CPU、内存以及所安装的 Windows XP 操作系统的版本信息，具体操作步骤如下：

01 在“控制面板”中单击“性能和维护”类别，如图 3-36 所示。

02 在弹出的窗口中单击“查看您的电脑的基本信息”，如图 3-37 所示。

03 弹出“系统属性”对话框，如图 3-38 所示。屏幕显示出操作系统的版本、注册信息、CPU 和内存信息。单击“确定”按钮。

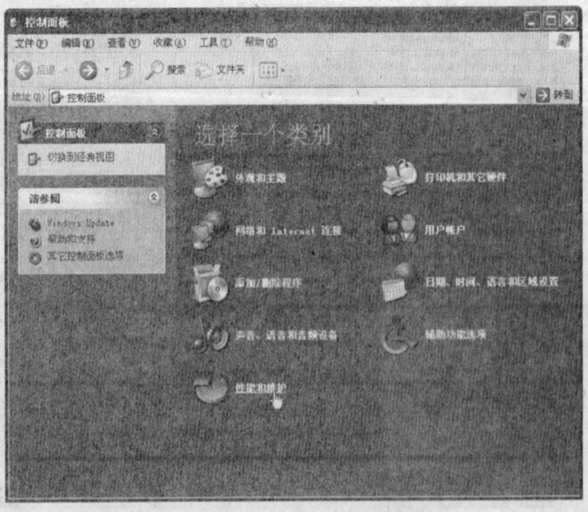

图 3-36 选择类别

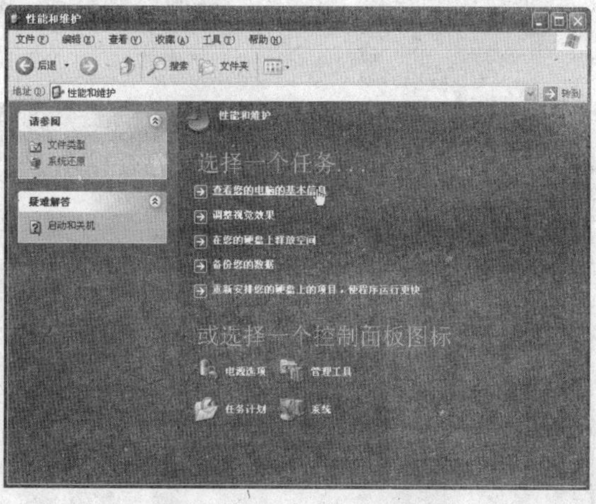

图 3-37　选择设置任务

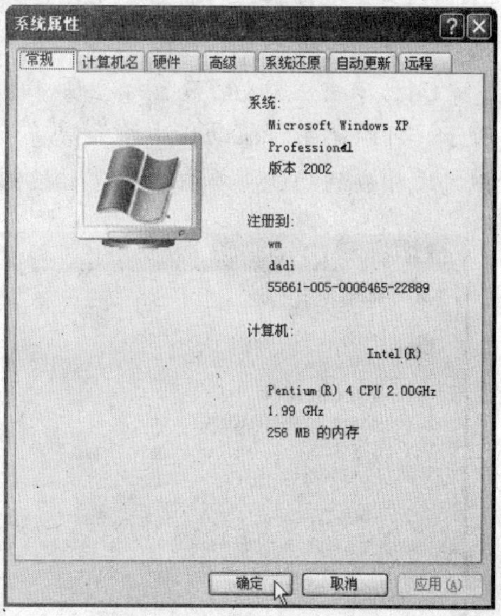

图 3-38　查看电脑基本信息

2. 查看电脑硬件属性

如果要查看电脑硬件设备的属性，可按以下的操作步骤进行操作：

01　在“系统属性”对话框中单击“硬件”标签项，然后单击“设备管理器”按钮，如图 3-39 所示。

02　弹出“设备管理器”窗口，如图 3-40 所示。右键单击要查看的硬件设备，在弹出的快捷菜单中选择“属性”命令。

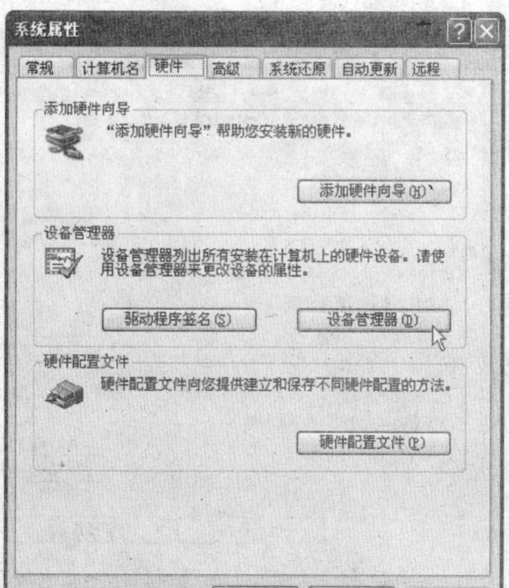

图 3-39　启动设备管理器

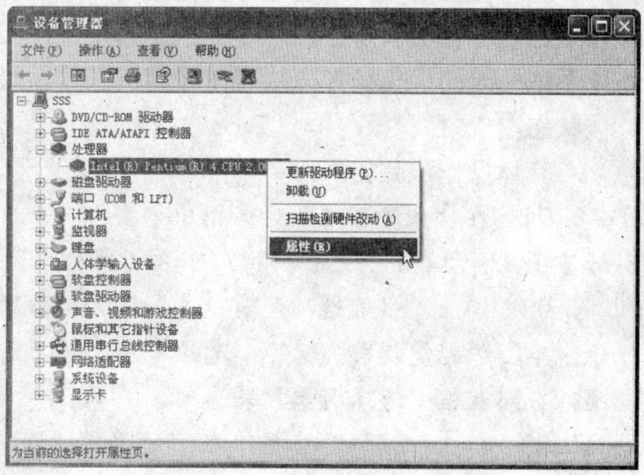

图 3-40　选择要查看的硬件设备

03　弹出设备属性窗口，如图 3-41 所示。屏幕上显示出硬件设备的常规信息和当前硬件设备运转状态。

04　单击“驱动程序”标签项，屏幕上显示出当前设备所用驱动程序信息，如图 3-42 所示。可以单击“驱动程序详细信息”按钮、“更新驱动程序”按钮、“返回驱动程序”按钮完成相应的功能。单击“确定”按钮。

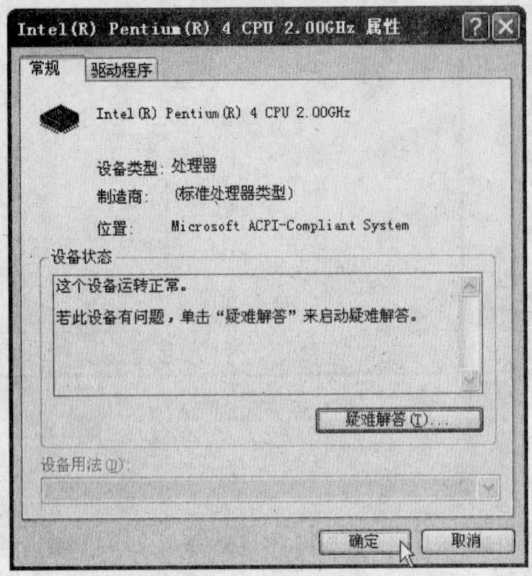

图 3-41　查看硬件的常规信息

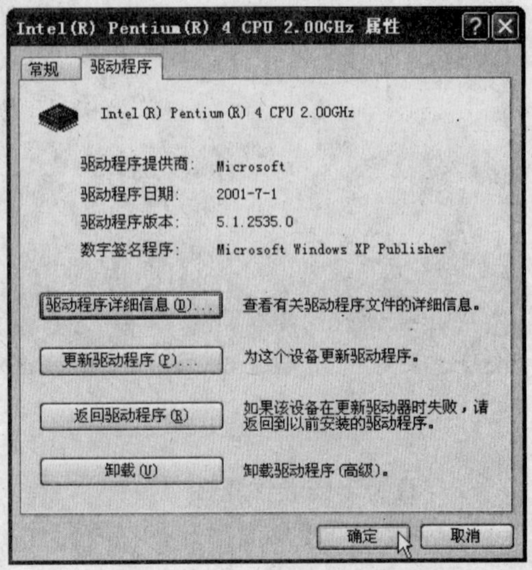

图 3-42　查看硬件驱动程序信息

图 3-42 中的“返回驱动程序”按钮非常有用，当我们为某个硬件安装了不合适的驱动程序而造成设备无法正常运行，或者新安装的驱动程序不能正常工作，那么通过访问“设备管理器”中出现问题的设备的“驱动程序”标签，然后点击“返回驱动程序”按钮，就可以还原以前的驱动程序了。

3．系统性能的优化

在 Windows XP 中通过对视觉效果、处理器计划、内存使用以及虚拟内存等方面的设置，实现系统性能的优化操作，从而使计算机工作在最佳状态。

具体操作步骤如下：

01　在“系统属性”对话框中单击“高级”标签项，然后单击“设置”按钮，如图 3-43 所示。

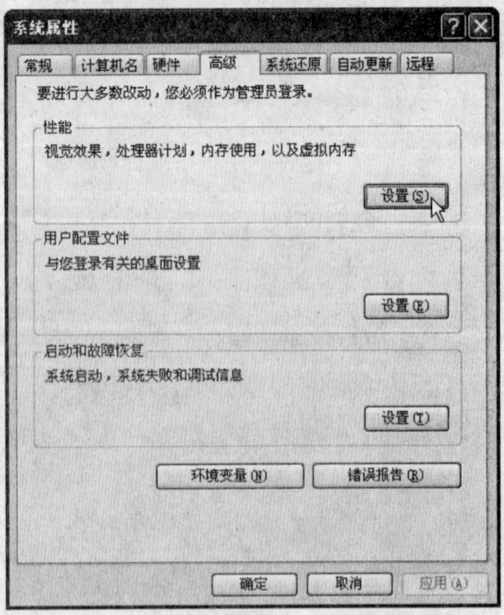

图 3-43　系统性能的优化设置

02　弹出“性能选项”窗口，如图 3-44 所示。单击“视觉效果”标签，选择“自定义”选项，在列表框中选择视觉效果选项。

03　单击“高级”标签，在“处理器计划”中选择“程序”，在“内存使用”中选择“程序”。在“虚拟内存”中单击“更改”按钮，如图 3-45 所示。

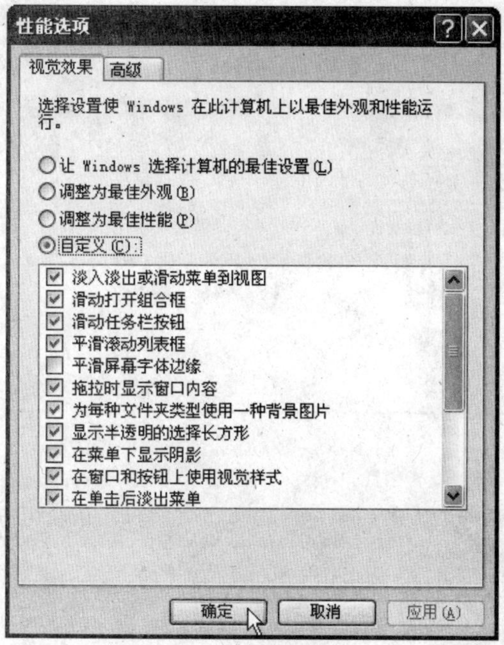

图 3-44　设置视觉效果

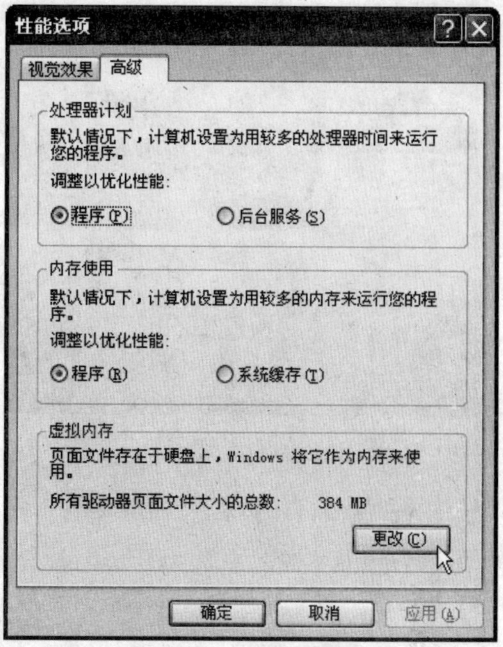

图 3-45　设置性能优化选项

04　弹出“虚拟内存”对话框，选择“系统管理的大小”选项，单击“确定”按钮。如图 3-46 所示。

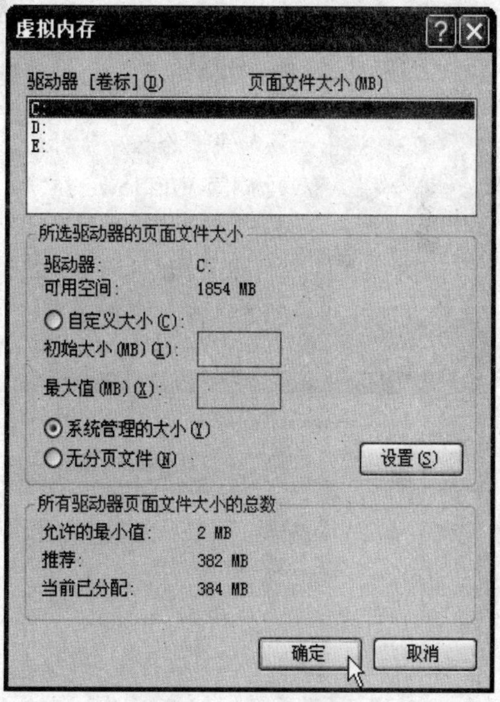

图 3-46　设置虚拟内存

3.4.4　添加或删除程序

在 Windows XP 中增加或删除一个程序，不能够简单地把它复制到硬盘，或者直接将其拖到“回收站”内，一切资源都必须交给系统来管理。

利用“控制面板”中的“添加/删除程序”类别，可以在现有的电脑系统中增加或删除 Windows XP 系统组件和应用程序。

1. 安装应用程序

具体操作步骤如下：

01　打开“控制面板”窗口，单击“添加/删除程序”类别，如图 3-47 所示。

02　弹出“添加或删除程序”对话框，单击“添加新程序”图标，然后单击“CD 或软盘”按钮，如图 3-48 所示。

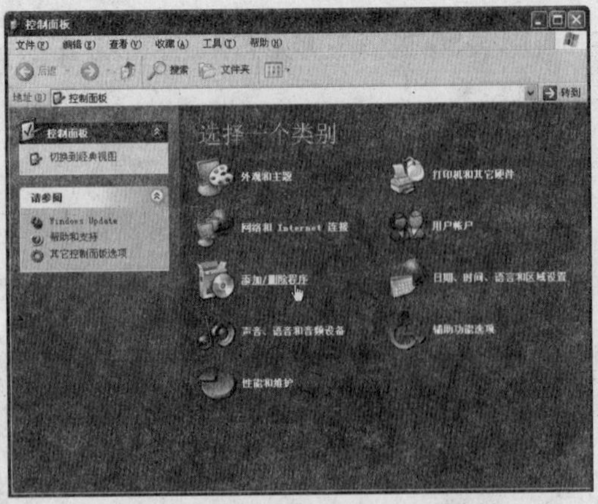

图 3-47　选择安装应用程序类别

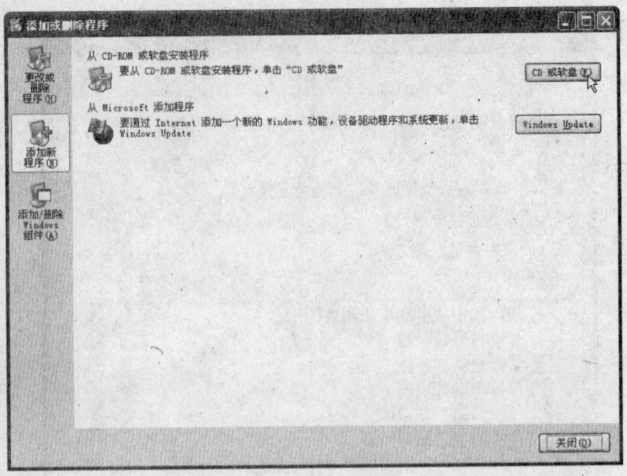

图 3-48　“添加/删除程序”对话框

03　弹出“运行安装程序”窗口，在“打开”框中输入安装程序的路径，或者单击“浏览”按钮选择路径。然后单击“完成”按钮开始安装应用程序，如图 3-49 所示。

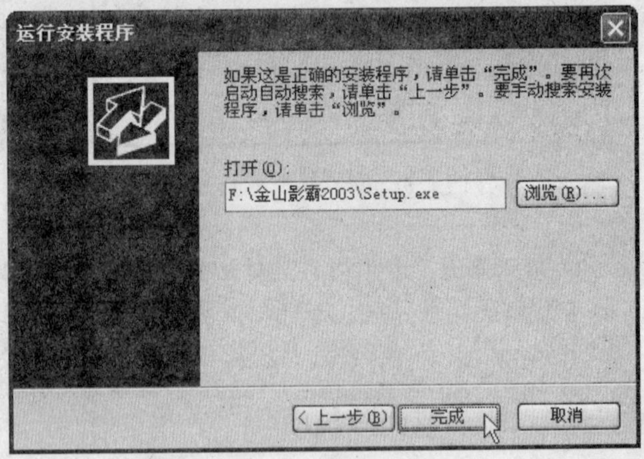

图 3-49　运行安装程序

2. 添加/删除 Windows XP 组件

具体操作步骤如下：

01　打开“控制面板”窗口，单击“添加/删除程序”类别。

02　弹出“添加或删除程序”对话框，单击“添加/删除 Windows 组件”图标，如图 3-50 所示。

03　弹出“Windows 组件向导”窗口，在“组件”框中取消复选框选项可将组件删除，选中复选框可安装该组件。单击“下一步”按钮开始安装或卸载组件，如图 3-51 所示。

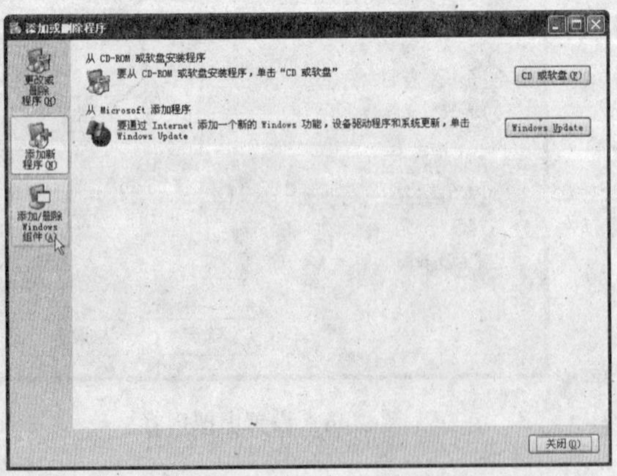

图 3-50　“添加/删除程序”对话框

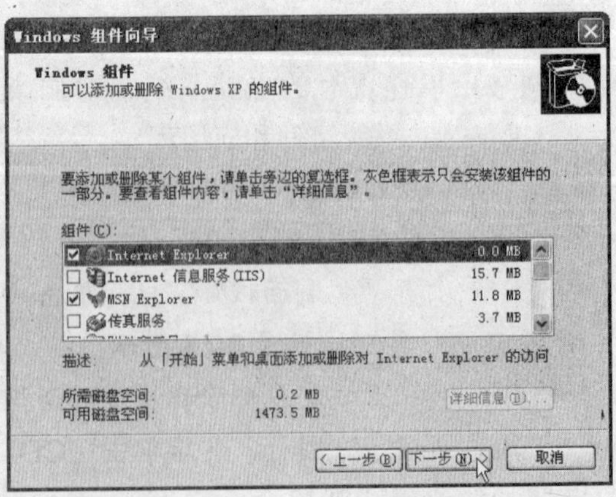

图 3-51　选择要添加或删除的 Windows 组件

通常情况下，在“组件”列表框中将列出可以添加到计算机或者可从计算机中删除的组件。复选框内有“√”的表示已经安装的组件，空白的表示该组件没有安装到系统中，而灰色的是指其中的部分组件安装了。

3．删除应用程序

如果要删除一个安装在 Windows XP 中的应用程序，可按以下操作步骤进行：

01　在“添加或删除程序”对话框中，单击“更改或删除程序”图标。

02　选择要删除的应用程序名称，单击“删除”按钮，如图 3-52 所示。

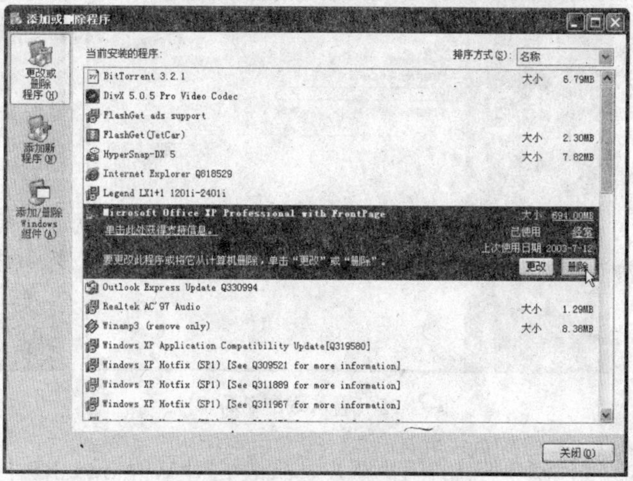

图 3-52　删除应用程序

3.4.5　用户账号的管理

Windows XP 允许将电脑设置成多用户使用，每个用户都可以以自己的用户名和密码登录，并可使用具有个人特色的登录图标、背景图片和开始菜单等。

当某个用户完成自己的工作，需要被另一个用户使用时，可以直接在“开始”菜单中选择“注销”命令，注销当前用户，然后以另一用户名登录，十分方便。

1．添加用户账号

具体操作步骤如下：

01　打开“控制面板”窗口，单击“用户账户”类别，如图 3-53 所示。

02　弹出“用户账户”对话框，单击“创建一个新账户”，如图 3-54 所示。

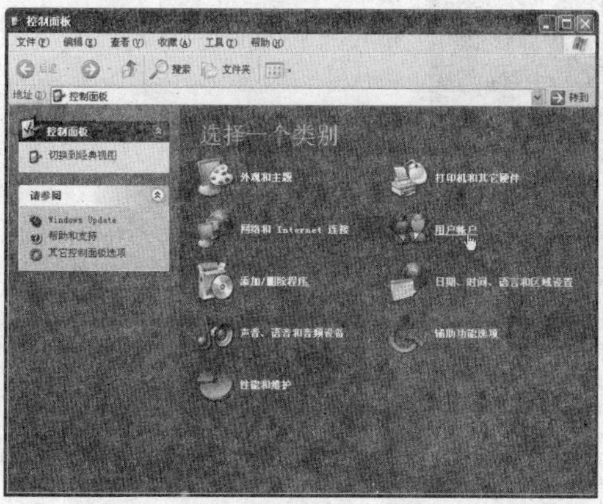

图 3-53　选择用户账号管理类别

图 3-54　选择添加用户任务

03　弹出如图 3-55 所示的窗口，在文本框中输入账户名称，单击“下一步”按钮。

04　弹出如图 3-56 所示的窗口，选择账户类型，单击“创建账户”按钮。

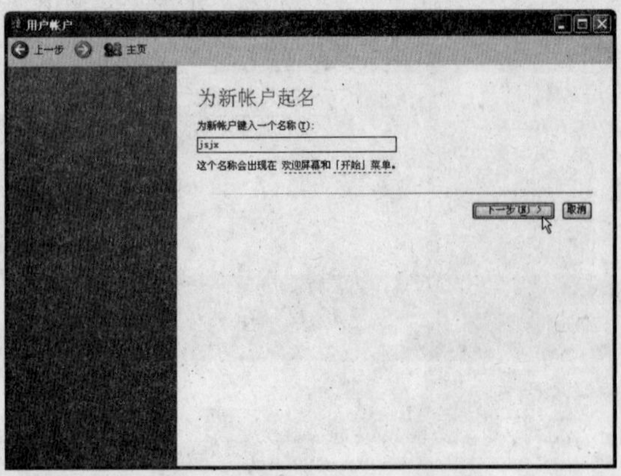

图 3-55 输入账户名称

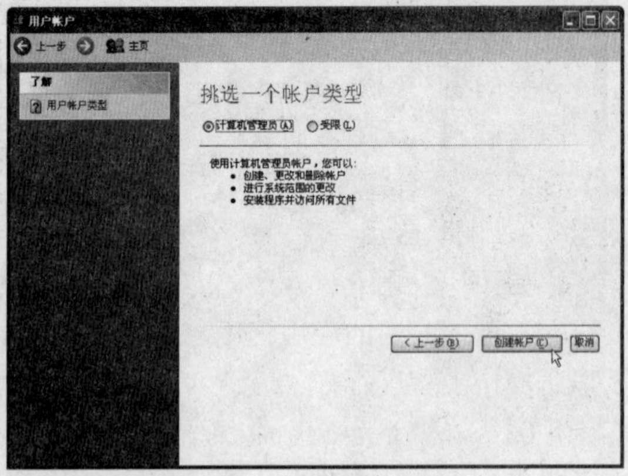

图 3-56 选择账户类型

不同类型的用户账户，代表它对 Windows XP 行使的权限是不同的。如果是一个“计算机管理员”类型的账户，在登录后可以创建、更改、删除其他的账户，可以进行系统范围内的更改，可以安装并访问所有文件；如果是一个“受限”类型的账户，在登录后只能修改或删除自己的密码，查看自己创建的文件，在安装程序时也会受到限制。

2．更改账户属性

账户属性包括账户的名称、密码、图片以及类型等，一般来说，新建的账户是没有设置密码保护的，因此需要对新建账户更改密码属性。

具体的操作步骤如下：

01 打开“控制面板”窗口，单击一个需要更改的账户的图标，如图 3-57 所示。

02 弹出“用户账户”对话框，单击“创建密码”选项，如图 3-58 所示。

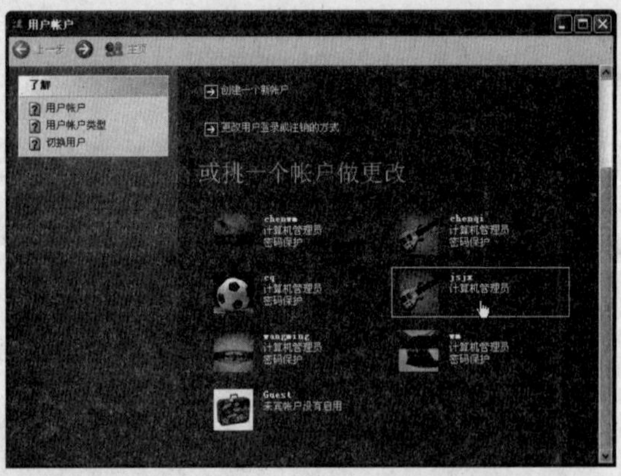

图 3-57 选择要做更改的账户

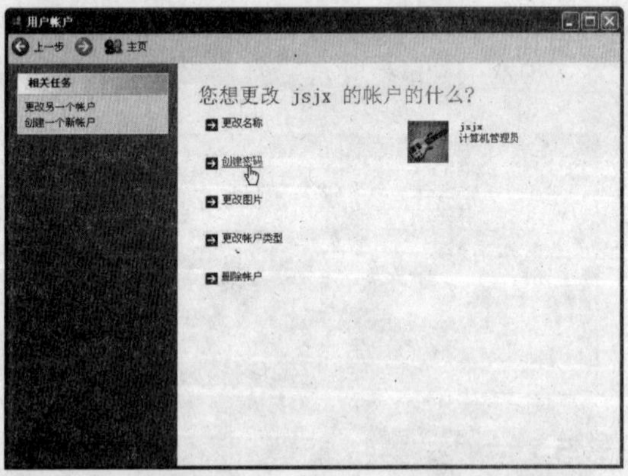

图 3-58 选择账户属性修改项

03 在弹出的窗口中输入密码并予以确认，然后单击“创建密码”按钮，如图 3-59 所示。

04 设置密码后账号显示“密码保护”提示，如图 3-60 所示。单击其他选项可对账户进行其他属性的更改。

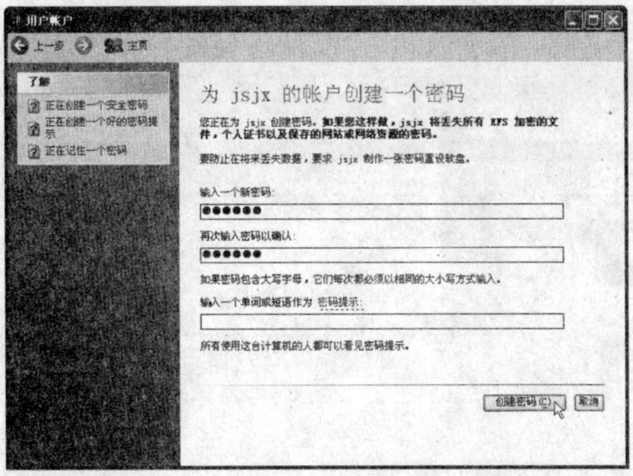

图 3-59　输入密码

图 3-60　完成用户账号密码的设置

3.5　磁盘的管理

在 Windows XP 中，提供了诸如磁盘清理、碎片整理等工具，定期运行它们，可保证硬盘处于良好的工作状态。

3.5.1　硬盘分区的清理

硬盘分区的清理操作可以帮助用户找出硬盘中无用的垃圾文件，从而提高电脑运行的速度，增加可用的硬盘容量。

清理操作是通过“磁盘清理”程序来完成的，具体操作步骤如下：

01　在开始菜单中选择“所有程序”，选择“附件”，选择“系统工具”，单击“磁盘清理”。

02　在弹出的窗口中选择要清理的驱动器，然后单击“确定”按钮。

03　弹出磁盘清理窗口，如图 3-61 所示。选择可清理的列表项，单击“确定”按钮。

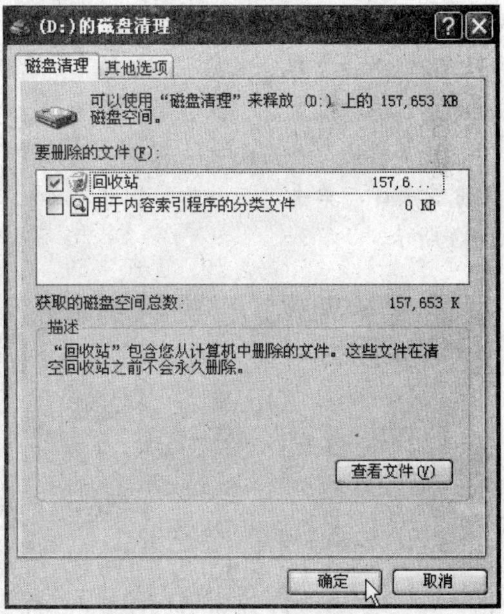

图 3 61　磁盘清理程序对话框

3.5.2　硬盘碎片整理

当对文件进行编辑、移动、复制和删除等操作后，硬盘就会产生碎片。使用一段时间后，碎片会越来越多，系统打开和存放文件的操作速度将会变得越来越慢。“磁盘碎片整理程序”可以将碎片重新进行整理，从而提高系统访问的速度。

具体操作步骤如下：

01　在开始菜单中选择“所有程序”，选择“附件”，选择“系统工具”，单击“磁盘碎片整理程序”。

02　弹出“磁盘碎片整理程序”窗口，单击要进行碎片整理的分区，然后单击“分析”按钮，屏幕上显示出硬盘使用情况。

03　分析完成后，系统将提示是否进行碎片整理。

04　单击“碎片整理”按钮，系统将进行碎片整理，如图 3-62 所示。

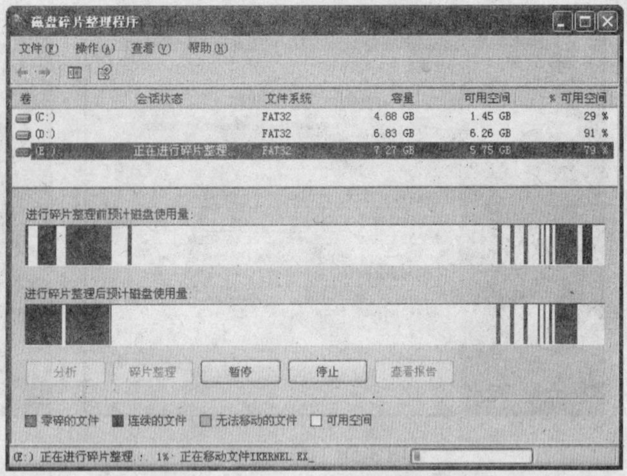

图 3-62　显示碎片整理进度

3.5.3　硬盘数据的备份

Windows XP 提供的备份工具可以帮助用户保护数据，避免由于硬件或存储媒体故障引起的数据意外丢失。当硬盘上的原始数据被意外抹掉或改写，或由于硬盘故障而无法访问时，可以很容易地从备份的副本中还原数据。具体操作步骤如下：

01　在开始菜单中选择“所有程序”，选择“附件”，选择“系统工具”，单击“备份”。

02　弹出“备份工具”对话框，选择“欢迎”标签，单击“备份向导”按钮。

03　弹出“备份向导”窗口，选择要备份的项目，单击“下一步”按钮，如图 3-63 所示。

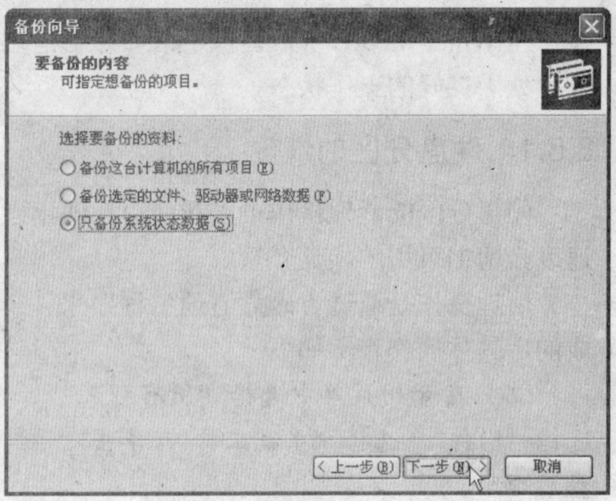

图 3-63　选择要备份的资料

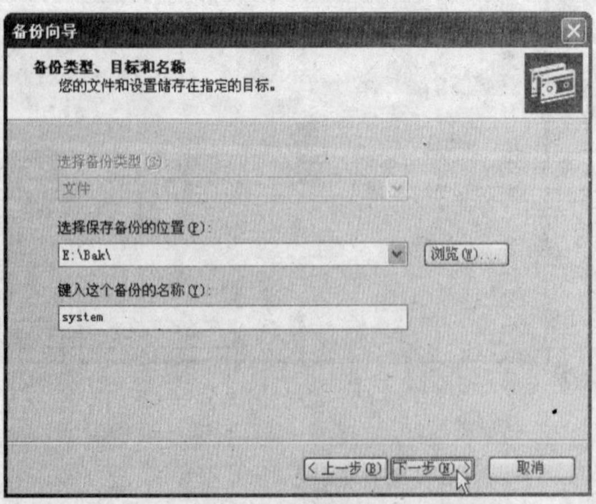

图 3-64　选择备份保存的位置

04　弹出如图 3-64 所示的窗口，选择保存备份的路径，输入备份名称，单击“下一步”按钮。

05　弹出如图 3-65 所示的窗口，显示备份的设置信息，单击“完成”按钮开始备份。

06　弹出如图 3-66 所示的窗口，显示备份的详细信息，最后单击“关闭”按钮。

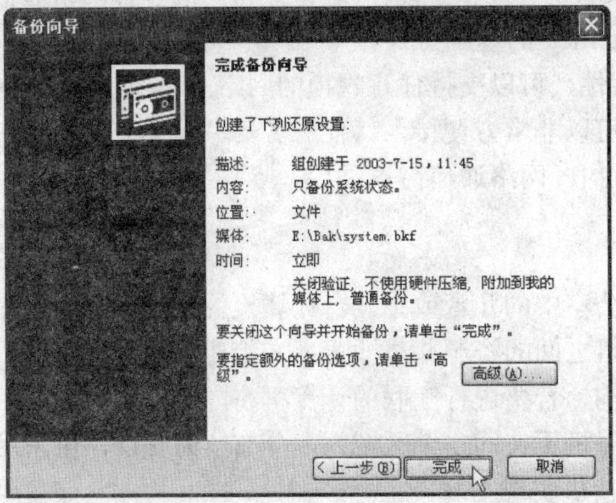

图 3-65　显示备份设置信息

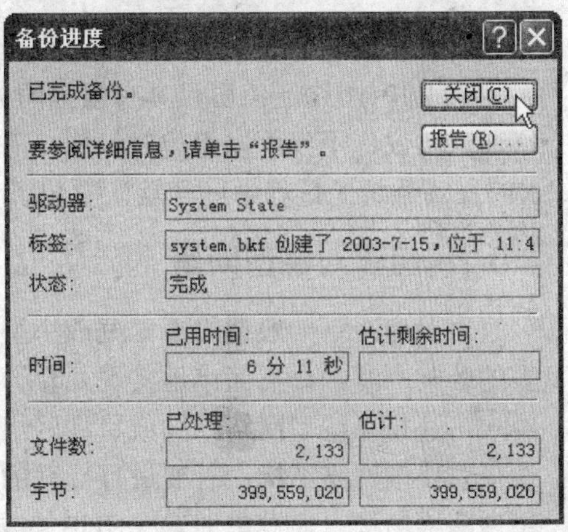

图 3-66　完成备份操作

3.6　Windows XP 的网络功能

3.6.1　网络通信协议

在局域网络中常用的通信协议有 NetBEUI、IPX/SPX 和 TCP/IP 三种。下面分别介绍这三种网络通信协议。

1. NetBEUI 网络通信协议

NetBEUI（用户扩展接口）网络通信协议，是由 IBM 公司开发的一种体积小、效率高、速度快的通信协议。在 Microsoft 公司推出的操作系统中，NetBEUI 网络通信协议已成为其默认的缺省协议。

NetBEUI 网络通信协议是为小型非路由局域网而设计的，较为适合由几台至两百台左右的 PC 机所组成的单网段的小型局域网。

2. IPX/SPX 网络通信协议

IPX/SPX（网际包交换/顺序包交换）网络通信协议，是由 Novell 公司开发的一组通信协议集，该网络通信协议具有非常强大的路由功能，是为多网段大型网络而设计的。当用户端接入 NetWare 服务器时，需使用 IPX/SPX 及其兼容协议，但在非 Novell 网络的环境中，一般不直接使用 IPX/SPX 网络通信协议。

在 Windows XP 中提供了 IPX/SPX 的两个兼容协议，分别为：NWLink IPX/SPX 兼容协议和 NWLink NetBIOS，这两者统称为 NWLink 通信协议。NWLink 通信协议在继承了 IPX/SPX 通信协议的各项优点的同时，又适应了 Microsoft 的操作系统和网络环境，为网络从 Novell 网络环境转向 Microsoft 平台，或两种平台共存提供了方便。

3．TCP/IP 网络通信协议

TCP/IP（传输控制协议/网际协议）网络通信协议，是一组协议集的统称，其中 TCP/IP 协议是其中最基本、最重要的两个协议。TCP/IP 协议是目前网络中最常用的一种网络通信协议，它不仅应用于局域网，同时也是 Internet 的基础协议。

TCP/IP 网络通信协议具有很强的灵活性，可以支持任意规模的网络。使用 TCP/IP 网络通信协议，不仅可以组建对等网，而且可以非常方便接入其他服务器。在安装 Windows XP 操作系统的过程中已经默认安装了 TCP/IP 网络通信协议。

3.6.2 组建对等型网络

对等型网络一般适用于家庭或小型办公室中的几台或十几台计算机的互联，不需要太多的公共资源，只需简单地实现几台计算机之间的资源共享即可。在组建对等型网络时，用户可选择总线型网络结构或星型网络结构，若要进行互联的计算机在同一个房间内，可选择总线型网络结构；若要进行互联的计算机不在同一个区域内，分布较为复杂，可采用星型网络结构，通过集线器（HUB）或交换机实现互联。

1．对等型网络的共享方式

对等型网络的资源共享方式较为简单，网络中的每个用户都可以设置自己的共享资源，并可以访问网络中其他用户的共享资源。网络中的共享资源分布较为平均，每个用户都可以设置并管理自己计算机上的共享资源，并可随意进行增加或删除。用户还可以为每个共享资源设置只读或完全控制属性，以控制其他用户对该共享资源的访问权限。

若用户对某一共享资源设置了只读属性，则该共享资源将无法进行编辑修改；若设置了完全控制属性，则访问该共享资源的用户可对其进行编辑修改等操作。

2．安装网络适配器

由于 Windows XP 操作系统中内置了各种常见硬件的驱动程序，安装网络适配器变得非常简单。对于常见的网络适配器，用户只需将网络适配器正确安装在主板上，系统即会自动安装其驱动程序，无需用户手动配置。

3．配置网络协议

网络协议规定了网络中各用户之间进行数据传输的方式，配置网络协议可参考下列操作：

01 单击“开始”按钮，选择“控制面板”命令，打开“控制面板”对话框。

02 在“选择一个类别”对话框中单击“网络和 Internet 连接”，打开“网络和 Internet 连接”对话框，如图 3-67 所示。

03 在该对话框中的“或选择一个控制面板图标”选项组中单击“网络连接”，打开“网络连接”对话框，如图 3-68 所示。

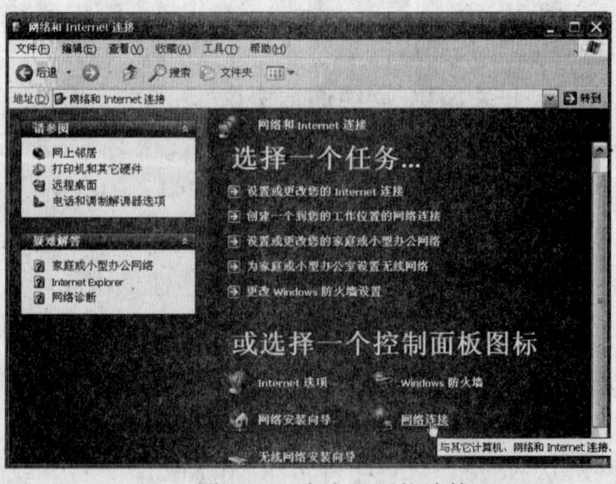

图 3-67 点击“网络连接”

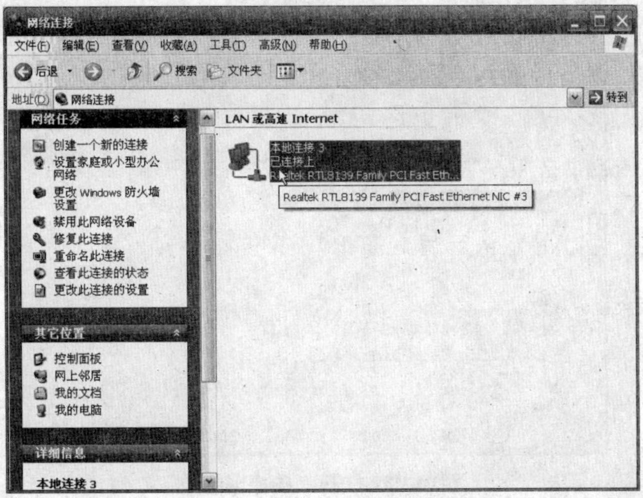

图 3-68　打开“网络连接”

04　在该对话框中，用鼠标右键单击“本地连接”图标，在弹出的快捷菜单中选择“属性”命令，打开“本地连接属性”对话框中的“常规”选项卡，如图 3-69 所示。

05　在该选项卡中单击“安装”按钮，打开“选择网络组件类型”对话框，如图 3-70 所示。

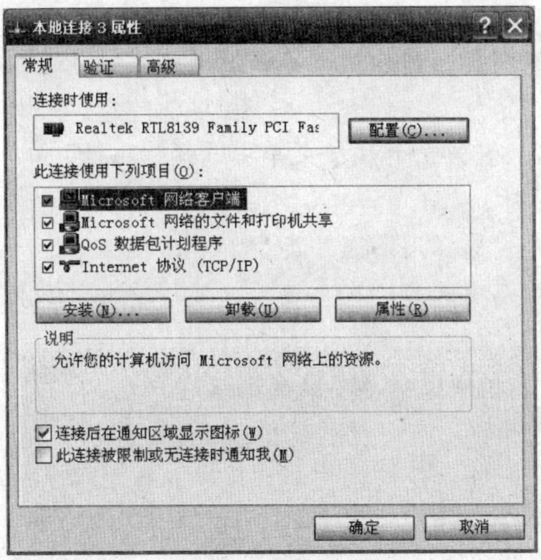

图 3-69　打开“常规”选项

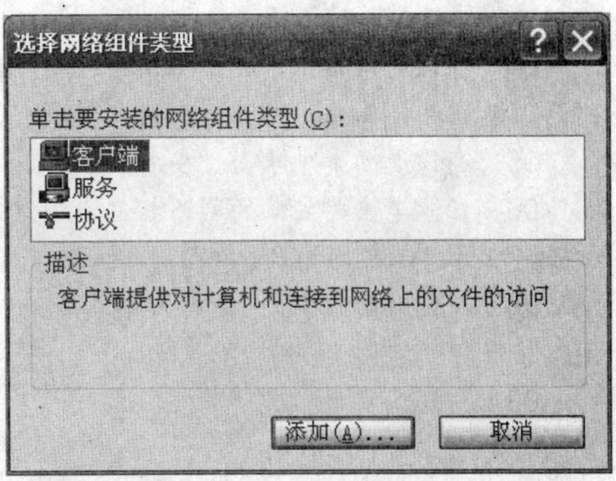

图 3-70　打开“网络连接”

06　在“单击要安装的网络组件类型”列表框中选择“协议”选项，单击“添加”按钮，打开“选择网络协议”对话框，如图 3-71 所示。

07　在“网络协议”列表框中选择要安装的网络协议，或单击“从磁盘安装”按钮，从磁盘安装需要的网络协议，单击“确定”按钮。

08　安装完成后，在“常规”选项卡中的“此连接使用下列项目”列表框中即可看到所安装的网络协议。

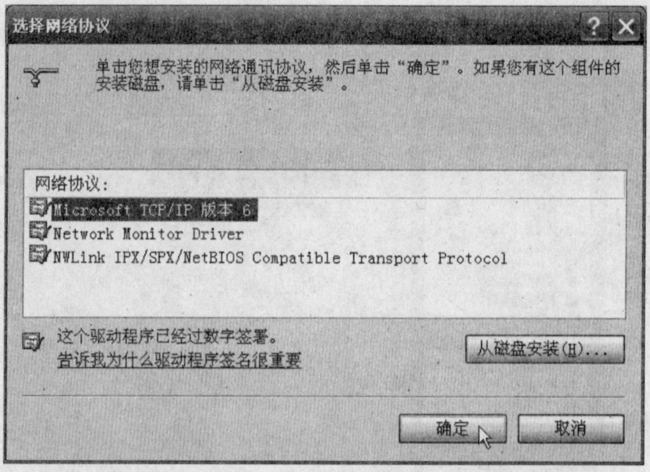

图 3-71　打开"选择网络协议"对话框

4．安装网络客户端

网络客户端可以提供对计算机和连接到网络上的文件的访问。安装 Windows XP 的网络客户端的操作如下：

01　单击"开始"按钮，选择"控制面板"命令，打开"控制面板"对话框。

02　在"选择一个类别"对话框中单击"网络和 Internet 连接"，打开"网络和 Internet 连接"对话框。

03　在该对话框中的"或选择一个控制面板图标"选项组中单击"网络连接"选项，打开"网络连接"对话框。

04　在该对话框中，右击"本地连接"图标，在弹出的快捷菜单中选择"属性"命令，打开"本地连接属性"对话框中的"常规"选项卡。

05　在该选项卡中单击"安装"按钮，打开"选择网络组件类型"对话框。

06　在"单击要安装的网络组件类型"列表框中选择"客户端"选项，单击"添加"按钮，打开"选择网络客户端"对话框。

07　在该对话框中的"选择网络客户端"列表框中选择要安装的网络客户端，单击"确定"按钮即可。

08　安装完毕后，在"常规"选项卡中的"此连接使用以下项目"列表框中将显示安装的客户端。

5．设置共享文件夹

在对等网络中，实现资源共享是其主要目的，设置共享文件夹是实现资源共享的常用方式，在 Windows XP 中，设置共享文件夹可执行下列操作：

01　双击"我的电脑"图标，打开"我的电脑"对话框。

02　选择要设置共享的文件夹，在左边的"文件和文件夹任务"窗格中单击"共享此文件夹"选项，或右击要设置共享的文件夹，在弹出的快捷菜单中选择"共享和安全"命令。

03　打开"文件夹属性"对话框中的"共享"选项卡，如图 3-72 所示。

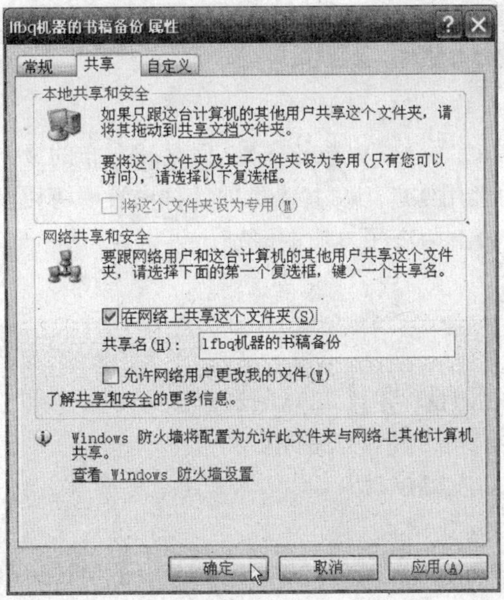

图 3-72　设置文件共享

04　在“网络共享和安全”选项组中选中“在网络上共享这个文件夹”复选框，这时“共享名”文本框和“允许网络用户更改我的文件”复选框均变为可用状态。

05　在“共享名”文本框中输入该共享文件夹在网络上显示的共享名称，用户也可以使用其原来的文件夹名称。

06　若选中“允许网络用户更改我的文件”复选框，则设置该共享文件夹为完全控制属性，任何访问该文件夹的用户都可以对该文件夹进行编辑修改；若清除该复选框，则设置该共享文件夹为只读属性，用户只可访问该共享文件夹，而无法对其进行编辑修改。

07　设置共享文件夹后，在该文件夹的图标中将出现一个托起的小手，表示该文件夹为共享文件夹，如图 3-73 所示。

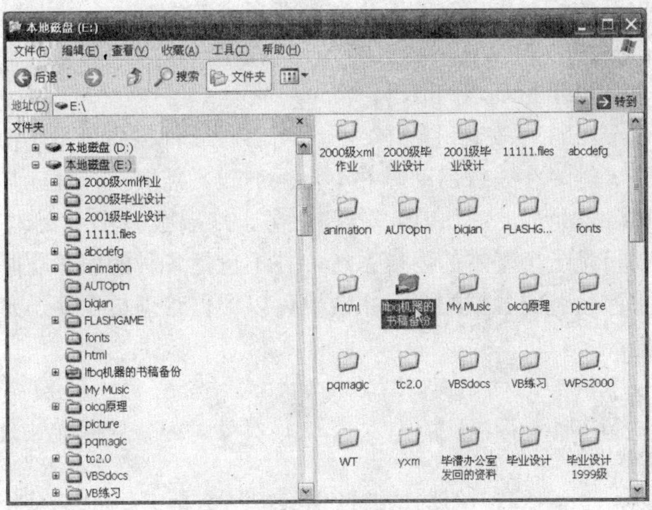

图 3-73　打开“网络连接”

3.7 认识 Windows 2003

Windows Server 2003 是继 Windows XP 后微软发布的又一个最新产品，名称虽然沿袭了 Windows 家族的习惯用法，但从其提供的各种内置服务以及重新设计的内核程序来说，已经与 Windows 2000/XP 版有了本质的区别。

3.7.1 系统的安装

1. 硬件要求

- CPU：最小 133MHz，建议 733MHz。
- 内存：最小 128MB，建议 256MB。
- 磁盘空间：1.5GB/2GB。

2. 安装过程

在安装过程中，Windows Server 2003 完全继承了 Windows XP 安装时方便、快捷、高效的特点，几乎不需要多少人工参与就可以自动完成硬件的检测、安装、配置等工作。用户需要做的仅仅是通过屏幕来了解它所提供的各项新技术以及产品特点。

安装过程中会收集以下信息：

- 区域或语言
- 个人注册信息
- 产品序列号
- 计算机/管理员基本信息
- 网络基本信息

安装完成后第一次启动的速度明显感觉要比 XP 快，从其提供的资料了解，Windows 2003 整体的性能要比 Windows 2000 提高 10%~20%。

在系统未进行任何配置或软件安装的情况下，系统占用的内存在 100MB 左右，看来在系统性能大幅提升的情况下内存的占用并没有多大的增加。

Windows Server 2003 与 Windows XP 一样，在第一次登录后就需要对产品进行激活认证，激活的方法也与 Windows XP 相同。

Windows Server 2003 在安装过程中，虽然对各种硬件设备进行了检测与安装，但一些非基本硬件（如声卡等）在系统启动时并不自行加载，需要在管理工具中手动设置是否加载，各种的软件服务也是如此（如 IIS、打印服务、终端服务等），这与 Unix/Linux 的最初启动一样，运行的只是一个基本的内核系统，并不包括各种的服务功能。这样管理员就可以根据需要完全掌控系统的各项配置，系统也可以根据管理员在某一方面特定的配置来最大限度的发挥功能。

3.7.2 新功能介绍

1. 管理服务器

Windows Server 2003 最大的特点莫过于提供了多种多样的特色服务，有从 Windows 2000 版继承发展而来的“域控制（AD）服务”、“终端服务”、“IIS 服务”、“DNS 服务”等，还有新增加的“邮件服务”、“文件服务”等等。然而服务一多最头痛的就是配置问题，在 Windows 2000 中我们经常为了配置一项服务而不得不打开多个界面，进行很多步骤，同时还需要具有一定的经验才可以完成。现在这个工作被 Windows 2003 中的一个统一的管理界面和统一的配置流程向导所替代。

2. 终端服务器——远程桌面连接（TS）

在 Windows 2000 中我们要使用“远程桌面连接”就必须打开一个独立的窗口，以便在这个窗口中操作远程主机。这种操作方式对于少量的连接还可以承受，然而对于那些要进行大量的连接以及在各连接窗口间进行频繁的操作来说，这种方式往往会导致数据混乱、操作对象不清等严重的后果。

此次 Windows Server 2003 对于“远程桌面连接”的操作方式进行了大幅的调整，从以前单一的连接窗口改为了树状控制台与连接显示窗口相结合的统一管理平台，任何的连接与切换都可以在这个平台内进行操作与管理，这样像以前在 Windows 2000 中手忙脚乱的操作就得到了根本的改变。

另外在连接屏幕的尺寸上也加入了自定义大小的功能，用户可以随意输入想要的长/宽的大小，以适应不同的显示要求。

3. Internet 信息服务 6.0（IIS 6.0）

此次的 IIS 6.0 较以前的版本已经有了一个质的飞跃。IIS 6.0 在以下三个方面进行了增强改进：

- 可靠性与可伸缩性

由于整合了.NET 服务，任何的页面处理以及交互动作都可以在预编译的情况下进行处理，对于内存的泄漏、非法访问以及其他错误，IIS 6.0 都会自动针探，并在底层进行容错与排除。

IIS 6.0 具备了 Web 服务扩展。这个功能非常实用，管理员可以根据需要对各种的 Web 服务组件进行添加、禁止、授权等操作。例如，我们要禁止“Active Server Pages”的服务，需要做的就是点击它左边的禁止按钮，此项服务就会自动禁止，此时系统将不会再对网站中的 ASP 代码进行任何的操作。如果我们要添加一个新的“Web 服务”，只需点击“添加一个新 Web 服务扩展”的链接，在弹出的窗口中指定扩展名和所需的扩展文件，这个 Web 服务就自动添加到了我们的系统中了。

- 安全性与易管理性

在默认情况下并不会被安装在 Windows Server 2003 上，这需要管理员手动进行安装。IIS 6.0 在默认状态下只会对静态内容的进行处理，管理员通过“Web 服务扩展”来启动其他的所需服务。

具备了新功能 XML-metabase，当服务器发生严重故障时，它可以提供有效的备份与恢复手段，可以让用户使用任何的一种 XML 编辑器在线编辑它并且立即生效，且无需重新启动服务器。

具有多种加密及安全运行的手段，如传统的 SSL、CA 证书等，还有新增的 passport、CLR（Common Language Runtime）。

- 增强的网络开发与网络支持功能

ASP.NET 与 IIS 的整合，给开发者提供了一个无缝支持的平台。提供快速的应用程序开发（RAD）以及多达十几种的开发语言的选择。

兼容 Unicode 架构的 HTTP 协议。IIS 6.0 可以使客户利用 Unicode 格式访问服务器变量，同时也允许开发者访问 URL 的 Unicode 表达式。

4．简单的邮件服务器（POP3）

邮件服务器（POP3）是 Windows Server 2003 新增的功能，它的配置非常地简单，只需按照“指定服务器域名→添加邮箱→指定邮箱名称与密码”这个步骤就可以完成了。

但与专业的邮件服务器相比，它只能算是一个具备收发邮件功能的简单服务器，至于容量控制、邮件转发、用户信息维护等功能都没有。

5．WMS（Windows Media Services）流式媒体服务器

WMS 是 Windows 多媒体技术用于在 Internet 与 Intranet 分发数字媒体内容的服务器端组件。它在 Windows 2000 中已经出现了，此次在 Windows 2003 中除了版本已经升到 9.0 以外，其内部的各项服务也已经被重新设计和增强。

6．关闭计算机

对于普通用户来说，计算机的关闭和重启是很正常的事情，然而对于服务器级别的计算机来说，则是一件非常重要的事情。到了需要关闭和重启的时候，Windows Server 2003 就要求用户提供关闭计算机的原因（硬件维护、应用程序安装、安全问题等），并加一些说明注释，这样才允许用户进行关闭，这称为“关闭事件跟踪程序”。“跟踪记录”看似毫无用处，其实这样做是很有道理的，它不仅可以保证用户的任何操作在系统的监视记录之下进行，而且还为以后的维护管理提供了可以遵循的标准化信息。

Windows Server 2003 除了以上介绍的几个功能外，还提供了诸如活动目录、集群技术、存储管理、企业 UDDI 等的众多服务。Windows Server 2003 无论是从配置到使用，还是从管理到开发，都已经达到了一个新的高度。可以说，仅仅一个 Windows Server 2003 的系统，就可以满足各种企业的多种应用了。

3.8 认识 Windows Vista

Windows Vista 是微软 Windows 操作系统的一个版本。Windows Vista 包含了上百种新功能，其中较特别的是新版的图形用户界面和称为“Windows Aero”的全新界面风格、加强后的搜寻功能（Windows Indexing Service）、新的多媒体创作工具（如 Windows DVD Maker），以及重新设计的网络、音频、输出（打印）和显示子系统。Vista 也使用点对点技术（peer-to-peer）提升了计算机系统在家庭网络中的通信能力，使用户在不同计算机或装置之间分享文件与多媒体内容变得更简单。微软在 Vista 的安全性方面也进行了改良。

Windows Vista 包含 Windows Aero、Windows Defender、Windows DVD Maker、Internet Explorer 7、Windows 媒体中心、即时搜索、基本文件备份和还原、家长控制、快速睡眠和恢复、Windows 照片库、网络和共享中心等功能和特性。根据版本划分的不同，所提供的具体功能也有所差异。

与 Windows XP 相比，Windows Vista 在界面、安全性和软件驱动等方面都有了很大的改进。

（1）操作系统核心进行了全新修正。Windows XP 的核心并没有安全性方面的设计，因此只能一点点打补丁，Vista 在这个核心上进行了很大的修正。例如在 Vista 中，部分操作系统运行在核心模式下，而硬件驱动等运行在用户模式下，核心模式要求非常高的权限，这样一些病毒木马等就很难对核心系统形成破坏。

（2）Vista 上的“haep”设计更先进，方便了开发者，提高了他们的效率。在电源管理上也引入了睡眠模式，让使用 Vista 的计算机可以从不关机，而只是消耗极低电量的待机，启动起来非常快，比现在的休眠效率高。

（3）内存管理和文件系统方面引入了 SuperFetch 技术，可以把经常使用的程序预存到内存，提高性能。此外，后台程序不会夺取较高的运行等级，不用担心突然一个后台程序运作让你动弹不得。因为硬件驱动运作在用户模式，驱动坏了系统也没事，而且装驱动都不用重启了。

（4）网络方面集成 IPv6 支持，防火墙的效率和易用性更高，优化了 TCP/IP 模块，从而大幅增加网络连接速度，对于无线网络的支持也加强了。

（5）媒体中心模块将被内置在 Home Premium 以上版本中，用户界面更新，支持 CableCard，可以观看有线高清视频。

（6）音频方面，音频驱动工作在用户模式，提高了稳定性，同时速度和音频保真度也提高了不少，内置了语音识别模块，带有针对每个应用程序的音量调节。

（7）显示方面，Vista 内置 DirectX 10，这是 Vista 独有的，使用更多的 dll，向下兼容，显卡的画质和速度会得到革命性的提升。

（8）集成应用软件。取代系统还原的新 SafeDoc 功能让用户自动创建系统的影像，内置的备份工具将更加强大，可以用它取代 ghost；在 Vista 上 Outlook 升级为 Windows Mail，搜索功能非常强大，还有内置日程表模块，新的图片集程序、Movie maker、Windows Media Player11 等都得到了升级。

（9）Aero Glass 以及新的用户界面，窗口支持 3D 显示，提高工作效率，而且它不运行在内核。显卡现在是一个共享的资源，它也负责 Windows 的加速工作，再加上双核处理器的支持，以后大型游戏对于 Windows 来说也不会是什么大任务了，开启一个小窗口就可以运行。

（10）重新设计的内核模式加强了安全性，加上更安全的 IE7、更有效率的备份工具，使 Vista 更安全。

（11）NAP 的英文全称是 Network Access Protection，也就是网络接入防护，它是内置于 Windows Longhorn Server 以及 Windows Vista 客户端操作系统的安全机制。NAP 可以让用户监视任何试图接入用户网络的计算机的安全状态，并确保接入的计算机都具有符合用户健康策略的安全防范措施。那些不符合用户健康策略的电脑，将被接入到一个受限的网络环境，用户可以在这个网络环境中存储一些安全软件，帮助这些安全性较差的计算机提高到符合用户要求的安全水平。

习题与思考题

1．Windows XP 桌面包括哪些部分？请说明 Windows XP 桌面上的图标名称。

2．回收站的作用是什么？如果误删除内容，要从回收站中恢复，应如何操作？如果要将回收站的内容彻底清除掉，应如何操作？

3.任务栏位于屏幕上哪一个位置？单击“开始”按钮会出现什么菜单？包括哪些内容？

4．Windows XP 的文件包括哪些类型？它包括哪两部分？Windows XP 的文件夹可以同时存放文件和文件夹吗？

5．打开存放在 C 盘的 My Documents 文件夹中的一个文件，应该如何操作？

6．显示文件和文件夹有哪几种方式？说说这几种显示方式的区别所在。

7．选择一个文件或文件夹应该如何操作？选择所有文件或文件夹应该如何操作？

8.选择不相邻的多个文件或文件夹应该如何操作？选择连续的多个文件或文件夹应该如何操作？

9．在 C 盘的 My Documents 文件夹中有一个文件 File，要将它复制到 C 盘根目录中，应该如何操作？

10．将 C 盘的 My Documents 文件夹中的文件 File 发送到 A 盘，应该如何操作？发送文件到 A 盘之后，C 盘上的原文件有变化吗？

11．移动文件或文件夹的快捷方式是什么？

12．复制文件或文件夹与移动文件或文件夹有什么区别？

13.在 C 盘的 My Documents 文件夹中创建一个名为 My File 文件夹，应该如何操作？

14．将文件夹 My File 改名为 File，应该如何操作？

15．删除 C 盘的 My Documents 中的文件夹 File，应该如何操作？

16．资源管理器是如何显示文件和文件夹结构的？如何打开资源管理器？资源管理器的左窗格包括什么内容？右窗格包括什么内容？

17.在资源管理器中对文件或文件夹进行操作，是否与在“我的电脑”中的操作一样？

18．对软盘进行格式化，应该如何操作？

19．对软盘进行复制，应该如何操作？如果只有一个软盘驱动器，是否仍然可以进行软盘的复制？

20．如何设置桌面背景？如果要将自己的相片设置为桌面背景，应该如何操作？

21．屏幕保护程序的作用是什么？

22．试一试改变窗口、菜单、图标、滚动条等屏幕元素的外观形状和颜色。

23．如何添加一个新硬件？

24．删除应用程序时，能否简单地将它所在的文件夹删除就行了？

第 4 章　学习中文 Word 2003/2007

Word 是美国 Microsoft 公司推出的字处理软件。它提供的多种字样和表格，均能在 Windows 环境精确地显示和打印出来，即通常所说的“所见即所得”。另外，它还能将文字、图片、声音、视频等信息混合编排，真正实现了“声情并茂”。

4.1　中文 Word 2003 操作基础

4.1.1　启动 Word 2003

中文 Word 2003 是 Windows 环境下的一个应用程序，启动 Word 有下面两种方法。

第一种：在 Windows 的主桌面上，双击 Word 的图标，启动 Word。

第二种：单击“开始”按钮，在“开始”菜单中，指向“程序”，指向“Microsoft Office”，单击“Microsoft Office Word 2003”，启动 Word。如图 4-1 所示。

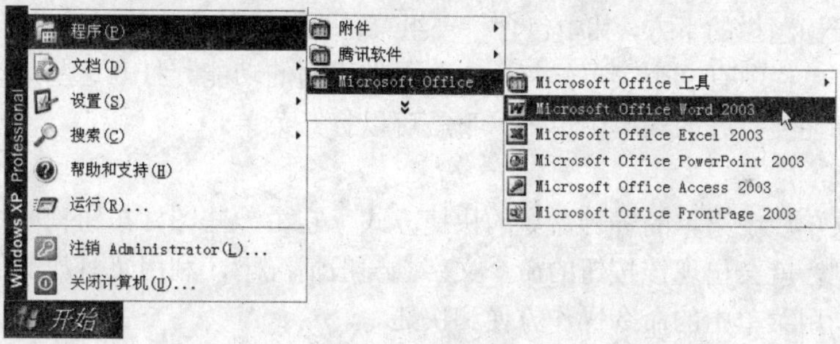

图 4-1　使用“开始”按钮启动 Word

4.1.2　退出 Word 2003

在 Word 中完成文档的操作之后，单击“文件”菜单中的“退出”命令，即可退出中文 Word 2003。另外，单击 Word 2003 主窗口右上角的关闭按钮☒，或者单击 Word 2003 主窗口左上角的 Word 图标，在出现的控制菜单中选择“关闭”命令，也可以将当前正在运行的文档窗口关闭。但是，其他没有接受关闭命令的文档窗口仍然处于正常的工作状态，所以“关闭”操作与“退出”整个软件系统的操作是截然不同的。

4.1.3　Word 2003 窗口界面

启动 Word 2003 之后，屏幕窗口如图 4-2 所示，主要部分包括标题栏、菜单栏、工具栏、标尺、编辑区、滚动条和状态栏等。

图 4-2　中文 Word 2003 窗口界面

1. 标题栏

标题栏位于窗口的顶部，其中包括控制菜单按钮、应用程序名、编辑文档名、窗口控制按钮等。

控制菜单用于控制该窗口的大小和位置，也可以将整个窗口关闭。窗口控制按钮控制菜单的快捷按钮。

2. 菜单栏

菜单栏位于标题栏的下方，其中包含了一组菜单项，每个菜单按钮对应一个下拉菜单。Word 2003 的菜单栏中有 9 个菜单，每一个菜单有不同的功能。打开这些菜单的方法都一样，只要将鼠标在要打开的菜单中单击一下就可以打开菜单。

3. 工具栏

工具栏是菜单栏中菜单的各种命令的快捷方式，它由一些图标按钮构成。将鼠标放在这些按钮上片刻，就会出现该按钮的命令文字。一般情况下，利用工具栏的工具图标按钮进行操作，比利用菜单中的命令操作方便和快捷。

常用工具栏位于菜单栏的下方，其按钮组成如图 4-3 所示，用于文档的保存、打开、复制、打印、电子邮件发送、插入表格、显示比例和寻求帮助等操作。

格式工具栏通常位于常用工具栏的下面，其按钮组成如图 4-4 所示。用于编排文档文字格式、段落格式和插入各种项目符号等操作。

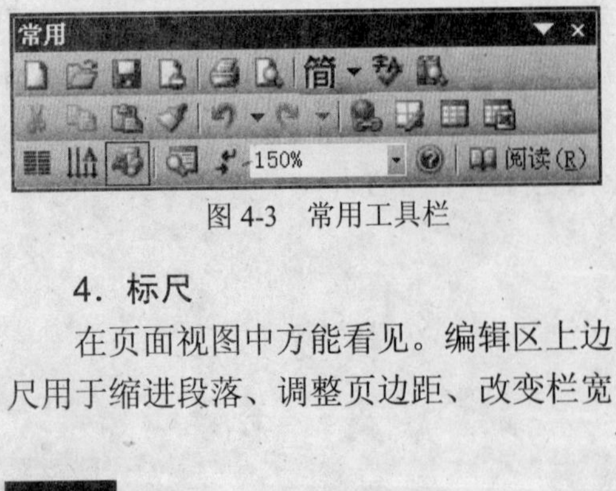

图 4-3　常用工具栏

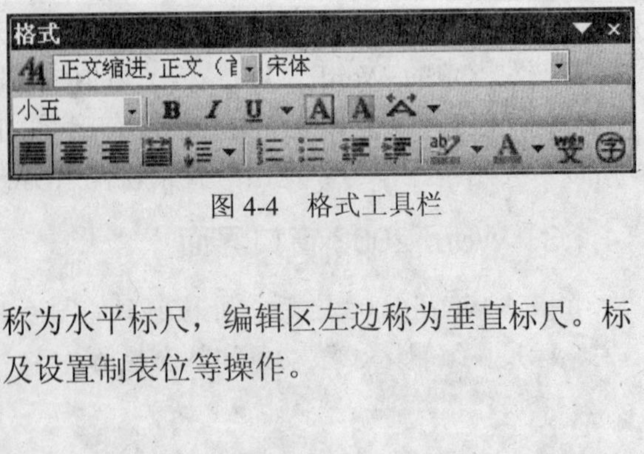

图 4-4　格式工具栏

4. 标尺

在页面视图中方能看见。编辑区上边的称为水平标尺，编辑区左边称为垂直标尺。标尺用于缩进段落、调整页边距、改变栏宽以及设置制表位等操作。

5. 编辑区和编辑光标

编辑区位于整个窗口界面的中部，在其中可进行文字、图形、表格等的输入和编辑。编辑光标也称为插入点，是指编辑区中不停闪烁的竖直线，用来为键入的字符定位。

6. 滚动条

垂直滚动条用于在垂直方向移动编辑区，以查看文档。操作方法很简单，只需朝需要的方向上下拖动滚动框或单击滚动箭头即可。

水平滚动条用于在水平方向移动编辑区，以查看文档，只需朝需要的方向左右拖动滚动框或单击滚动箭头即可。

7. 视图切换按钮

视图切换按钮位于水平滚动条的左边，用于改变文档的视图方式。为了更好地编写和查看文档，Word 提供了五种文档视图：普通视图、Web 版式视图、页面视图、大纲视图和阅读版式。

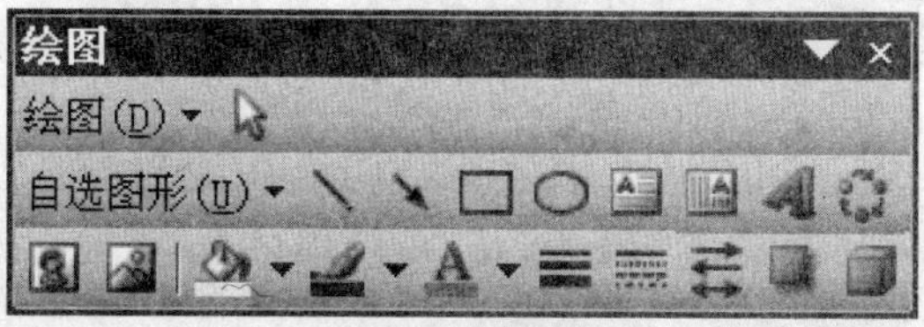

图 4-5　绘图工具栏

8. 绘图工具栏

绘图工具栏位于水平滚动条的下方，其按钮组成如图 4-5 所示。绘图工具栏用于插入图形和剪贴画，旋转图形，给图形上色等。

9. 状态栏

位于整个窗口界面的底部，其中包含的是当前文档的相关信息，从左到右依次为页数、节、当前所在页数/总页数、插入点所在位置、行、列等。

10. 任务窗格

Word 2003 有一个开放而又充满活力的新外观，用户可以使用新的经优化的任务窗格。任务窗格在 Word 2003 窗口界面的右侧，包括“开始工作”、“帮助”、“搜索结果”、“共享工作区”、“文档更新”和“信息检索”，如图 4-6 所示。

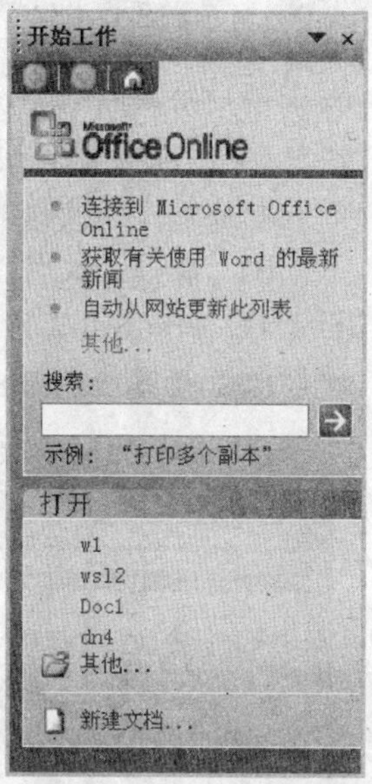

图 4-6　任务窗格

4.1.4　Word 2003 帮助功能

在 Word 2003 中，获取帮助最快的方式是：使用工具栏上的“键入需要帮助的问题”框，键入问题并回车，“搜索结果”任务窗格将在窗口的右边出现，搜索结果将按照与问题的相关程度列出。搜索的范围包括电脑上离线的 Word 帮助文档，也包括微软 Office 在线帮助网站 Office Online 上的文章、模板、在线培训以及更多的内容。用户可以通过标题旁边的图标来辨别内容的类型，若要自己选择搜索的帮助类型，可以在“搜索结果”任务窗格下方的下拉菜单中选择。单击用户感兴趣的结果链接，将根据帮助内容的不同，在浏览器中或者以帮助文档的方式打开这些帮助。

用户也可以在 Word 2003 程序中，通过单击“帮助”菜单上的“Microsoft Office Word 帮助”，使“帮助”出现在窗口的右边。

除了可以像使用“键入需要帮助的问题”框一样键入关键字搜索，还可以单击任务窗格中的“目录”链接来浏览分门别类列出的帮助主题。

此外，如果在查找“帮助”后找不到答案的某个特定问题，用户还可以在“搜索结果”任务窗格中的“查看其他位置”下单击“从其他用户得到答案”，查找 Office 社区上其他用户是否讨论过相关的问题。Office 社区是一个联机论坛，在该论坛上，你可以与 Office 的其他用户交流、获得问题答案、共享想法以及了解你感兴趣的 Office 产品和技术的详细信息。

4.2 Word 2003 文档操作

使用 Word 2003 主要的工作是用于编辑文档，包括对文档进行修改、复制、移动、查找、替换等。文档编辑完成后，就可以对文档进行排版操作，包括设置文档中的字符格式、段落格式和版面格式等。

4.2.1 新建文档

用户每次启动 Word 2003 时，Word 会自动打开一个空白的文档，且标题栏上出现名为“文档 1”的标题，用户可以马上在此文档中输入文本。

建立一个新文档的操作步骤如下：

01 单击“文件”菜单中的“新建”命令，在出现的“新建文档”窗格中，单击“空白文档”，如图 4-7 所示。

02 屏幕上显示出建立了一个新的空白文档，如图 4-8 所示。

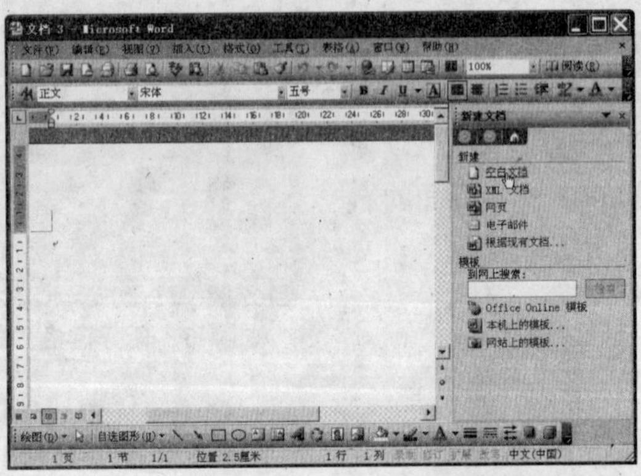

图 4-7 单击“空白文档”

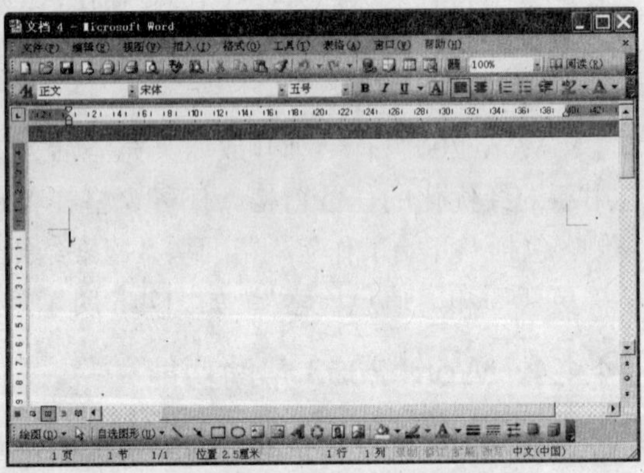

图 4-8 建立一个文档

4.2.2 保存文档

保存文档是非常重要的操作，新建了一个文档、修改了文档或需要将 Word 文档另存为其他格式的文档时，都有必要进行文档的保存工作。

在使用 Word 时，用户所做的工作存放在计算机的内存中。如果不把文档存盘，那么文档只是留在计算机内存里，一旦停电或关闭计算机，用户文档就会丢失。因此，用户应经常存盘。保存文档的操作步骤如下：

01 单击“文件”菜单中的“保存”命令，弹出“另存为”对话框，如图 4-9 所示。

02 在“保存位置”框中，单击下拉按钮，选择文档保存的位置。

03 在“文件名”框中输入文档的名称。

04 单击“保存”按钮。

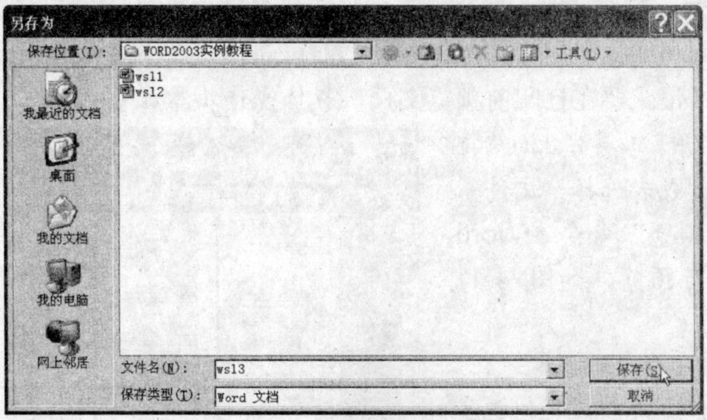

图 4-9 “另存为”对话框

4.2.3 打开文档

对于保存在磁盘上的文档，如果要对它进行编辑和修改，首先要打开该文档。打开文档的操作步骤如下：

01 单击“文件”菜单中的“打开”命令，弹出“打开”对话框，如图 4-10 所示。

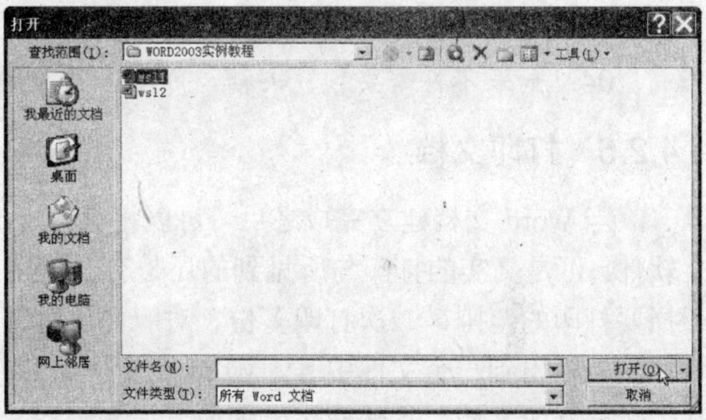

图 4-10 “打开”对话框

02 在“查找范围”框中，单击下拉按钮，选择要打开的文档所在的驱动器和文件夹。

03 在文件列表框中选择要打开的文档。

04 单击“打开”按钮。

如果要同时打开多个文档，按下 Ctrl 键不放，然后逐个单击要打开的文档。

如果要打开的几个文档是连续的，可以先单击第一个文档，按下 Shift 键不放，然后用键盘的上下键上下选择。如果选择了不想选的文档，可以按住 Ctrl 键再次单击该文档，取消选择。

如果要打开最近打开过的文档，可以单击“文件”菜单，在底部的文件清单中列出了最近打开过的文档，用户只要单击其中一个文档就可以了。

4.2.4 关闭文档

Word 可以打开多个文档进行编辑，当不再需要某个文档时，可关闭此文档。关闭文档的操作步骤如下：

01 单击“文件”菜单中的“关闭”命令。

02 若文档经修改后未保存，Word 将会显示是否在关闭文档前先保存的提示信息，单击“是”按钮。

4.2.5 预览文档

为了准确、顺利地打印出文档，在打印之前可先预览一下打印效果，以免多次打印调整，浪费时间与纸张。要在打印前预览文档，具体操作步骤如下：

01 单击“常用”工具栏上的“打印预览”按钮，或者选择“文件”菜单上的“打印预览”命令，Word 将对当前文档进行预览，如图 4-11 所示。

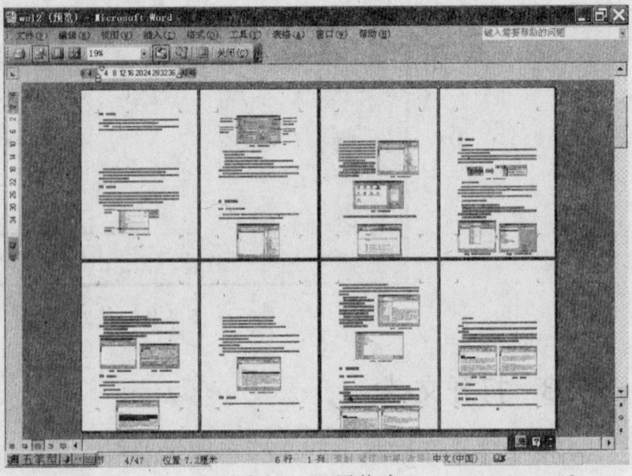

图 4-11 预览窗口

02 单击“放大镜”按钮之后，将鼠标指针移到文档的页面中会变成一个放大镜的形状。单击鼠标左键，该页文档就会被放大成 100%的大小，便于查看。

03 如果要显示多页文档，可单击工具栏上的“多页”按钮，在打开的下拉列表中用鼠标拖动选择要显示多少页。

04 如果不再需要预览文档，可单击“关闭”按钮退出打印预览。

4.2.6 打印文档

当 Word 文档建立完成之后，可以将其打印出来。虽然 Word 是“所见即所得”的编辑软件，可是真实的打印与所见到的还是有一些区别。Word 的打印功能非常强大，它可以选择要打印的范围，一次打印多份，对版面进行缩放，逆序打印，只打印奇数页或偶数页，把文档输出到一个文件中等。Word 还支持后台打印，以节省你的时间。

要打印文档，具体操作步骤如下：

01 单击“文件”菜单中的“打印”命令，弹出“打印”对话框，如图 4-12 所示。

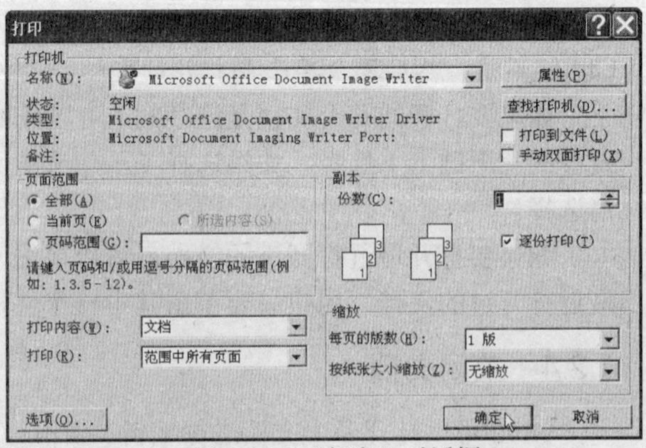

图 4-12 “打印”对话框

02 在“名称”框中选择打印机，单击“属性”按钮可以设置这台打印机的各种选项。

03 在“页面范围”中选择要打印的文档范围，“页面范围”包括下面几项：

• 全部：打印整个文档。

• 当前页：打印当前页，即插入点所在的页。

• 所选内容：打印文档中选择的部分（如果没有在文档中选择，此选项变灰）。

• 页码范围：打印指定的页码，可以是文档中的任意页。

04　在“份数”框指定要打印的份数。如果选中“逐份打印”复选框，表示按文档归类，意思是打印完文档的所有页后再打印这个文档的第二份拷贝。

05　要在打印过程中取消打印，可双击状态栏上的打印机图标，打开该默认打印机的窗口。选中正在打印的文件，单击“打印机”菜单中的“清除打印作业”命令即可。

4.3　文档的编辑

4.3.1　进入文档输入状态

输入文字是使用 Word 的基本技能。建立新文档后，将光标定位到文本插入点，然后用键盘就可直接往文档中输入英文。

如果要输入中文，首先必须切换到中文输入法状态下，可将鼠标指针移至窗口右下角的输入法图标上。单击鼠标左键，将弹出一个输入法选项框，从中选择中文输入法，然后选择合适的输入法即可，如图 4-13 所示。

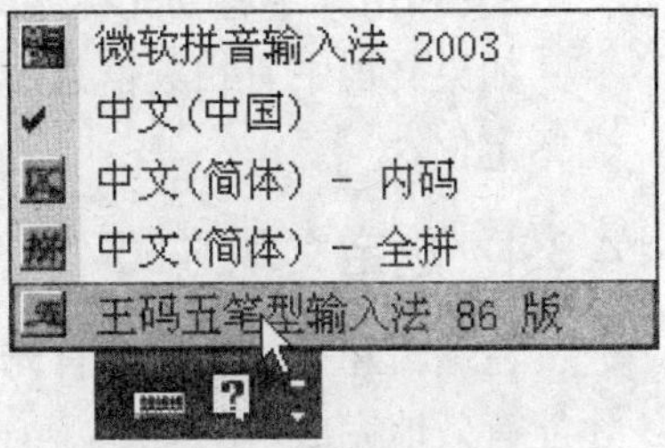

图 4-13　选择中文输入法

4.3.2　插入和改写方式

输入文字时，可以采用插入方式，也可以采用改写方式。要知道当前是插入方式还是改写方式，可以看 Word 的状态栏的右下角“改写”框改写是否变灰。如果“改写”框是灰的，表示当前是插入方式，否则就是改写方式。用鼠标双击状态栏上的“改写”框，就可以在插入和改写这两种方式之间切换。

4.3.3　光标的移动

对文本进行编辑时，其中始终有一闪烁的竖线，该闪烁短竖线称为光标。光标所在的位置称为插入点，即可以在该位置插入各种文字、符号、对象等。在文档中插入各种内容前，首先要将光标移动到选定的位置，移动光标有以下几种方法。

1. 用鼠标移动光标

对于一篇长文档，可首先使用垂直或水平滚动条将要编辑的文本显示在文档窗口中，然后移动“I”形鼠标指针到所需的位置，单击左键。这样，光标就移到该位置了。

2. 用键盘移动光标

光标也可以用键盘来移动，利用键盘移动插入点的几个常用键的功能如下：

↑：光标上移一行。当光标已在屏顶（最上一行时），光标不动。

↓：光标下移一行。当光标已在屏底（最下一行时），光标不动。

←：光标左移一个字符或汉字。当光标已在一行最左列时，移到上行末尾。

→：光标右移一个字符或汉字。当光标已在一行最后列时，移至下行开头。

PageUp：上滚一屏。行号较小的一屏移入屏幕，原屏幕内容从屏底移出。

PageDown：下滚一屏。行号较大的一屏移入屏幕，原屏幕内容从屏顶移出。

Home：光标移至当前行行首。

End：光标移至当前行行尾。

Ctrl+PageUp：光标移到上一页的顶端。

Ctrl+PageDown：光标移到下一页的顶端。

Ctrl+Home：光标移至整篇文章开头。

Ctrl+End：光标移至整篇文章末尾。

Ctrl+↑：光标上移至本段段首，当光标已在段首，则移至上段段首。

Ctrl+↓：光标下移至下段段首。

Ctrl+←：光标左移一个词组（中文）或一个单词（英文）。

Ctrl+→：光标右移一个词组（中文）或一个单词（英文）。

3. 利用菜单移动光标

如果文档中有相关信息，可以单击“编辑”菜单中的“定位”（或“查找”）命令进行光标定位。

4.3.4 选定文本方式

在编辑和排版之前，首先需要选定文本内容。只有在选定文本之后，再执行各种操作才能有效地完成。

1. 拖动选择

把鼠标的 I 型光标放置于要选定的文本之前，然后按下鼠标左键，拖动到要选定的文本的末端，松开鼠标左键。Word 以黑底白字的形式显示所选定的文本，如图 4-14 所示。

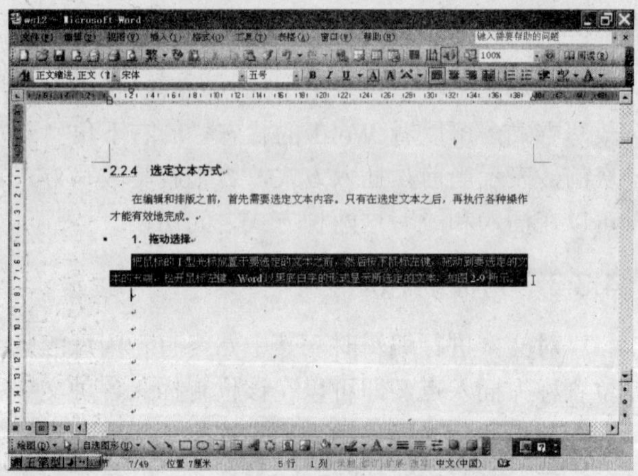

图 4-14　选定文本

文本选定区域可以小到一个字符或标点，也可以大到整篇文档。如果要取消选定区域，则可以用鼠标单击文档的任意位置或按键盘的箭头键。

2. 选定大段文本

当选择的文本不能在一屏上完整显示时，使用鼠标拖动选择会很费时费神，此时可以使用鼠标和键盘的组合操作来完成。

首先用鼠标指针单击选定区域的开头（或末尾）处，然后按住 Shift 键，再配合滚动条将文本翻到选定区域的末尾（或开头），单击选定区域的末尾（或开头），则两次单击范围中所有所包括的文本即被选定。

3. 选定矩形区域

将鼠标指针移动到所选区域的左上角，按住 Alt 键，按住鼠标左键拖动鼠标直到区域的右下角，释放鼠标左键。实际上，只要按住 Alt 键，鼠标可以从矩形区域的任一个角拖动到其对角。

4. 选定一个句子

按住 Ctrl 键，将鼠标光标移到所要选的句子的任意处单击一下。

5. 利用选定栏来选定文本

选定栏是文档窗口左边界到正文左边之间的不可见栏，在此栏内光标变成右斜的光标形状 ⇗，此时可以利用选定栏快速地选择文本。

将光标移到文本左侧的选定栏中，变成向右斜的箭头形状时，单击鼠标左键可选定当前行，如图 4-15 所示。

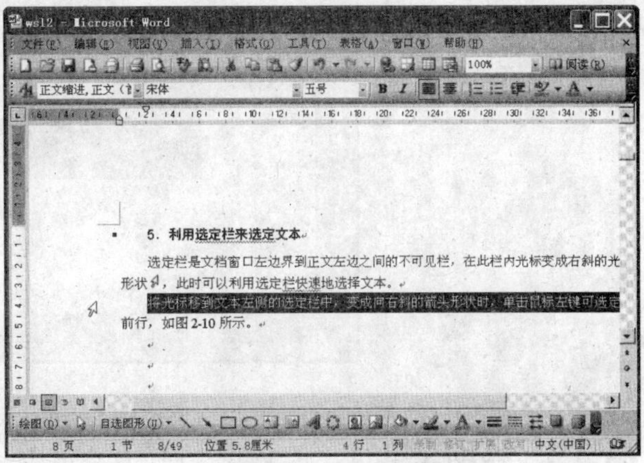

图 4-15 选定当前行

在鼠标指针变成向右箭头时，拖动鼠标可选定若干行文本。

将光标移到段落左侧选定栏内，双击鼠标左键可选定光标所在段落。

在选定栏内连续三次单击鼠标左键或者在按下 Ctrl 键的同时单击鼠标，可以选定整篇文档。

6. 选定整个文档

选定整个文档有以下三种方法：

- 按住 Ctrl 键，将鼠标指针移到文档左侧的选定区单击。
- 将鼠标指针移到文档左侧的选定区并连续快速三击鼠标左键。
- 单击“编辑”菜单中的“全选”命令。

4.3.5 删除文字和格式

1. 删除文字

如果要删除的文字只有几个字，可以使用 Delete 键和 Backspace 键，Delete 键的作用是删除光标后面的文字，Backspace 键的作用是删除光标前面的文字。

如果要删除的文字很多，那么先用鼠标选定要删除的文字，然后按一下 Delete 键，就可以将选定的文字全部删除。

2. 删除格式

有时我们不仅需要将文字删除，还要将格式也删除。操作步骤如下：

01 选定要删除格式的文字。

02 单击“编辑”菜单，指向“清除”，单击“格式”命令，如图 4-16 所示。

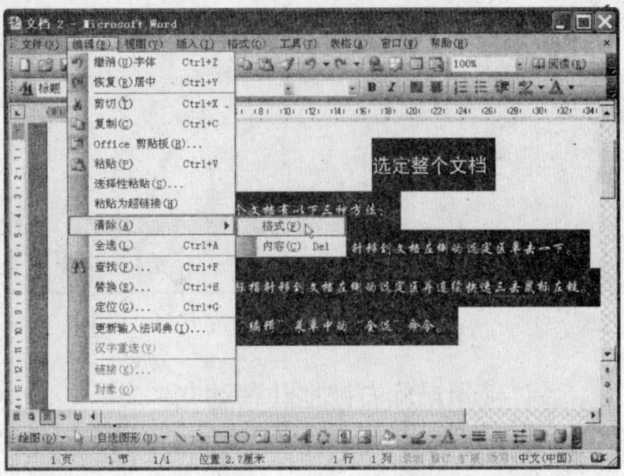

图 4-16 选择“格式”命令

03 屏幕上显示出将字体、字号、正文缩进等多种格式转换为正文格式，如图 4-17 所示。

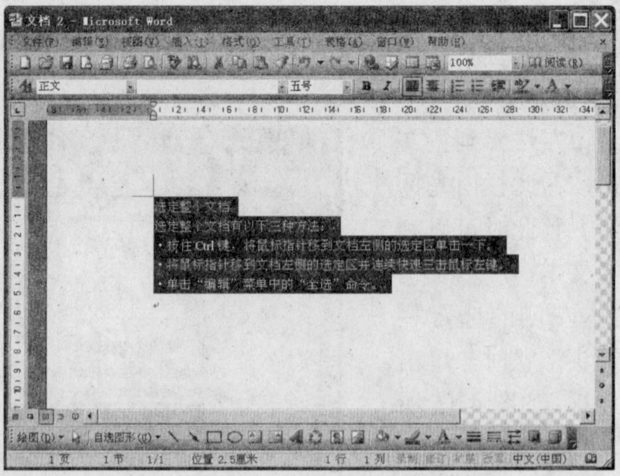

图 4-17　清除文字的格式

4.3.6　移动文本

在编辑文档的时候，经常需要将某些文本从一个位置移动到另一个位置，以调整文档的结构。

1．使用鼠标拖动移动文本

如果所移动的文本比较短小，而且移动到的目标位置就在同一屏幕中，那么用鼠标拖动最为简捷。操作步骤如下：

01　选定要移动的文本。

02　将“I”形鼠标指针移到所选定的文本区，使其变成向左箭头。

03　按住鼠标左键，此时鼠标指针变为，并在其前方出现一虚竖线段（即插入点），它表明文本要插入的新位置，如图 4-18 所示。

04　拖动鼠标指针使虚线插入点移至文本要移动到的目标位置上，松开鼠标左键，这样就完成了文本的移动。如图 4-19 所示。

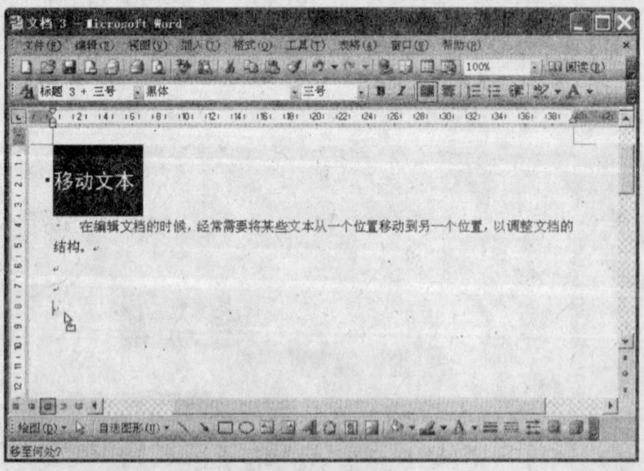

图 4-18　选定文本

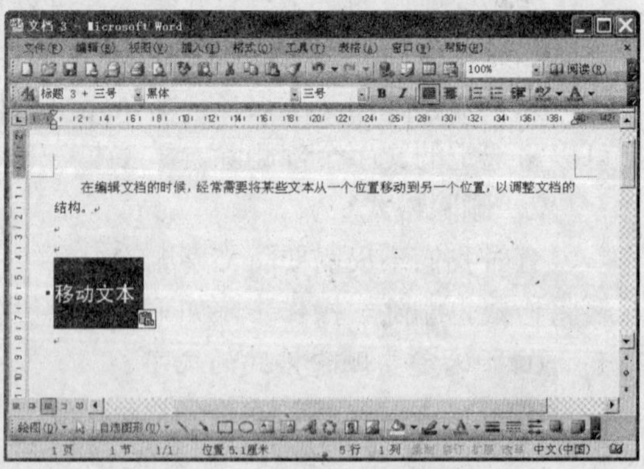

图 4-19　使用鼠标拖动移动文本

2．使用鼠标右键拖动移动文本

操作步骤如下：

01　选定要移动的文本。

02　将“I”形鼠标指针移动到所选定的文本区，使其变成向左的箭头。

03　按住鼠标右键，将虚线插入点拖动到文本要移动到的目标位置上，松开鼠标右键，出现一个快捷菜单，如图 4-20 所示。

04　单击快捷菜单中的“移动到此位置”命令，完成文本的移动。

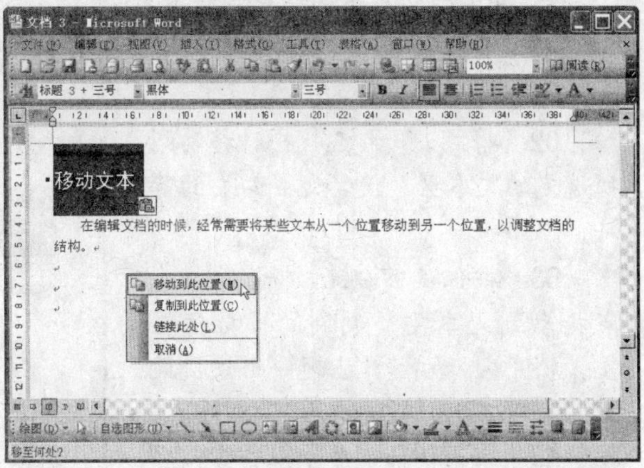

图 4-20　使用鼠标右键拖动移动文本

3. 使用剪贴板移动文本

使用剪贴板移动文本是指将选定的文本剪切到剪贴板后，再将剪贴板上的文本粘贴到指定的位置，达到移动文本的目的。操作步骤如下：

01　选定要移动的文本。

02　单击工具栏中的“剪切”按钮。

03　将插入点移到指定位置。

04　单击工具栏中的“粘贴”按钮。

4.3.7　复制文本

在编辑文档的时候，经常需要将原来已有的内容或格式按原样拷贝到另外一个位置，以减少重复录入的工作量。

1. 使用鼠标拖动复制文本

操作步骤如下：

01　选定要复制的文本。

02　将“I”形鼠标指针移到所选定的文本区，使其变成向左箭头。

03　按住鼠标左键，再按下 Ctrl 键，此时鼠标指针变为，并在其前方出现一虚竖线段（即插入点），它表明文本要插入的新位置，如图 4-21 所示。

04　拖动鼠标指针使虚线插入点移至文本要复制到的目标位置上，先松开鼠标左键，再松开 Ctrl 键，就可以复制选定的文本到新位置上。如图 4-22 所示。

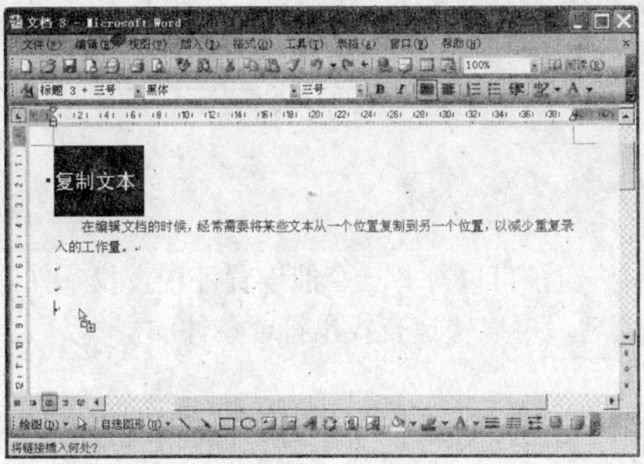

图 4-21　选定文本

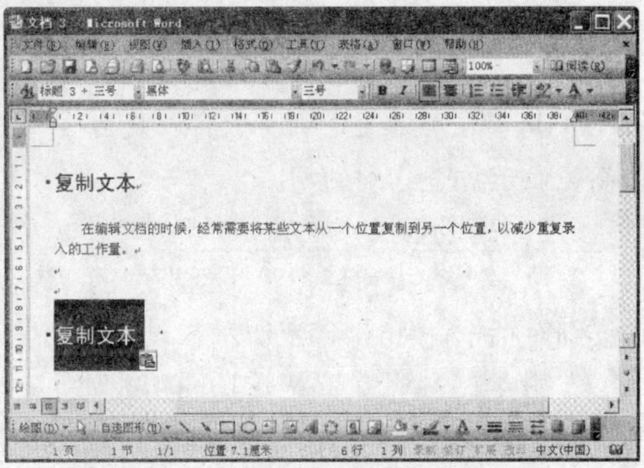

图 4-22　使用鼠标拖动复制文本

2．使用鼠标右键拖动复制文本

操作步骤如下：

01　选定要复制的文本。

02　将“I”形鼠标指针移动到所选定的文本区，使其变成向左的箭头。

03　按住鼠标右键，将虚线插入点拖动到文本要复制到的目标位置上，松开鼠标右键，出现一个快捷菜单。如图4-23所示。

04　单击快捷菜单中的“复制到此位置”命令，完成文本的复制。

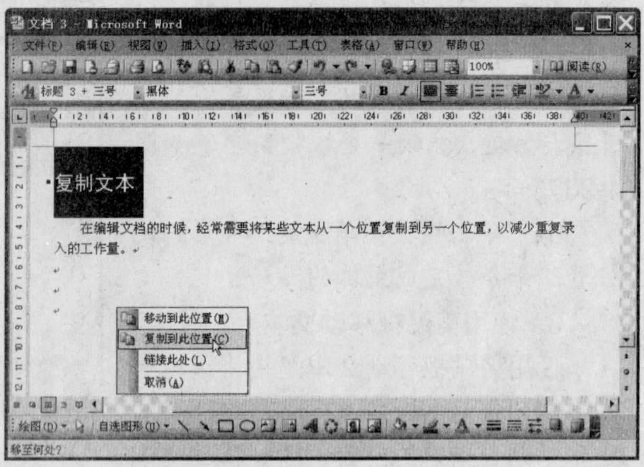

图4-23　使用鼠标右键拖动复制文本

3．使用剪贴板复制文本

使用剪贴板复制文本的操作步骤如下：

01　选定要复制的文本。

02　单击工具栏中的“复制”按钮。

03　将插入点移到指定位置。

04　单击工具栏中的“粘贴”按钮。

4.3.8　查找文本

查找功能是任何一个字处理程序中都非常有用的功能。Word中的查找功能不但可以查找一些普通的文字和符号，还可以查找带格式（如字体、段落、样式等格式）的文本以及特殊符号（如空格符、制表符和段落标记等）。

1．常规查找

查找文本的具体操作步骤如下：

01　单击“文件”菜单中的“查找”命令，屏幕上弹出“查找和替换”对话框，如图4-24所示。

02　在“查找内容”框中输入要查找的文本。

03　单击“查找下一处”按钮。

04　在屏幕上，Word将以反白高亮显示被查找到的词。

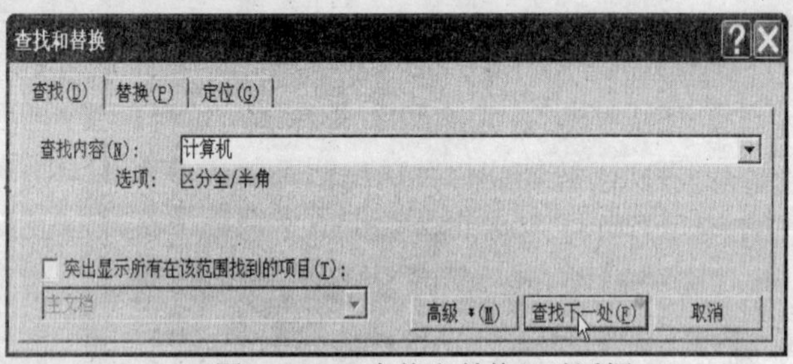

图4-24　“查找和替换”对话框

2．高级查找

单击“查找和替换”对话框中的“高级”按钮，可以打开一个能设置各种查找条件的详细对话框，如图4-25所示，设置好这些选项后，可以快速查找出符合条件的文本。

图4-25中几个高级选项的功能如下：

• 查找内容：在“查找内容”列表框中键入要查找的文本，或者单击列表框右端的下拉按钮，列表中列出最近6次查找过的文本供选择。

• 搜索范围：在“搜索范围”列表框中有“全部”、“向上”和“向下”三个选项。“全部”选项表示从光标点开始向文档末尾查找，然后再从文档开头查找到光标点；“向下”选项表示从光标点查找到文档末尾；“向上”选项表示从光标点开始向文档开头处查找。

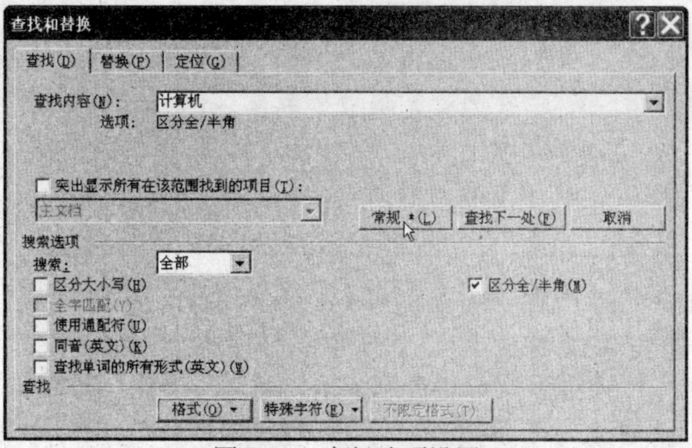

图 4-25　高级选项设置

• 区分大小写和全字匹配：主要用于高效查找英文单词。

• 使用通配符：选择此复选框可在要查找的文本中键入通配符实现模糊查找。

• 区分全/半角：选择此复选框，可以区分全角或半角的英文字符和数字；反之，则不区分。

•“特殊字符”按钮：如要查找特殊字符，则可单击该按钮，打开“特殊字符”列表，从中选择所需的特殊字符。

•“格式”按钮：单击该按钮，在弹出的菜单中选择需要的选项，则相应的对话框被打开，在对话框中可设置所要查找和替换的文本的格式。

•“常规”按钮：单击该按钮可返回“常规”查找方式。

4.3.9　替换文本

替换和查找总是密切联系在一起的，在文档的编辑过程中，常常需要将多次出现在文档中的某些文本替换为其他文本。

具体操作步骤如下：

01　单击“文件”菜单中的“替换”命令，弹出“查找和替换”对话框，如图 4-26 所示。

02　在“查找内容”框中输入文本，在“替换为”框中输入文本。

03　单击“替换”按钮，则逐个替换；单击“全部替换”按钮，则将符合条件的内容一次性全部替换。

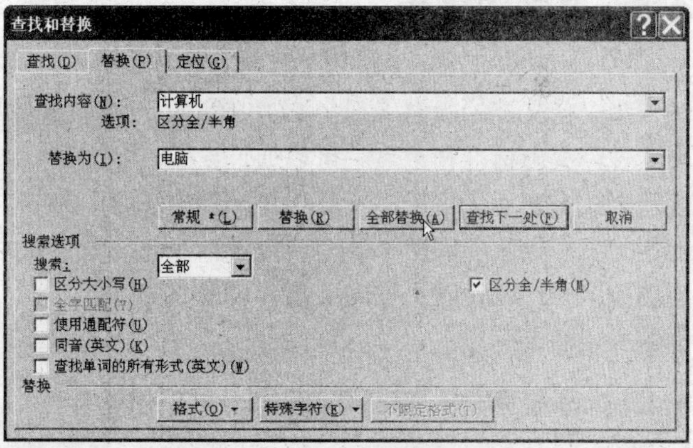

图 4-26　“查找和替换”对话框

4.3.10　恢复、撤消和重复操作

中文 Word 2003 提供了恢复和撤消操作的功能，此功能可以较好地避免一些不必要的错误，从而在一定程度上提高了工作效率。

1. 撤消和恢复操作

“编辑”菜单中的“撤消”命令是 Word 中最重要的命令之一，因为当出现错误或想撤消上次操作时，会给你恢复原文的机会。

如果要取消最近几次的操作，只要选择“编辑”菜单中的“撤消”命令，或者单击“常用”工具栏上的“撤消”按钮。

“撤消”命令与当前完成的操作密切相关，它不断地变换以反映上一次的操作。如果插入了新的文本或覆盖了选定的文本，此时打开“编辑”菜单，会在菜单上部看到“撤消键入”命令。

如果想“撤消”刚才的“撤消”操作，即恢复“撤消”操作之前的内容，可以单击“编辑”菜单的“恢复”命令，或者单击“常用”工具栏的“恢复”按钮。

只有在刚进行了“撤消”操作后，“恢复”的命令才生效；否则，在“编辑”菜单中无此命令，在“常用”工具栏上，此命令以暗色显示，表示无效。

在“撤消”按钮的右边有一个三角箭头，单击此箭头，可以弹出一个列表，其中列出了以前完成的若干次操作。如果要撤消前面的很多次操作，只需用鼠标在列表中下拉，直到选取了所需要撤消的若干次操作为止，然后在该操作名称上单击鼠标，就可以将前面选取的操作全部撤消。

2. 重复操作

Word 还可以用“编辑”菜单的“重复”命令来重复操作。例如，我们在文档中的某一位置插入了艺术字，当我们还想在文档中的另一位置上插入艺术字时，可以先将光标移到所需的位置上，然后单击“编辑”菜单中的“重复插入艺术字”命令，就可以在相应的位置上插入艺术字。

4.4 文档的排版

为了使文档的版面美观，增加文章的可读性，突出标准和重点，可以通过设置字符格式来表现。字符格式是指对文档中的指定文字设置不同的字体，或设置大小不同的字号，或设置不同的字形，以及其他的文字效果等。

4.4.1 设置字体、字形、字号

在 Word 中，字符格式可以用“字体”对话框进行设置。设置时先选定字符内容，然后选择“格式”菜单中的“字体”命令，屏幕上出现“字体”对话框，如图 4-27 所示。对话框中有 3 个选项卡：“字体”、“字符间隔”和“文字效果”。

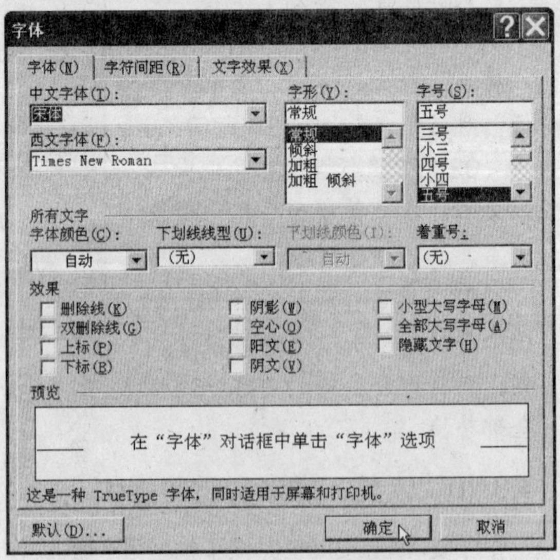

图 4-27 “字体”对话框

在“字体”对话框中单击“字体”选项卡，在此窗口中可以设置文字的字体、大小和字形等。

1．设置字体

在“中文字体”和“西文字体”两个下拉框中，有各种字体供用户选择。用户可以使用的字体取决于 Windows 中安装的字体和打印机安装的字体，中文字体的类型很多。对于英文字体来说，可分为细体和非细体两类，常见的细体有 Courier、Times 等，通常用于正文；非细体有 Arial 等，一般用于标题。带有“T”标识的为 True Type 字体。

选择字体的操作步骤如下：

01　选定要设置字体的文本。

02　选择“格式”菜单中的“字体”命令，在弹出的对话框中单击“字体”选项卡。

03　在“中文字体”下拉列表框中选定中文字体，如宋体、黑体等。

04　在“西文字体”下拉列表框中选定西文字体。

05　单击“确定”按钮，选中的文本就按选定的方式显示。

另外，单击格式工具栏中的“字体”下拉框也可以设置字体，如图 4-28 所示。

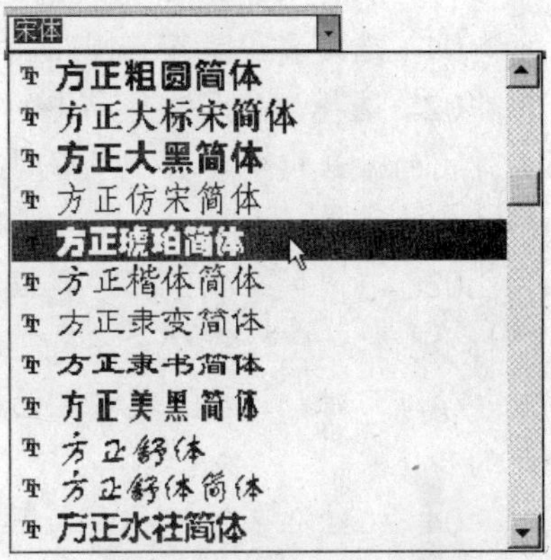

图 4-28　字体下拉框

2．设置字形

在“字体”选项卡的“字形”列表框中，有“常规”、“倾斜”、“粗体”、“加粗倾斜”等几种常见的字形效果。选中某种字形效果，在对话框下部的“预览”框中可以看到效果。使用格式工具栏中的 B 、 I 按钮也可以实现文本的“加粗”或“倾斜”。

3．设置字号

在“字体”选项卡的“字号”列表框中，可以设置文字的大小，用“初号”、“小初”……“八号”等标识字号的大小。其中“初号”字最大，“八号”字最小，还有用阿拉伯数字 5、5.5……72 表示字号，数字越大的字越大。另外，单击格式工具栏中的“字号”下拉框也可以设置文字的大小，如图 4-29 所示。

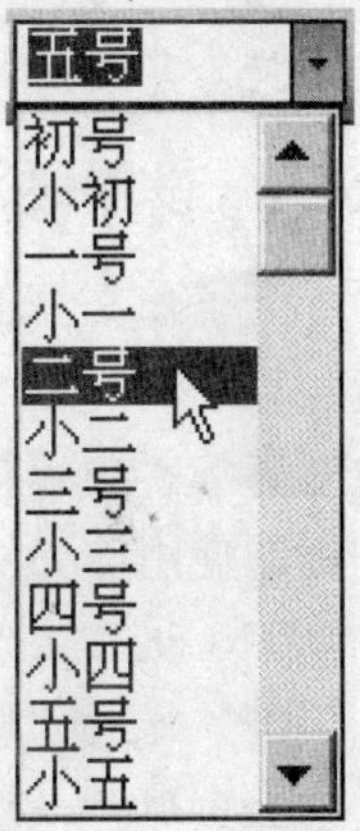

图 4-29　字号下拉框

4.4.2　设置字体的其他效果

在选择字体、字形和字号等项目之下，并排有 4 个下拉列表框，可以选择字体的颜色、下划线、下划线颜色和着重号等，可以对文字作进一步的修饰。下面还有一组复选框，利用这些选项可以为选定的文本设置丰富多彩的修饰效果。

删除线、双删除线：是贯穿文字的单线或双线。

上标、下标：是缩小字体使之成为上标或下标。

阴影：在文字后加上阴影，使文字看上去像浮在纸上一样。

空心：显示各字符的笔画边线。

阳文、阴文：使所选文字有高于纸面的浮雕效果，或使所选文字有刻入纸面的效果。

小型大写字母：将小写字母显示成大写字母，并缩小到同它所取代的小写字母的大小一样。

全部大写字母：将小写字母显示成大写字母，并且显示的大写字母大小都一样。

隐藏文字：对选定的文字隐藏显示或打印。

4.4.3 调整字符缩放、间距、位置

设置了文字的字体、大小、字形，还可以调整字符之间的间隔。操作步骤如下：

01 选定要设置字符间距的文本。

02 选择“格式”菜单中的“字体”命令，在弹出的对话框中单击“字符间距”选项卡，如图 4-30 所示。

03 在“间距”下拉列表框中，可以选定为“标准”、“加宽”或“紧缩”。当选定为“加宽”或“紧缩”时，还要在其右侧的微调框中指定间距的磅值。

04 在“位置”下拉列表框中，可以选定为“标准”、“提升”或“降低”。当选定为“提升”或“降低”时，还要在框中指定磅值。

05 单击“确定”按钮。

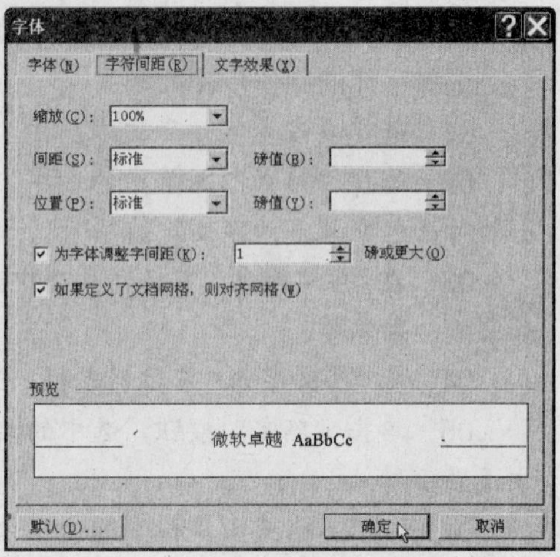

图 4-30 调整字符间距和位置

4.4.4 设置段落对齐方式

为了使文档的版面大方、生动活泼，更好地表达文章的内容，对文章中的段落可以设置各种不同的格式。段落可以设置不同的对齐格式，对齐方式有“左对齐”、“右对齐”、“居中对齐”、“两端对齐”以及“分散对齐”等。通常对文档中不同段落采用不同的对齐方式，如标题使用居中对齐，正文使用两端对齐。设置段落对齐方式的操作步骤如下：

01 选定要设置对齐方式的段落。

02 选择“格式”菜单中的“段落”命令，屏幕上出现“段落”对话框，如图 4-31 所示。

03 在对话框中单击“对齐方式”下拉列表框，选定相应的对齐方式。选定时在“预览”框中可以看到效果。

04 单击“确定”按钮，设置段落对齐方式的效果如图 4-32 所示。

设置段落对齐方式还有一种简便方法，就是在选定要设置格式的段落后，单击格式工具栏上的▤（两端对齐）、▤（居中对齐）、▤（右对齐）、▤（分散对齐）按钮，也可设置选定段落的对齐方式。

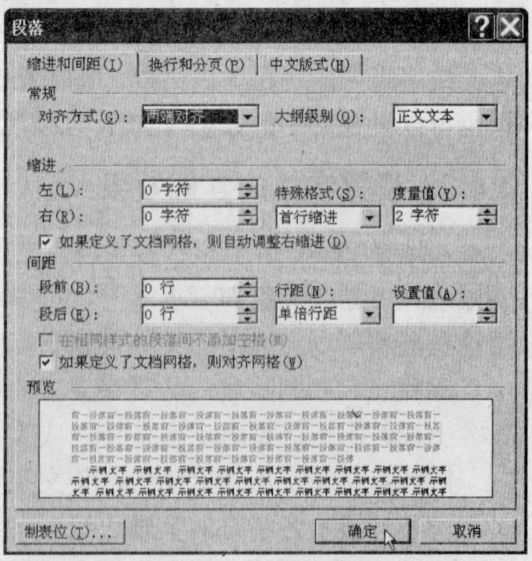

图 4-31 “段落”对话框

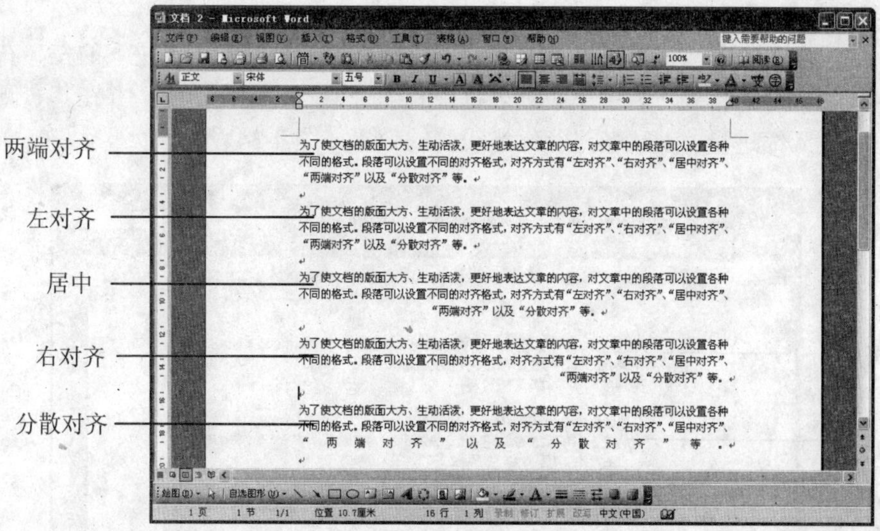

图 4-32　设置对齐方式

4.4.5　设置段落缩进

按照中文的书写习惯，在每个段落的开头都要缩进两个字，在 Word 中称为“首行缩进”。有时，由于版面的安排，在某些段落的左侧或右侧需要留出一定的空位，这就是“左缩进”或“右缩进”。很多人采用在前面加空格的方法，这不是一个好习惯，如果需要对段落进行调整时，这些空格就会带来麻烦。

Word 提供了功能强大的排版功能，可以总体设置段落，使之实现各种缩进。设置的方法有如下 4 种：

1．利用 Tab 键设置段落缩进

Tab 键可以设置首行缩进和左缩进。

将插入点移到段落首行，按一次 Tab 键，设置首行缩进。再按一次 Tab 键，可以设置整个段落左缩进。默认情况下，每次缩进 0.74 厘米，即 2 个五号字体的宽度。

2．利用按钮设置段落缩进

选定要设置缩进的段落，或者把插入点移到该段落，单击格式工具栏（减少缩进量）或（增加缩进量）按钮，可向左或向右缩进段落。

3．利用标尺设置段落缩进

在 Word 中可以显示标尺以利于定位，如果在窗口上没有标尺，可以选择“视图”菜单中的“标尺”命令。水平标尺上有 4 个标记，即“首行缩进”、“悬挂缩进”、“左缩进”和“右缩进”，如图 4-33 所示。移动水平标尺上的缩进标记，可以方便设置段落的缩进。

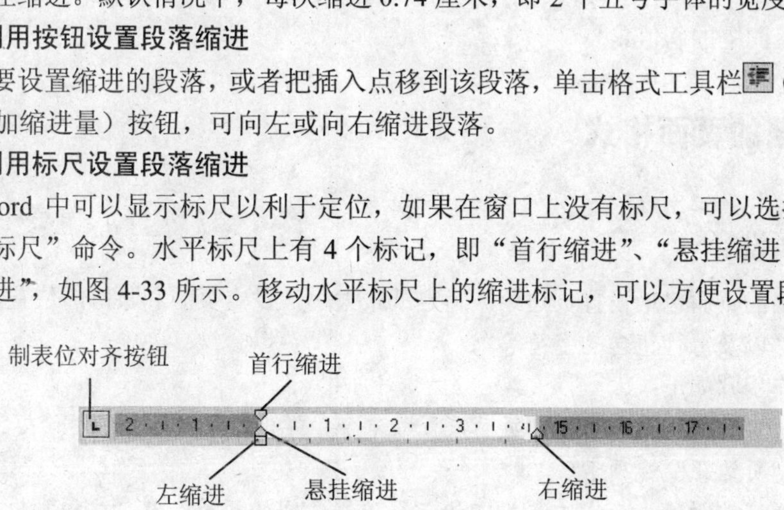

图 4-33　利用标尺设置缩进

4．利用菜单设置段落缩进

选择“格式”菜单中的“段落”命令，打开“段落”对话框。在“缩进”的左、右框中输入缩进量，在“特殊格式”栏的下拉列表框中有缩进格式供用户选择，并在其右侧的“度量值”框中输入缩进量。对段落进行缩进设置的效果如图 4-34 所示。

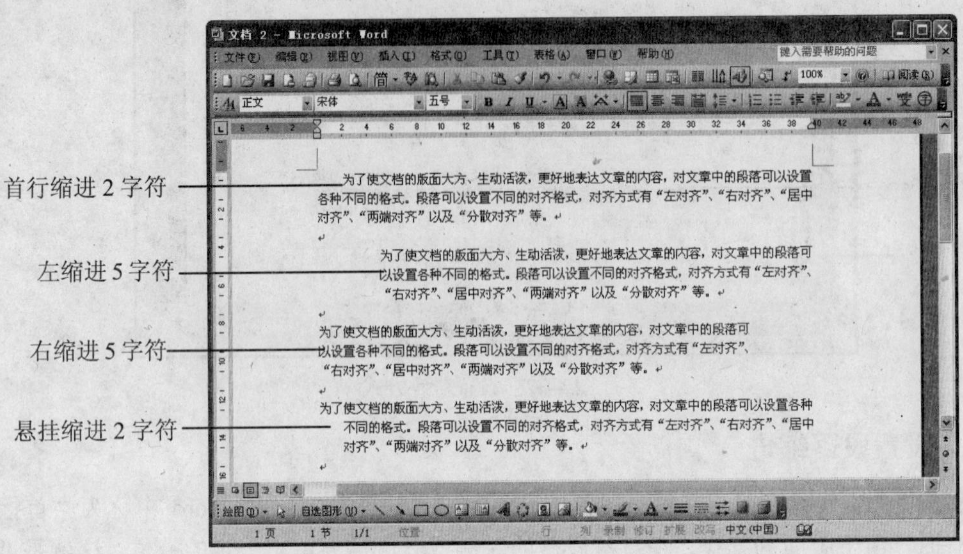

图 4-34　设置段落缩进

4.4.6　调整段落行间距和段间距

段落中各行之间的距离是行间距，段落之间的垂直间隔称为段间距。

要设置段落中的行间距，可在“段落”对话框中，单击“行距”下拉列表框，选择“单倍行距”、“1.5 倍行距”、“2 倍行距”项；如果选择“最小值”、“固定值”、“多倍行距”项，则还需在“设置值”列表框中给出具体数值。

要设置段间距，可在“段落”对话框的“间距”栏中，单击“段前”或“段后”微调框，给出段落间隔的磅值。

4.5　文档的页面格式

4.5.1　页面设置

设置文档的页面包括设置页边距，确定纸张大小，设定页眉和页脚的位置，确定文档每页的行数，以及每行包含的字符等。

具体操作步骤如下：

01　选择“文件”菜单中的“页面设置”命令，弹出“页面设置”对话框，如图 4-35 所示。单击“页边距”选项卡。

02　设置正文的上、下、左、右四边与页边界之间的距离，在“方向”框中选择“纵向”选项，在“应用于”框中选择“整篇文档”选项。

03　单击“版式”选项卡，屏幕显示如图 4-36 所示。

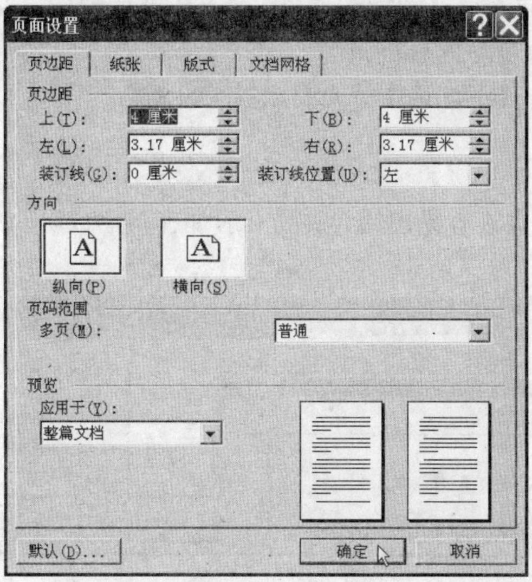

图 4-35　设置页边距

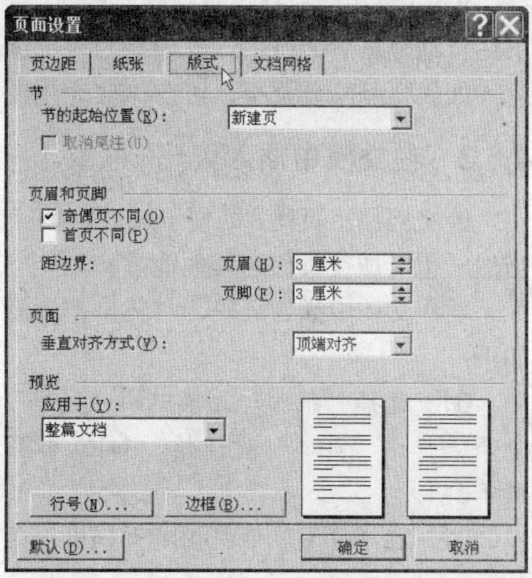

图 4-36　设置版式

04　选择“页的起始位置”为“新建页”，选择“页眉和页脚”为“奇偶页不同”，选择“距页边界”的“页眉”和“页脚”的值，在“应用于”框中选择“整篇文档”选项。

05　单击“文档网格”选项卡，屏幕显示如图 4-37 所示。

06　在“文字排列”中选择“方向”为“水平”，“栏数”为 1。在“字符”中选择“每行”有多少字符，在“行”中选择“每页”有多少行，在“网格”中选择“指定行和字符网格”。

07　单击“确定”按钮，完成页面的设置。

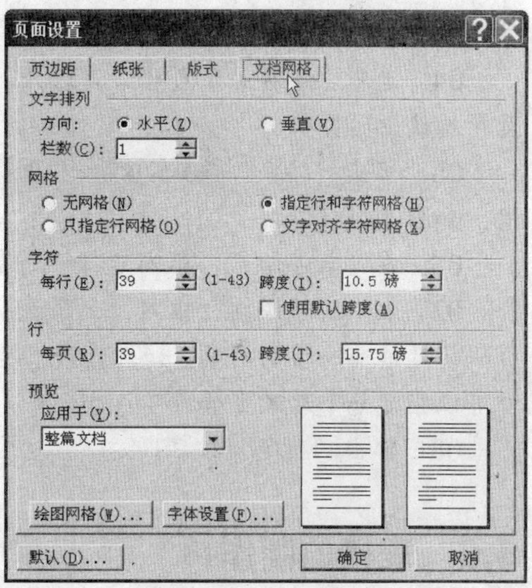

图 4-37　设置文档网格

4.5.2　在文档中进行分页

当输入文字或图形时，Word 会根据需要自动插入分页符开始新的一页。当然，也可以在文档的任何位置手动插入分页符，以强制文档分页。那么，什么情况下需要强制分页呢？当一个段落或一个表格在一页上显示不下时，可以手工插入一个分页符，把整个段落或表格移到下一页去。

要手工插入一个分页符，具体操作步骤如下：

01　将光标移到要分页的位置，选择“插入”菜单中的“分隔符”命令，弹出“分隔符”对话框，如图 4-38 所示。

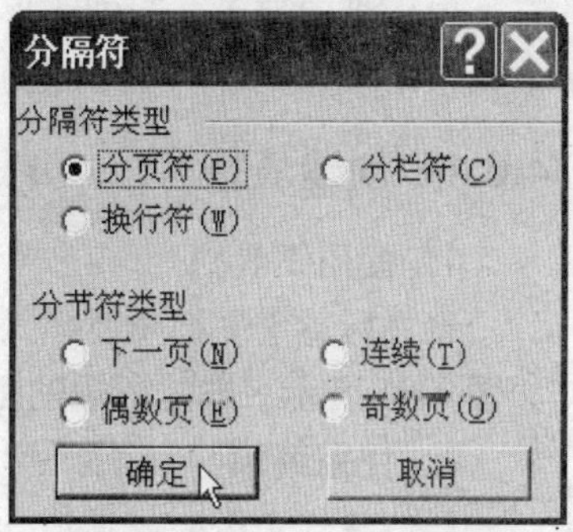

图 4-38　“分隔符”对话框

02　选择“分页符”，单击“确定”按钮。

Word将在当前插入点处强制分页，并把插入点移到新的一页上。在“普通视图”方式下，自动分页后会产生一条虚线，该虚线称为自动分页符。

如果要删除分页符，可在“普通视图”方式下，选中分页符，按Del键。

4.5.3　在文档中插入页码

给文档加上页码，既便于阅读，在装订时也不容易出错。页码一般加在页眉或页脚中，当然，也可加在页面的其他地方。

要在文档中插入页码，具体操作步骤如下：

01　选择“插入”菜单中的“页码”命令，弹出“页码”对话框，如图4-39所示。

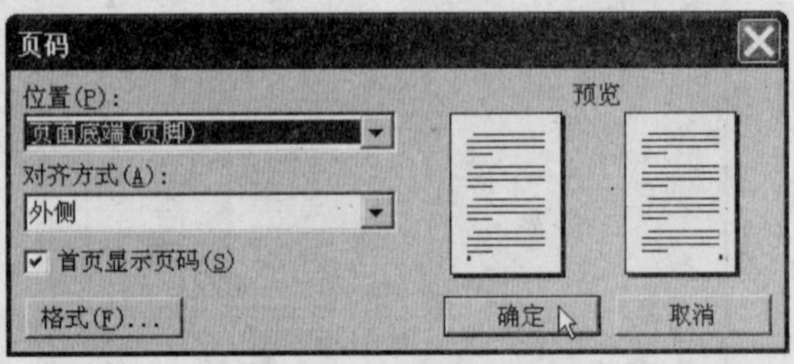

图4-39　“页码”对话框

02　在“位置”框内指定页码出现的位置。

03　在“对齐方式”框内选择页码的对齐方式。

04　选中“首页显示页码”复选框，表示从第一页开始就出现页码。

05　单击“格式”按钮，弹出“页码格式”对话框，如图4-40所示。

06　在“数字格式”框内选择一种数字格式。

07　在“页码编排”框内，如果选择“续前节”，页码将延续前一节的页码。如果选择“起始页码”，你就可以指定一个起始页码。

08　单击“确定”按钮。

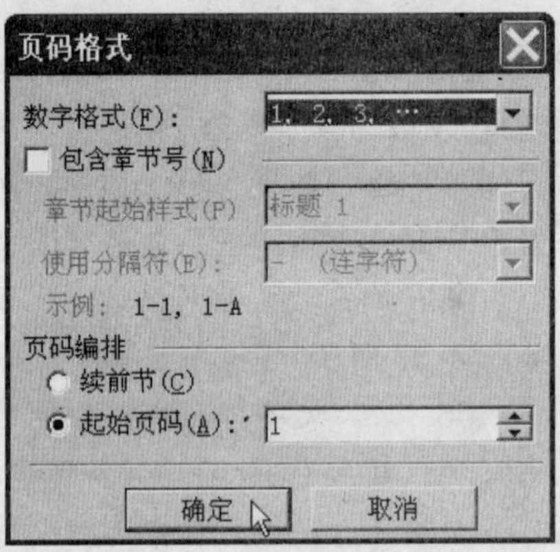

图4-40　“页码格式”对话框

4.6　表格的制作

表格是由很多行和列的单元格构成的，用户可以很方便地在文档中插入表格，并且在单元格中填入文字和图形。另外，还可以对表格中的内容排序和进行简单的统计运算。

4.6.1　创建表格

1. 使用工具栏

将光标置于文档中要插入表格的位置，拖动“常用”工具栏中的“插入表格”按钮，如图4-41所示，选定所需的行数和列数，放开鼠标后即可在光标处插入一张表格。

2. 使用菜单

要创建一个表格，具体操作步骤如下：

01　选择“表格”菜单上的“插入”命令，再在子菜单中单击“表格”命令，弹出“插入表格”对话框，如图 4-42 所示。

02　在“列数”框内指定表格的列数。

03　在“行数”框内指定表格的行数。

04　在“自动调整”操作中有以下几项：

•“固定列宽”表示列宽是一个确切的值，可以由用户指定。

•“根据内容调整表格”表示列宽自动适应内容的宽度。

•“根据窗口调整表格”表示表格的宽度总是与页面的宽度相同，列宽等于页面宽度除以列数。

05　单击“自动套用格式”按钮，弹出“表格自动套用格式”对话框，如图 4-43 所示。选择一种预置的样式来格式化表格，在“预览”栏中查看样式。

06　单击“确定”按钮，返回如图 4-42 所示的界面。

07　单击“确定”按钮，创建表格的结果如图 4-44 所示。

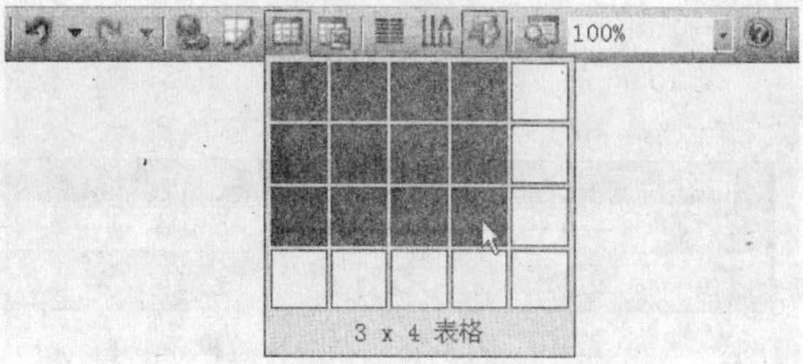

图 4-41　“插入表格”按钮

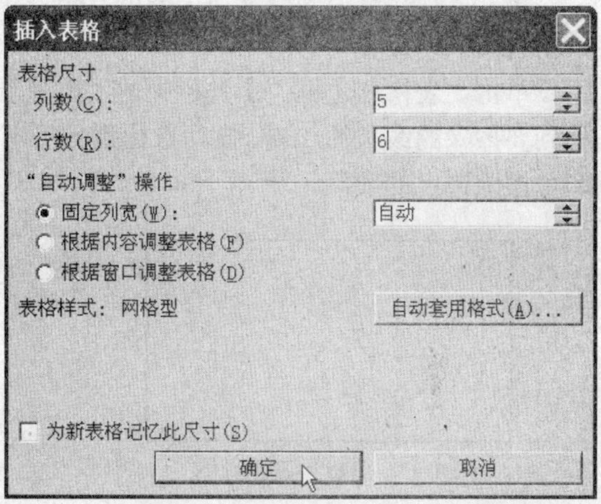

图 4-42　“插入表格”对话框

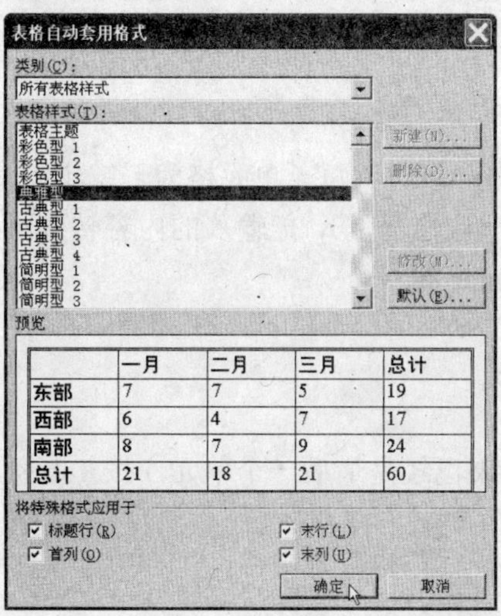

图 4-43　“表格自动套用格式”对话框

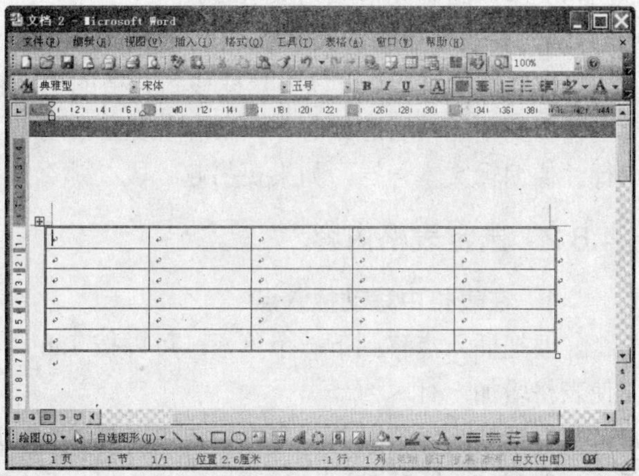

图 4-44　创建表格

3. 手工绘制复杂表格

有的表格很不规则，可以利用表格和边框工具栏，使用手工绘制方法来制作。单击常用工具栏中的“表格和边框”按钮，弹出“表格和边框”工具栏，如图 4-45 所示。

单击“表格和边框”的“绘制表格”按钮，鼠标指针变成铅笔形状。将铅笔形状的鼠标指针移到要绘制表格的位置，按住鼠标左键，拖动鼠标，绘出表格的外框虚线，如

图 4-46 所示。

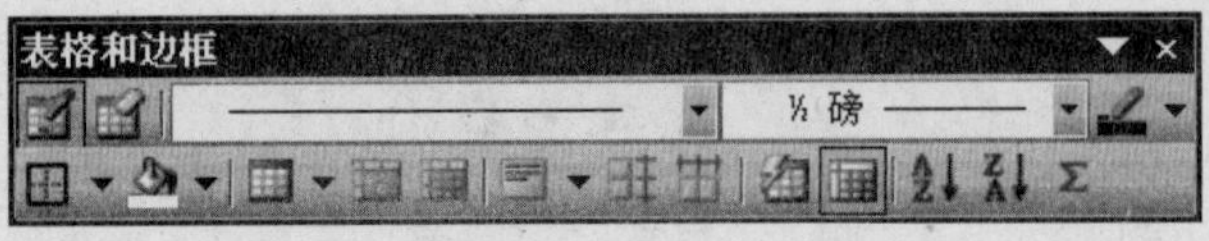

图 4-45　表格和边框工具栏

图 4-46　鼠标绘制表格

松开鼠标左键后虚线变为实线的表格外框。拖动笔形鼠标指针，在表格中绘制水平线或垂直线，如图 4-47 所示。

单击“表格和边框”工具栏中的“擦除”按钮，鼠标指针变为一橡皮形状，将其移到要擦除的线条的一端，拖动鼠标到另一端，被选定的线段被加粗显示，如图 4-48 所示，即可擦除选定的线段。

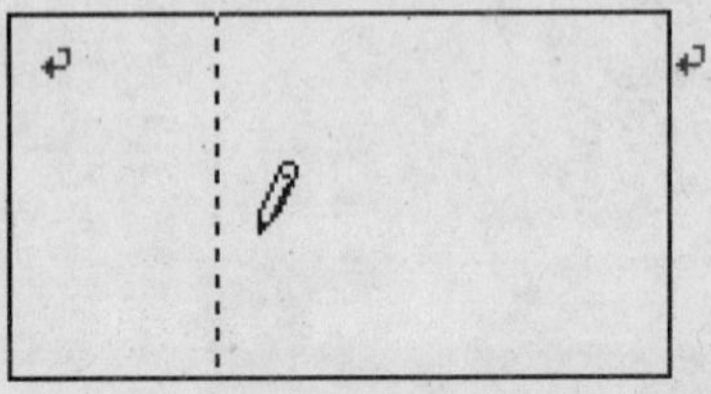
图 4-47　鼠标绘制垂直线

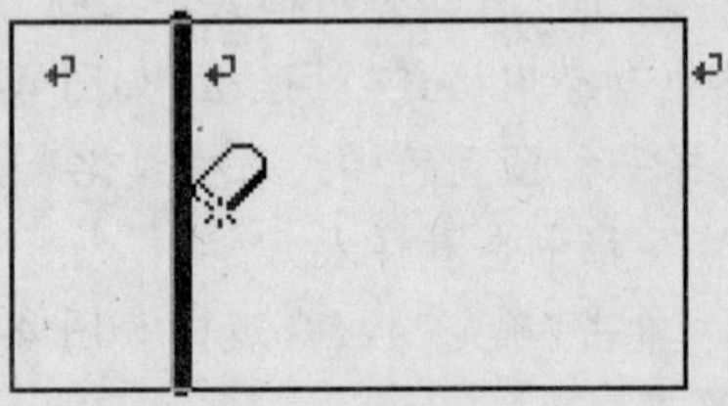
图 4-48　鼠标擦除表格线

另外，还可以利用工具栏中的“线型”、“粗细”、“边框颜色”、“外侧框线”及“底纹颜色”来设置表格外围线或单元格线的颜色和类型，给单元格填充颜色等。

4．在表格中输入文字

建立空表格后，可以将光标移到表格的单元格中输入文本，每一单元格为一编辑单元，当输入到单元格右边线时，单元格高度会自动增大（默认情况下），把输入的内容转到下一行。像编辑文本一样，如果要另起一段，那么应按 Enter 键。

4.6.2　选定表格内容

1．在表格中移动插入点

要把插入点移到下一个单元，可以按 Tab 键。如果已经是最后一个单元，按 Tab 键将使表格增加一行。

要把插入点移到前一个单元，可以按 Shift+Tab 键。

要把插入点移到前一行或后一行，可以按向上或向下箭头。

要把插入点移到同行的最左边一个单元，可以按 Alt+Home 组合键。

要把插入点移到同行的最右边一个单元，可以按 Alt+End 组合键。

要把插入点移到同列的最上边一个单元，可以按 Alt+PageUp 键。

要把插入点移到同列的最下边一个单元，可以按 Alt+PageDown 键。

要在表格的末尾增加一行，可以在表格的最后一个单元格中按 Tab 键。

要在表格的前面空出一行，可以在表格的第一个单元格按 Enter 键。

2. 选定单元格

选定单元格有以下三种方式：

• 把鼠标指针移到要选定的单元格中，当指针变为箭头时，单击左键，就可选定所指的单元格。Word 以黑底白字显示所选定的单元格。

• 按 Shift+End 组合键可以选定光标所在的单元格。

• 单击“表格”菜单，指向“选择”，单击“单元格”命令，可以选定光标所在的单元格。注意，单元格的选定与单元格内全部文字的选定的表现形式是不同的。

选定单元格的效果如图 4-49 所示。

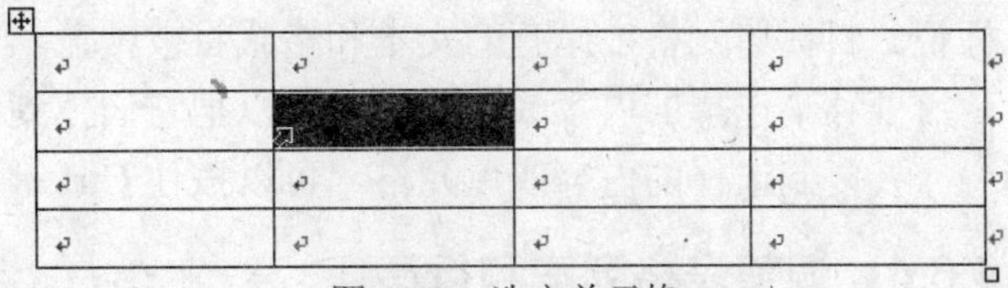

图 4-49　选定单元格

3. 选定表格行

选定表格行有以下两种方式：

• 把鼠标指针移到文档窗口的选定区，当指针变成时，单击左键就可选定所指的行。从当前行拖动鼠标向下（或向上）到其他行时，可以选定表格的连续多行。选定的行以黑底白字显示。

• 单击“表格”菜单，指向“选择”，单击“行”命令，可以选定光标所在的一行。

选定表格行的效果如图 4-50 所示。

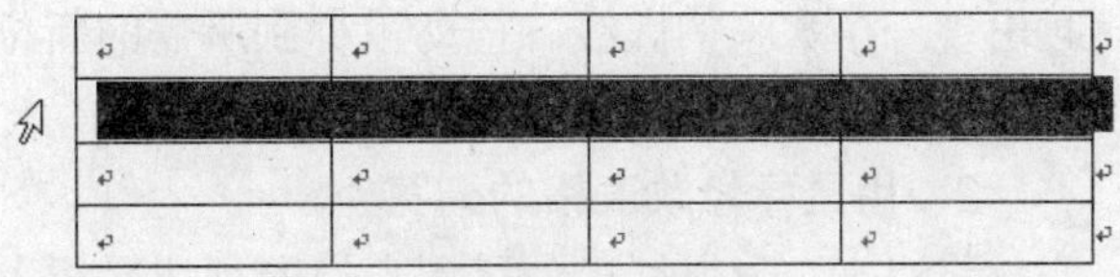

图 4-50　选定行

4. 选定表格列

选定表格列有以下两种方式：

• 把鼠标指针移到表格的顶端，当鼠标指针变成箭头 ↓ 时，单击左键就可选定箭头所指的列。从当前列拖动鼠标向右（或向左）到其他列时，可以选定表格的连续多列。选定的列以黑底白字显示。

• 单击“表格”菜单，指向“选择”，单击“列”命令，可以选定光标所在的一列。

选定表格列的效果如图 4-51 所示。

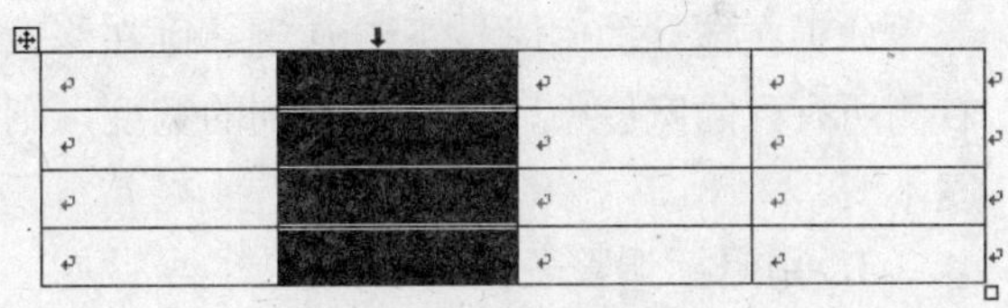

图 4-51　选定列

5. 选定部分单元格

选定部分单元格有以下两种方式：

• 将鼠标移到要选定的单元格区域的左上角，按住鼠标左键拖动到右下角，松开鼠标左键，即可选定一个矩形区域（表格的一部分）。选定部分以黑底白字显示。

• 将光标移至欲选定区域的左上角单元格内，使用 Shift+↓（或→）组合键，可以选定一个矩形区域。

6. 选定表格

选定表格有以下三种方式：

• 当鼠标在表格内移动时，表格的左上角出现⊞图标，此时用鼠标单击该图标，可以选定整个表格。选定的表格以黑底白字显示。

• 单击“表格”菜单，指向“选择”，单击“表格”命令，可以选定整个表格。

• 用鼠标从第一行拖至最后一行来选定整个表格。

4.6.3 移动或复制单元格

如果仅仅要移动或复制单元格中的内容，首先要选择这个单元格中的内容，不要包括单元格结束标记。目标单元格中原有的文本和格式不会改变。

如果要移动或复制单元格，首先要选择被移动或复制的单元格，应当包括单元格结束标记。目标单元格中原有的文本和格式将被覆盖。

要移动选择的内容或单元格，可以把它们拖到一个新的位置。

要复制选择的内容或单元格，可以按住 Ctrl 键，再把它们拖到一个新的位置。

4.6.4 调整表格列宽和行高

一般情况下，Word 能根据单元格中输入内容的多少自动调整行高，但用户也可以根据需要来修改它。修改表格的行高或列宽可以使用鼠标操作和菜单命令两种方法。

1．用鼠标修改表格的行高

将“I”形鼠标指针移到表格的行边界线上，当鼠标指针变成÷，按住鼠标左键，此时出现一条水平的虚线。拖动鼠标到所需的新位置，放开左键即可。使用此方法修改行高时，被拖动的边界线下方行的行高不会变化。

2．用鼠标修改表格的列宽

将“I”形鼠标指针移到表格的列边界线上，当鼠标指针变成‖时，按住鼠标左键，此时出现一条垂直的虚线。拖动鼠标到所需的新位置，放开左键即可。

此方法只修改当前拖动列边界左右两列的宽度，在拖动的同时按下 Alt 键，可以在水平标尺上显示列宽的宽度。

如果在拖动的同时按下 Shift 键时，则只修改列边界左列的宽度，不修改其右侧所有列的宽度，即表格的总宽度随该列边界左列的宽度变化而变化。

如果在拖动的同时按下 Ctrl 键，则在修改列边界左列的宽度同时，将修改值均分至其右侧所有列的宽度中，如减少左列的宽度，则右侧所有列平均增加宽度，以保证表格总宽度不变。

3．用鼠标调整表格大小

把鼠标放在表格右下角的一个小正方形上，鼠标就变成了一个拖动标记，按下左键，拖动鼠标，就可以改变整个表格的大小了，拖动的同时表格中的单元格的大小也在自动地调整，如图 4-52 所示。

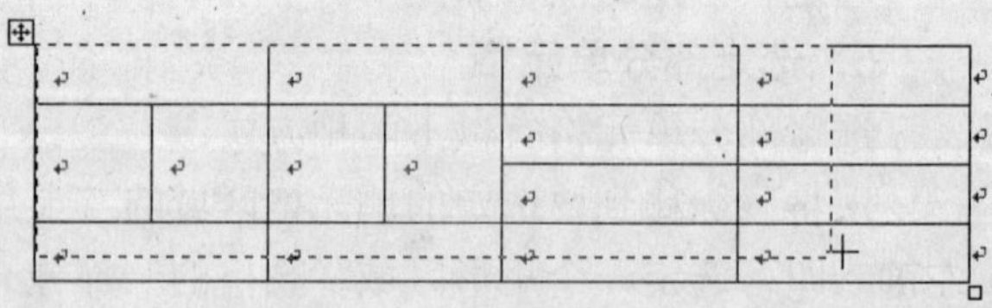

图 4-52 调整表格大小

4．用菜单命令改变行高和列宽

具体操作步骤如下：

01 选定要修改行高（或列宽）的行（或列）。

02 单击“表格”菜单中的“表格属性”命令，打开“表格属性”对话框。

03　单击“行”选项卡，如图 4-53 所示。在该对话框中，对选定的行其默认设置是不指定行高（即自动行高）。也可以为其设置“指定行高”，并将行高值设置为“最小值”或“固定值”。其中“最小值”的含义是当文字不够高时，以最小值的高度为准；当文字高度超过最小值时，行高继续增加。“固定值”的含义是无论行中文字有多高，行高均保持不变。

04　单击“列”选项卡，如图 4-54 所示。在该对话框中，可以对选定的列设置宽度。

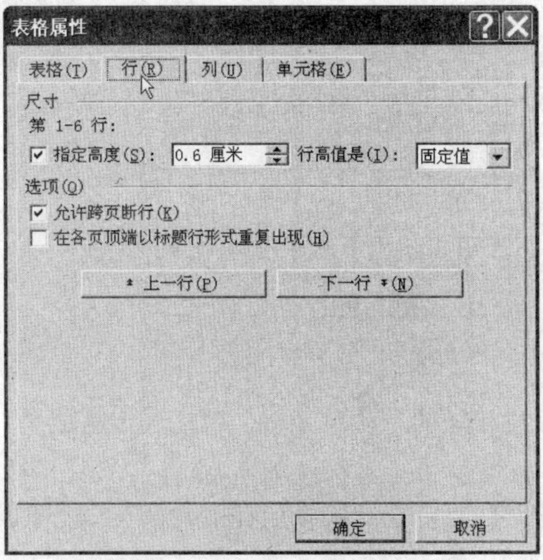

图 4-53　设置表格的行高

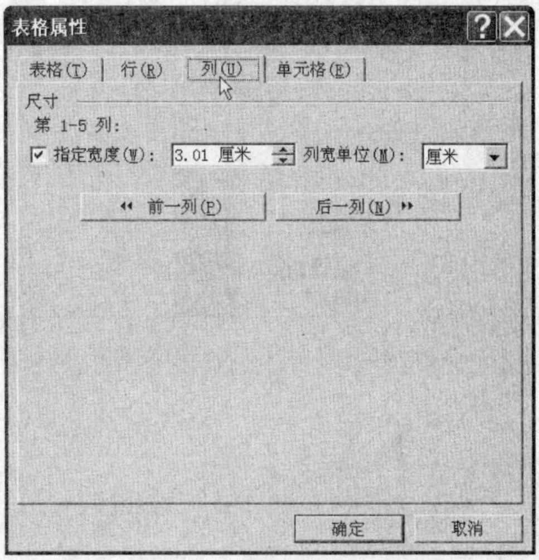

图 4-54　设置表格的列宽

5．用菜单命令快速设定列宽和行高

单击“表格”菜单，指向“自动调整”，选择“根据内容调整表格”命令，可以根据表格里的内容设置表格的宽度，如图 4-55 所示。

各选项说明如下：

• 选择“根据窗口调整表格”命令，可以根据页面的宽度来设置表格的宽度。

• 选择“固定列宽”命令，可以设置列宽固定，而不会因为文字的增加而改变列宽（初始状态列宽会随文字输入变化而变化）。

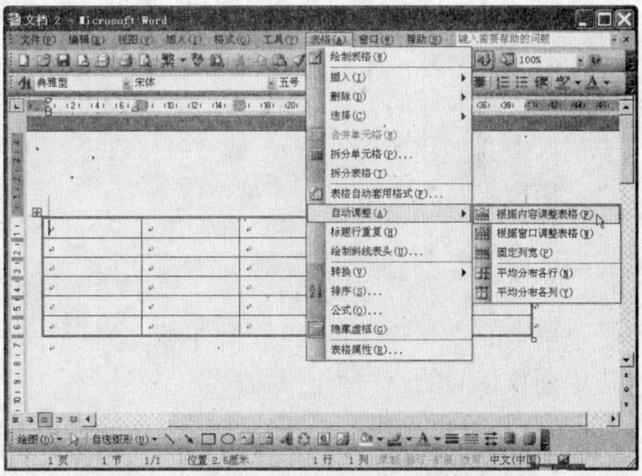

图 4-55　选择“根据内容调整表格”命令

• 选择“平均分布各行”命令，可以将选定的多行高度平均设置。

• 选择“平均分布各列”命令，可以将选定的多列宽度平均设置。

4.6.5　插入或删除操作

1．插入单元格

在表格中可插入单元格，插入时要指定插入对象和位置。具体操作步骤如下：

01　在要插入单元格的位置选定与插入单元格数目相同的单元格。

02　选择“表格”菜单的“插入”子菜单中的“单元格”命令，出现“插入单元格”对话框，如图 4-56 所示。

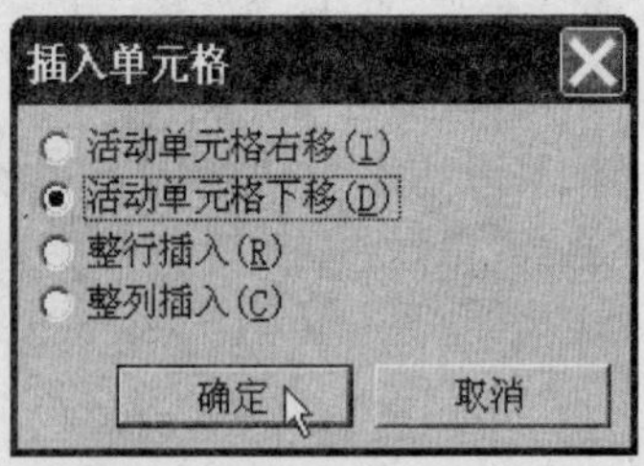

图 4-56　“插入单元格”对话框

03　在单元格的 4 种插入方式中，进行如下选择：

• 左侧单元格右移：插入与选定单元格数目相同的空白单元格，选定区域所在的行，包括选定区域及其后的单元格向右移动。插入单元格左侧单元格右移效果如图 4-57 所示。

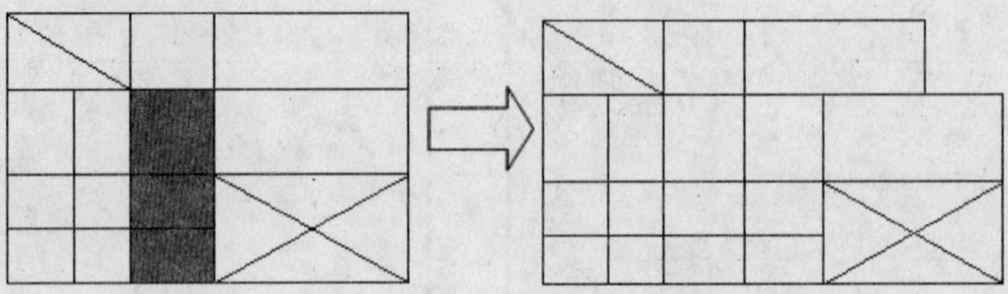

图 4-57　插入单元格时左侧单元格右移

• 活动单元格下移：插入与选定单元格数目相同的空白单元格，包括选定区域及其后的单元格向下移动。

• 整行插入：插入与选定区域行数相同的空白行，选定区域所在的行及其以下的所有行下移。

• 整列插入：插入与选定区域列数相同的空白行，选定区域所在的列及其右侧的所有列右移。

04　单击“确定”按钮，关闭“插入单元格”对话框。

2. 插入行

在要插入行的位置选定与插入行数相同的一行或若干行。选择“表格”菜单的“插入”子菜单中的“行（在上方）”或“行（在下方）”命令，这时在选定行的上方或下方插入与选定行数相同的空白列，并被选中。

3. 插入列

在要插入列的位置选定与插入列数相同的一列或若干列。选择“表格”菜单的“插入”子菜单中的“列（在左侧）”或“列（在右侧）”命令，这时在选定行的左侧或右侧插入与选定列数相同的空白列，并被选中。

4. 删除单元格

当需要在表格中删除单元格时，操作步骤如下：

01　选定要删除的单元格。

02　选择“表格”菜单的“删除”中的“单元格”命令，出现“删除单元格”对话框，如图 4-58 所示。

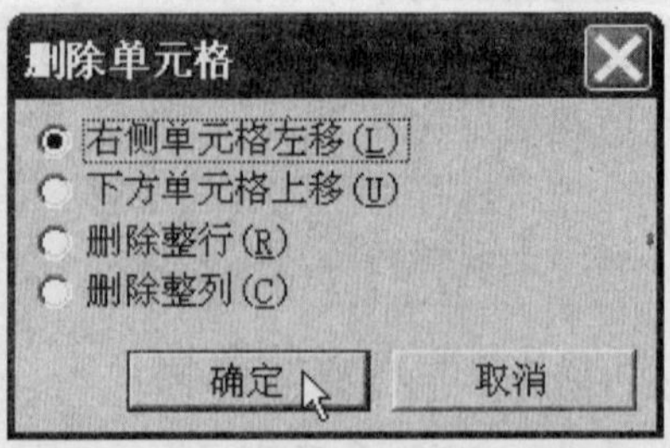

图 4-58　“删除单元格”对话框

03　在单元格的 4 种删除方式中，进行如下选择：

• 右侧单元格左移：删除选定的单元格，选定区域所在的行右侧的单元格向左移动。删除单元格时右侧单元格左移的效果如图 4-59 所示。

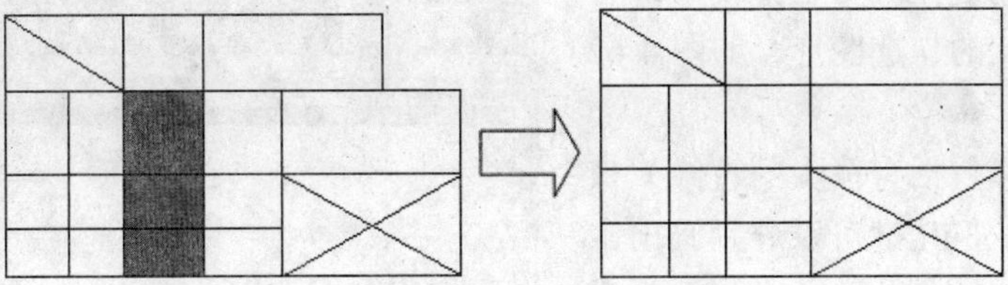

图 4-59　删除单元格时右侧单元格左移

• 下方单元格上移：删除选定的单元格，选定区域下方的单元格向上移动，表格的总行不变。

• 整行删除：删除选定区域所在的行。

• 整列删除：删除选定区域所在的列。

04　单击“确定”按钮，关闭“删除单元格”对话框。

5. 删除行或列

选定要删除的行或列，然后选择“表格”菜单的“删除”子菜单中的“行”或“列”命令。

4.7　在文档中绘制图形

4.7.1　用绘图工具绘制图形

可以用“绘图”工具栏直接在 Word 文档中画出各种形状的图形，并且添加上许多特殊的效果。

单击“常用”工具栏上的“绘图”按钮，将打开“绘图”工具栏。

绘制图形可以使用 Word 提供的“自选图形”。单击“绘图”工具栏的“自选图形”按钮，在弹出的菜单中选择一种类型，然后在弹出的子菜单中选择要绘制的图形，如图 4-60 所示。

单击要绘制的图形按钮，屏幕上出现绘图区域，如图 4-61 所示。

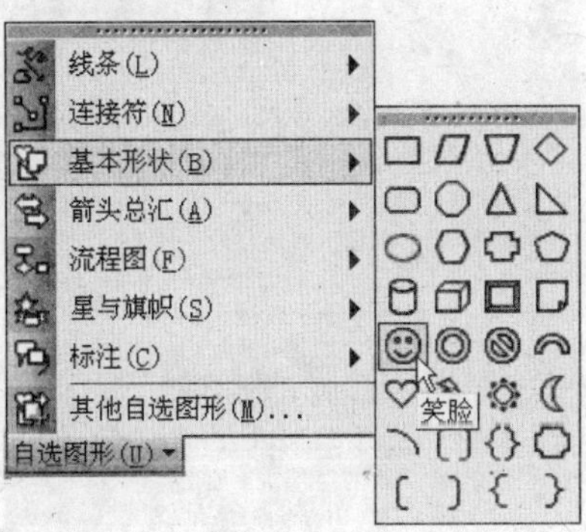

图 4-60　自选图形

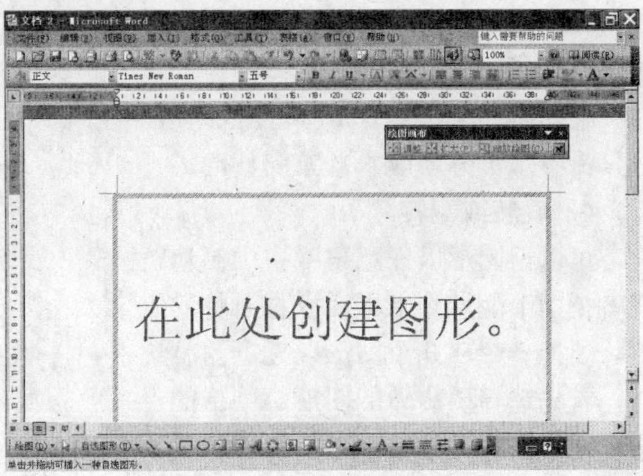

图 4-61　绘图区域

使用鼠标左键在屏幕上拖动，即可绘制出不同形状的自选图形，如图 4-62 所示。

图 4-62　绘制图形

对于直线（包括有箭头的直线）来说，画图时按住 Shift 键可以分别画出水平、15°、30°、45°、60°、75°、垂直的直线。如果不按住 Shift 键，则可以画任意角度的直线。

如果想绘制正方形、圆、等边三角形或立方体时，可以在拖动鼠标的同时按住 Shift 键进行绘制。

4.7.2　图形的基本操作

1．选定图形

要选中一个图形，可将光标移到图形上，单击鼠标左键即可选中该图形，选中的图形四周出现 8 个控制点（若是直线，则只有两个控制点），图形外面的长方形框是绘图区域。如图 4-63 所示。

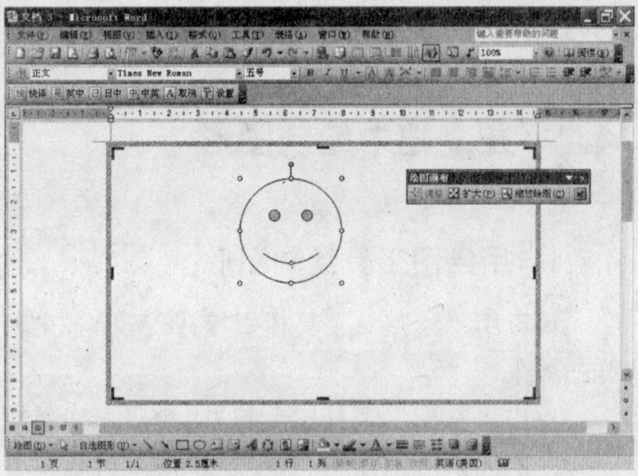

图 4-63　选定图形

2．改变图形的尺寸

要改变一个图形的尺寸，首先要选择这个图形，然后把光标移到图形的控制点上，当指针改变形状时，按下鼠标拖动即可改变图形的尺寸。拖动控制点时，按住 Shift 键可以使图形等比例缩放。如图 4-64 所示。

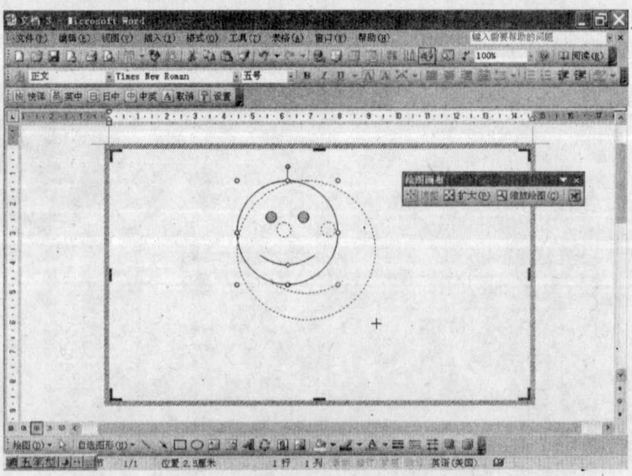

图 4-64　改变图形的尺寸

3．调整图形的位置

要调整一个或多个图形的位置，首先要选择这个或多个图形，然后用鼠标将图形拖到新的位置。

移动时如果按住 Shift 键，能够使图形只沿着水平方向或垂直方向移动。

4．旋转或翻转

可以把图形以任意角度自由旋转，或者把图形翻转到水平或垂直对称的位置。要把一个或几个图形以任意角度旋转，首先选择要旋转的图形，图形的上边出现一个绿色的小圆圈，将光标移到小圆圈上，会出现一个黑色的弧形箭头。按住鼠标左键拖动这个黑色的弧形箭头，会出现由 4 个黑色的弧形箭头构成的圆弧，转动这个圆弧可以随意使图形旋转。如图 4-65 所示。

要对图形进行翻转操作，可以单击“绘图”工具栏上的“绘图”按钮，在弹出的菜单中指向“旋转或翻转”，再选择“水平翻转”或“垂直翻转”命令。如图 4-66 所示。

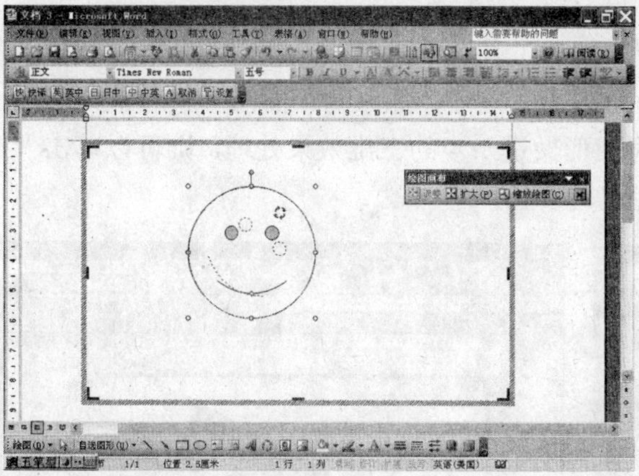

图 4-65　旋转图形

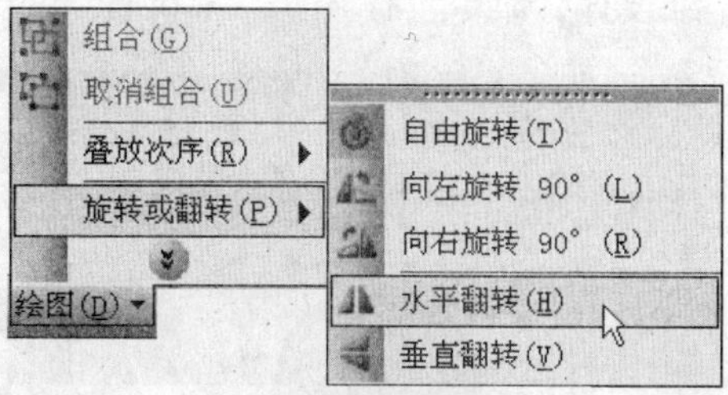

图 4-66　翻转图形

4.7.3　修饰图形

要改变图形边框线的线型，可以单击“绘图”工具栏上的“线型”按钮，在弹出的线型列表中选择一种线型。效果如图 4-67 所示。

要改变图形线条的颜色，可以单击“绘图”工具栏上的“线条颜色”按钮，在弹出的线条颜色列表中选择一种颜色。

要对图形内部进行填充，可以单击“绘图”工具栏上的“填充颜色”按钮，在弹出的颜色列表中选择一种颜色。如果要为图形填充具有过渡效果的颜色，则可以单击“填充颜色”按钮打开菜单，在其中单击“填充效果”命令，打开“填充效果”对话框。在“颜色”选项组中选择一种过渡的填充颜色，在“底纹式样”选项组中选择一种底纹式样，在“变形”选项组中选择一种变形样式。效果如图 4-68 所示。

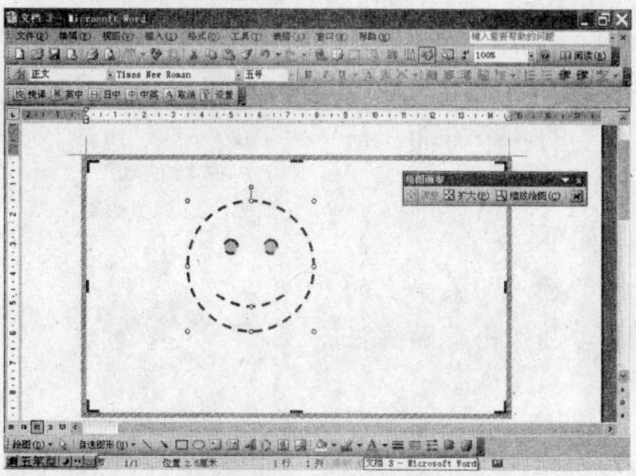

图 4-67　改变图形的线型

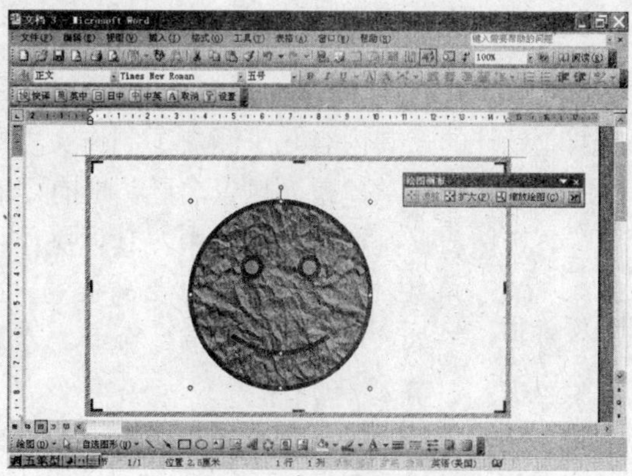

图 4-68　图形填充效果

要给图形加上阴影，可以单击“绘图”工具栏上的“阴影样式”按钮，然后在弹出的阴影样式中选择一种。效果如图 4-69 所示。

可以改变阴影的颜色和阴影的幅度。单击“绘图”工具栏上的“阴影”按钮，在弹出的菜单中选择“阴影设置”命令，Word 将打开“阴影设置”工具栏，可使阴影上移、下移、左移或右移。要改变阴影的颜色，可以单击“阴影颜色”按钮，在弹出的颜色列表中选择一种阴影颜色。

要给图形加上三维效果，可以单击“绘图”工具栏上的“三维效果样式”按钮，在弹出的三维样式中选择一种样式。经过三维效果处理后，原来的平面图形就成了具有三维立体感的图形，如图 4-70 所示。如果要对图形做进一步的三维效果处理，则可以单击“三维设置”命令，打开“三维设置”工具栏进行设置。

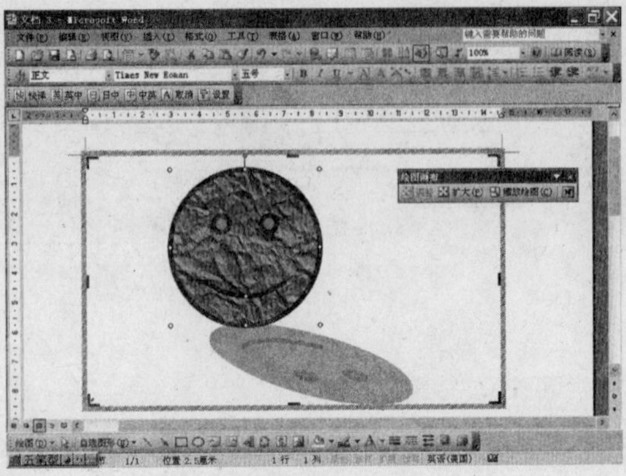

图 4-69　图形的阴影效果

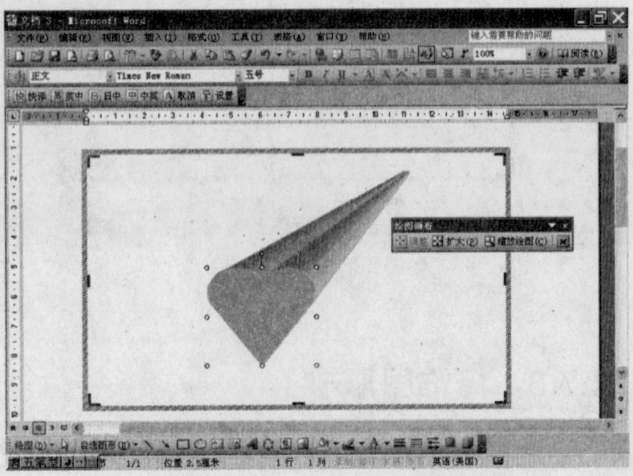

图 4-70　图形的三维效果

4.8　在文档中插入图片

下面介绍如何在文档中插入图片。图形与图片是有区别的；图形是用户用绘图工具绘制而成，是原来不存在的图；而图片则不一样，它可以来自一个文件，也可以是一个剪贴画，或是一个用拷屏工具拷贝下来的图像文件。

4.8.1　插入剪贴画

Word 附带了一个非常丰富的剪贴画库。这些剪贴画都是经过专业设计的，其内容几乎涵盖了制作文档所需要的各个方面，从地图到人物，从建筑到风景名胜，应有尽有。

要把剪贴画插入到文档中，具体操作步骤如下：

01　用鼠标点击插入剪贴画的位置，选择“插入”菜单上的“图片”子菜单中的“剪贴画”命令，在屏幕右侧弹出剪贴画任务窗格，如图 4-71 所示。

02　在“搜索范围”框中点击下拉箭头，打开下拉列表，点击“所有收藏集位置”前面的加号，打开它包含的选项，然后选中“Office 收藏集”，即用鼠标点击它前面的方框，使它的方框中带“√”。再次单击下拉箭头，关闭下拉列表。

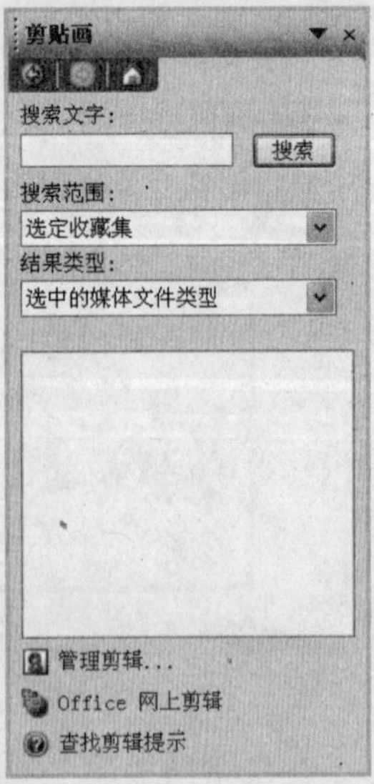

图 4-71　剪贴画任务窗格

03 在“结果类型”框中点击下拉箭头，打开下拉列表，点击“所有媒体类型”前面的加号，打开它包含的选项，选中“剪贴画”，即用鼠标点击它前面的方框，使它的方框中带“√”。

04 单击“搜索”按钮，出现剪贴画的缩略图。

05 拖动滑块选择剪贴画，确认插入的剪贴画后，点击该缩略图，剪贴画就自动插入所选择的位置，如图 4-72 所示。

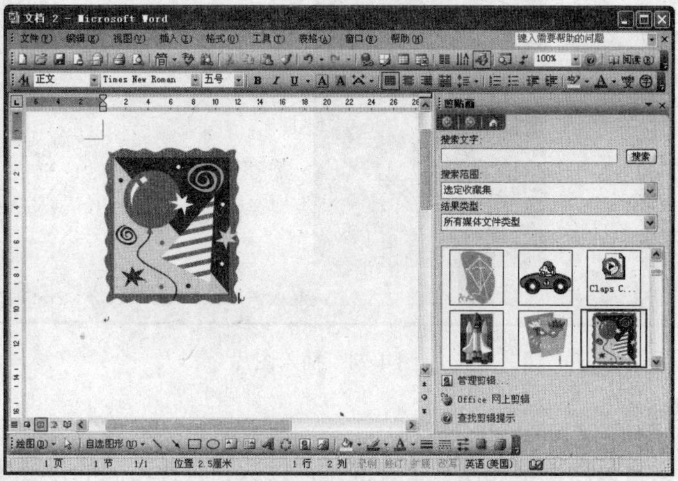

图 4-72 插入剪贴画

4.8.2 插入图片

可以从一个文件中获取图片并插入到文档中。图片文件可以在本地磁盘上，也可以在网络驱动器上，甚至在 Internet 上。

要从文件中获取图片并插入到文档中，具体操作步骤如下：

01 用鼠标点击插入图片的位置。

02 选择“插入”菜单上的“图片”子菜单中的“来自文件”命令，弹出“插入图片”对话框，如图 4-73 所示。

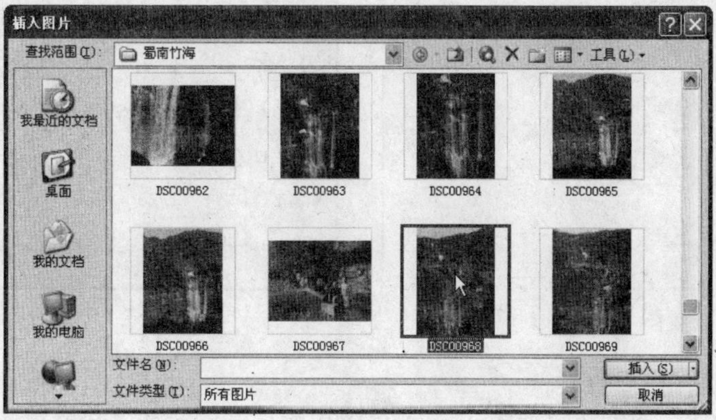

图 4-73 “插入图片”对话框

03 在“查找范围”框中选择图片文件所在的文件夹。

04 选择所需要的图片文件，单击“插入”按钮，将图片插入到文档中，如图 4-74 所示。

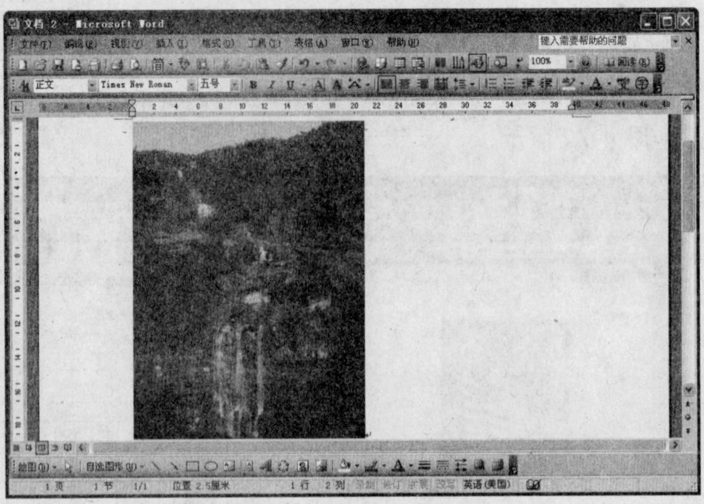

图 4-74 插入图片

4.8.3 图文混排

在 Word 中，可以将文字和图片进行混排，以达到各种不同的排版效果。实现图文混排的操作步骤如下：

01 用鼠标左键双击图片，弹出“设置图片格式”对话框，单击“版式”选项卡，如图 4-75 所示。在“环绕方式”选项组中选择一种图文混排的方式，如“四周型”。

02 单击“高级”按钮，Word 将打开“高级版式”对话框，用户可进一步设置图形的位置和环绕效果。如图 4-76 所示。

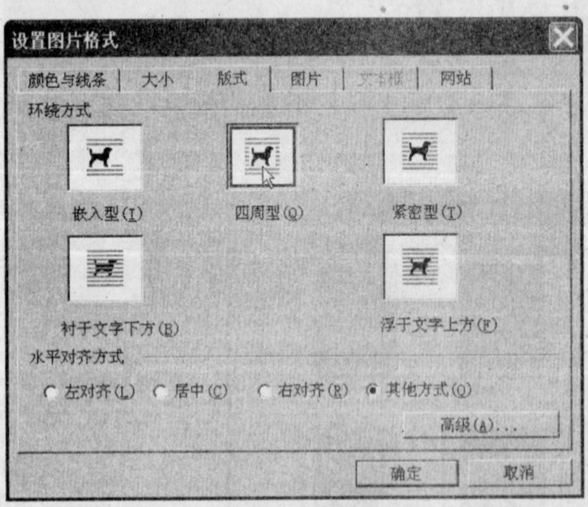

图 4-75 “设置图片格式”对话框

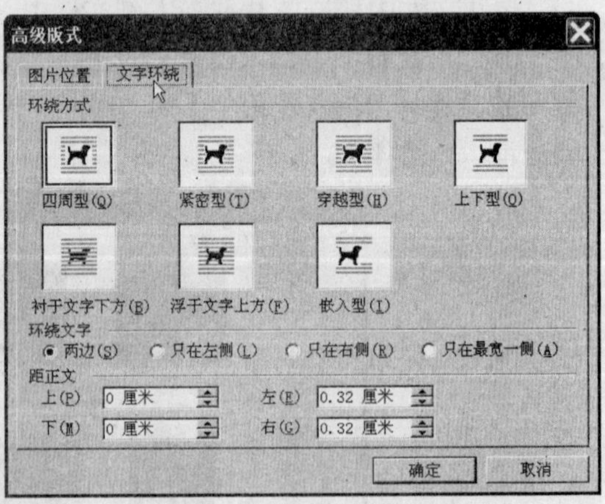

图 4-76 “高级版式”对话框

03 单击“确定”按钮。

04 单击图片，改变图片的大小，然后按住鼠标左键不放，拖动图片到文档中的适当位置。

4.8.4　插入艺术字

为了使文档美观，可以在文档中插入艺术字。艺术字不同于普通的文字，它具有很多特殊的效果，例如阴影、斜体、旋转、延伸等。

要在文档中插入艺术字，具体操作步骤如下：

01　用鼠标点击插入艺术字的位置。

02　选择“插入”菜单上的“图片”子菜单中的“艺术字”命令，弹出“‘艺术字’库”对话框，如图 4-77 所示。选择一种艺术字式样，单击“确定”按钮。

03　弹出“编辑‘艺术字’文字”对话框，如图 4-78 所示。在“文字”框输入要成为艺术字的文字，在“字体”框内选择字体，在“字号”框内选择字体尺寸。要使字体加粗，可单击“加粗”按钮。要使字体倾斜，可单击“倾斜”按钮。

图 4-77　选择艺术字式样

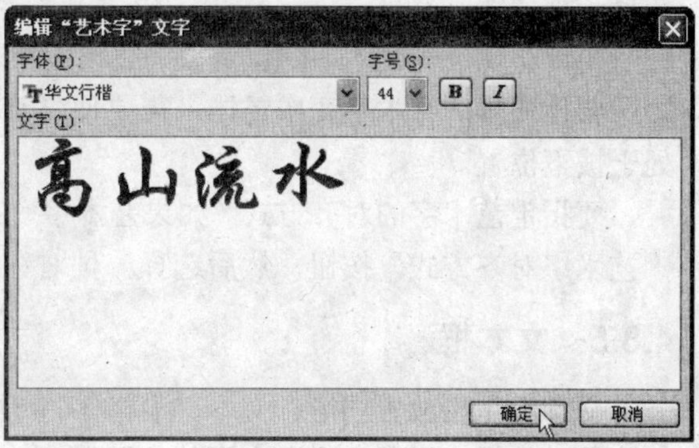

图 4-78　输入艺术字文字

04　单击“确定”按钮，效果如图 4-79 所示。

图 4-79　插入艺术字

对于插入到文档中的艺术字，可以使用“艺术字”工具栏来增强艺术字的效果，“艺术字”工具栏如图 4-80 所示。

图 4-80　艺术字工具栏

要插入新的艺术字，可以单击“艺术字”工具栏上的“插入艺术字”按钮。

要重新输入文字，可以在文档中双击艺术字，Word 将打开“编辑艺术字文字”对话框。

要重新选择艺术字式样，可以单击“艺术字”工具栏上的“艺术字库”按钮，Word 将打开“艺术字库”对话框。

要设置艺术字的格式，可以单击“艺术字”工具栏上的“设置艺术字格式”按钮，Word 将打开“设置艺术字格式”对话框。

要对艺术字进一步变形，可以单击“艺术字”工具栏上的“艺术字形状”按钮，然后选择一种形状。

要调整文字与艺术字的位置关系，可以单击“艺术字”工具栏上的“文字环绕”按钮。

要使横排的艺术字变成竖排，需要使“艺术字”工具栏上的“艺术字竖排文字”按钮处于按下位置。

要指定艺术字的对齐方式（如果艺术字有几行的话），可以单击“艺术字”工具栏上的“艺术字对齐方式”按钮，然后选择一种对齐方式。

4.8.5　文本框

文本框是指放置图形、文本、表格等特定内容的一种矩形区域，文本框可以被看作是一个特殊的图形对象。当文本框的位置发生改变时，其中的内容也随之移动。

Word 提供了两种类型的文本框：横排文本框和竖排文本框。利用文本框可以把文档编排得更加丰富多彩。

1. 插入文本框

在文档中插入文本框的具体操作步骤如下：

01　单击“插入”菜单，选择“文本框”子菜单中的“横排”或“竖排”命令。或者单击“绘图”工具栏中的“文本框”按钮或“竖排文本框”按钮。

02　将指针移到文档中时，鼠标指针变为十字形，按住左键拖动鼠标绘制文本框，大小合适后放开左键。

03　在绘制的文本框中有一闪烁的光标，此时可以在文本框中输入文本或插入图片，如图 4-81 所示。

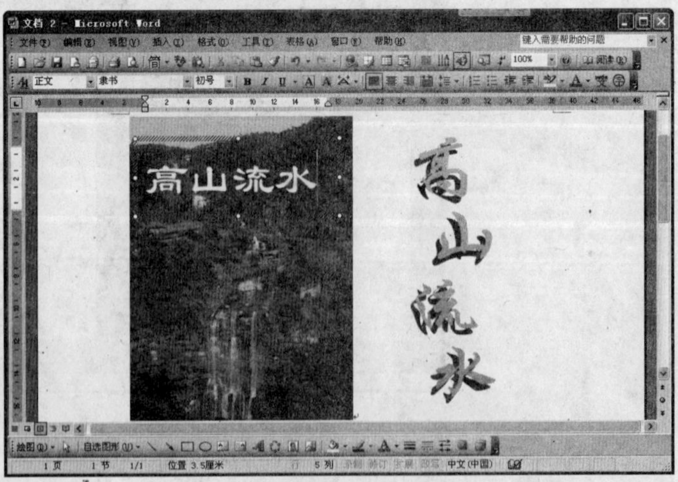

图 4-81　插入文本框

2．移动文本框

使用鼠标来拖动文本框是非常方便的。用鼠标单击文本框的边缘，待指针形状变成后，拖动到一新位置即可。

3．改变文本框大小

选择要改变的文本框，然后光标指向尺寸柄，待光标变成双向箭头时拖动鼠标，即可改变文本框的大小。

4．设置环绕方式

在 Word 中，文本字符与文本框之间有多种环绕方式，具体操作步骤如下：

01　选中文档中的文本框对象。

02　单击“格式”菜单中的“文本框”命令，弹出“设置文本框格式”对话框。

03　单击所需的环绕方式。如果要使用其他环绕方式，可单击“高级”按钮进行其他选择。

04　单击“确定”按钮，即可完成环绕方式的设置。

5．为文本框添加边线和底纹

可以根据需要给文本框加上边线和底纹，操作步骤如下：

01　选择文本框对象。

02　单击“格式”菜单中的“边框和底纹”命令，弹出“边框和底纹”对话框。

03　单击“边框”选项卡。“边框”中包含顶端框线、底端框线、左端框线、右端框线、内部框线、外围框线、无框线按钮，可选择不同的边框形状和线型。

04　单击“底纹”选项卡，在这里可以选择填充色和填充图案。

05　单击“确定”按钮。

6．删除文本框

删除文本框很简单，只需在选择文本框对象后，按 Del 键即可。

4.9　认识中文 Word 2007

4.9.1　Word 2007 主界面

Microsoft Word 2007 是家庭和小型企业不可或缺的办公软件，它可使用户快速轻松地创建外观精美的文档、电子表格和演示文稿，还可以管理电子邮件。

最新版本具有精简的新用户界面，提供了使用户能够创建高质量文档的熟悉的常用命令、增强的图形和格式设置功能，并提供了可帮助用户管理日程的新时间管理工具，以及更为出色的可靠性和安全性（比如可以减少垃圾电子邮件的经过改进的垃圾电子邮件过滤器）。

Microsoft Word 2007 的主界面如图 4-82 所示。

图 4-82　Word 2007 主界面

4.9.2　Word 2007 新增功能

Microsoft Office Word 2007 提供了一整套工具，供用户在新的 Microsoft Office Fluent 用户界面中创建文档并设置文档格式，从而帮助用户生成专业水平的文档。丰富的审阅、批注和比较功能有助于快速收集和管理来自同事的反馈信息。高级的数据集成可确保文档与重要的业务信息源保持连接。

1. 创建具有专业水准的文档

Office Word 2007 提供的编辑和审阅工具令用户比以前任何时刻都能更轻松地创建精美的文档。

（1）减少格式设置的时间，把更多精力花在撰写上。

新的“功能区”是 Office Fluent 用户界面的一个按任务分组工具的组件，它将使用频率最高的命令呈现在眼前。选项卡是按面向任务型设计的，在每个选项卡中都是通过组将一个任务分解为多个子任务，每组中的命令按钮都可执行一项命令或显示一个命令菜单。

新的面向结果的 Office Fluent 用户界面在用户需要的时候，清晰而条理分明地提供多种工具：从收集了预定义样式、表格格式、列表格式、图形效果等内容的库中进行挑选，不仅节省时间，还能更充分利用强大的 Word 功能。

Fluent 用户界面消除了将格式应用于文档时的疑虑。从格式库中进行选择，可在用户提交更改之前就能实时而直观地预览文档中的格式。

（2）单击鼠标，即可添加预设格式的元素。

Office Word 2007 引入了构建基块，供用户将预设格式的内容添加到文档中。在处理特定模板类型（如报告）的文档时，可以从收集了预设格式封面、重要引述、页眉和页脚等内容的库中进行挑选，从而令文档看上去更加精美。

如果希望自定义预设格式的内容，或者经常使用相同的一段内容（如法律免责声明或客户联系信息），只需点一下鼠标，就可以从库中进行挑选，创建自己的构建基块。

（3）利用极富视觉冲击力的图形更有效地进行沟通。

新的图表和绘图功能包含三维形状、透明度、阴影以及其他效果。

（4）即时对文档应用新的外观。

当需要更新形象时，用户可以立即在文档中进行仿效。通过使用“快速样式”和“文档主题”，可以快速更改整个文档中的文本、表格和图形的外观，以便与首选的样式和配色方案相匹配。

（5）轻松避免拼写错误。

在编写让其他人查看的文档时，当然不希望出现影响消息或破坏专业形象的拼写错误。拼写检查的新功能便于用户满怀信心地分发工作。

在 Microsoft Office 2007 各程序之间，拼写检查现在更加一致。现在，有几个拼写检查选项是全局性的。如果在一个 Office 程序中更改了其中一个选项，所有其他 Office 程序中也会相应地更改该选项。

除了共享相同的自定义词典外，所有程序还可以使用同一个对话框来管理这些词典。

2．放心地共享文档

当你向同事发送文档草稿以征求他们的意见时，Office Word 2007 可帮你有效地收集和管理他们的修订和批注。在你准备发布文档时，Office Word 2007 可帮助确保所发布的文档中不存在任何未经处理的修订和批注。

（1）快速比较文档的两个版本

Office Word 2007 可以轻松找出对文档所做的更改。比较和合并文档时，可以查看文档的两个版本，而已删除、插入和移动的文本则会清楚地标记在文档的第三个版本中。

（2）查找和删除文档中的隐藏源数据和个人信息

在与其他用户共享文档之前，可使用文档检查器检查文档，以查找隐藏的源数据、个人信息或可能存储在文档中的内容。文档检查器可以查找和删除以下信息：批注、版本、修订、墨迹注释、文档属性、文档管理服务器信息、隐藏文字、自定义 XML 数据，以及页眉和页脚中的信息。文档检查器可帮助确保你与其他用户共享的文档不包含任何隐藏的个人信息或你可能不希望分发的任何隐藏内容。此外，可以对文档检查器进行自定义，以添加对其他类型的隐藏内容的检查。

（3）向文档中添加数字签名或签名行

可以通过向文档中添加数字签名来帮助为文档的身份验证、完整性和来源提供保证。在 Office Word 2007 中，你可以向文档中添加不可见的数字签名，也可以插入 Microsoft Office 签名行来捕获签名和数字签名的可见表示形式。

通过使用 Office 文档中的签名行捕获数字签名的能力使组织能够对合同或其他协议等文档使用无纸化签署过程。与纸质签名不同，数字签名能提供精确的签署记录，并允许在以后对签名进行验证。

（4）将 Word 文档转换为 PDF 或 XPS

Office Word 2007 支持将文件导出为 PDF 或 XPS 格式。

可移植文档格式（PDF）是一种可以保留文档格式并允许文件共享的版式固定的电子文件格式。PDF 格式确保在联机查看或打印文件时能够完全保留原有的格式，并且文件中的数据不能轻易被更改。对于要使用专业印刷方法进行复制的文档，PDF 格式也很有用。

XML 纸张规范（XPS）是一种电子文件格式，可以保留文档格式并允许文件共享。XPS 格式可确保在联机查看或打印 XPS 格式的文件时，严格保持所要的格式，文件中的数据也不能轻易被更改。

（5）即时检测包含嵌入宏的文档

Office Word 2007 对启用了宏的文档使用单独的文件格式 (.docm)，因此可以立即了解某个文件是否能运行任何嵌入的宏。

（6）防止更改文档的最终版本

在与其他用户共享文档的最终版本之前，可以使用“标记为最终版本”命令将文档设置为只读，并告知其他用户你是在共享文档的最终版本。在将文档标记为最终版本后，其键入、编辑命令以及校对标记都会被禁用，以防查看文档的用户不经意地更改该文档。“标记为最终版本”命令并非安全功能，任何人都可以通过关闭“标记为最终版本”来编辑标记为最终版本的文档。

3．超越文档

如今，当计算机和文件互相连接时，更有必要将文档存储于容量小、稳定可靠且支持各种平台的文件中。为满足这一需求，Office 2007 版本在 XML 支持的发展方面实现了新的突破。基于 XML 的新文件格式使 Office Word 2007 文件变得更小、更可靠，并能与信息系统和外部数据源深入地集成。

（1）缩小文件大小并增强损坏恢复能力

新的 Word XML 格式是经过压缩、分段的文件格式，可大大缩小文件大小，并有助于确保损坏的文件能够轻松恢复。

（2）将文档与业务信息连接

在业务中，如果你需要创建文档来沟通重要的业务数据，则可通过自动完成该沟通过程来节省时间并降低出错风险。使用新的文档控件和数据绑定连接到后端系统，即可创建能自我更新的动态智能文档。

（3）在文档信息面板中管理文档属性

利用文档信息面板，可以在使用 Word 文档时方便地查看和编辑文档属性。在 Word 中，文档信息面板显示在文档的顶部，用户可以使用文档信息面板来查看和编辑标准的 Microsoft Office 文档属性，以及已保存到文档管理服务器中的文件的属性。如果使用文档信息面板来编辑服务器文档的文档属性，则更新的属性将直接保存到服务器中。

4．从计算机问题中恢复

Microsoft Office 2007 提供了经过改进的工具，用于在 Office Word 2007 发生问题时恢复用户的工作。

（1）Office 诊断。

Microsoft Office 诊断是一系列有助于发现计算机崩溃原因的诊断测试。这些诊断测试可以直接解决部分问题，也可以确定其他问题的解决方法。Microsoft Office 诊断取代了 Microsoft Office 2003 中的“检测并修复”以及“Microsoft Office 应用程序恢复”功能。

（2）程序恢复。

Office Word 2007 的功能已得到改进，使之有助于在程序异常关闭时避免丢失工作成果。只要可能，在重新启动后，Word 就会尽力恢复程序状态的某些方面。

例如，如果用户正在同时处理若干个文件，每个文件都在不同的窗口中打开，每个窗口中都有特定可见数据，此时 Word 崩溃。当重新启动 Word 时，它将打开这些文件，并将窗口恢复成 Word 崩溃之前的状态。

习题与思考题

1．Word 的主窗口包括哪些基本内容?

2．如何建立、打开文件? 对文件进行编辑后，如何对文件进行存盘?

3．如何在文档中进行复制和移动? 请上机操作。

4．如何在文档中对一个字符进行查找和替换? 请上机操作。

5．如何进行文件的打印预览? 如何打印文件?

6．编辑排版练习。

（1）在 Word 中录入下面的文字：

计算机网络

计算机网络是指将地理位置不同并具有独立功能的多个计算机系统通过通信设备和物理线路连接起来，以功能完善的网络软件来实现网络中资源共享的系统。

建立计算机网络的主要目的在于实现资源共享。资源共享，是指所有网络用户能够分享各计算机系统的全部或部分资源，包括硬件资源、软件资源和数据资源。

（2）将标题“计算机网络”设置为黑体、一号、蓝色，字符间距加宽 5 磅。

（3）将第一段落设置为楷体，小四号。设置该段落为首行缩进 2 字符，两端对齐，行距为固定值 20 磅。

（4）将第二段落设置为仿宋体，四号。设置该段落为悬挂缩进 2 字符，两端对齐，行距为最小值 15 磅。

7．输入一段文字，并在其中插入一个图片，进行图文混排的练习。

8．设计一张表格，并套用一种表格格式，然后在表格中输入具体内容。

第5章 学习中文 Excel 2003/2007

中文 Excel 2003 是 Microsoft 公司推出的 Office 2003 系列办公软件中的重要组成部分，是一个功能强大、技术先进、使用方便的电子表格制作软件。其主要功能包括对数据表格、图表及数据库的操作，特别是在财务、统计、数据分析和预测领域，它的应用更为广泛。

5.1 中文 Excel 2003 操作基础

5.1.1 启动 Excel 2003

中文 Excel 2003 是 Windows 环境下的一个应用程序，启动 Excel 有下面两种方法：

第一种：在 Windows 的主桌面上，双击 Excel 的图标，启动 Excel。

第二种：单击“开始”按钮，在“开始”菜单中，指向“程序”，指向“Microsoft Office”，单击“Microsoft Office Excel 2003”，启动 Excel。如图 5-1 所示。

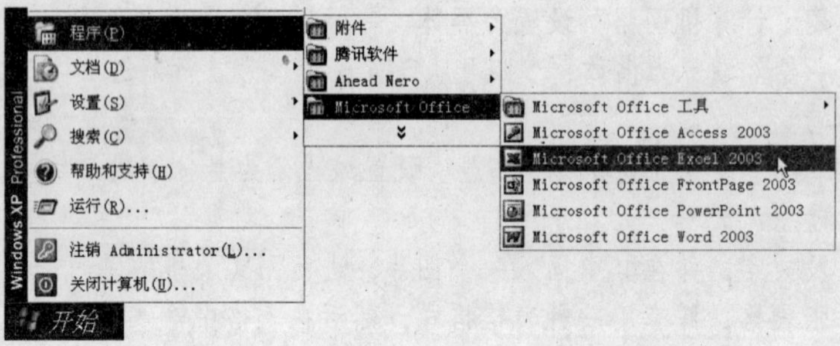

图 5-1 使用“开始”按钮启动 Excel

5.1.2 退出 Excel 2003

在 Excel 中完成工作簿的操作之后，单击“文件”菜单中的“退出”命令，即可退出中文 Excel 2003。

另外，单击 Excel 2003 主窗口右上角的关闭按钮☒，或者单击 Excel 2003 主窗口左上角的 Excel 图标，在出现的控制菜单中选择“关闭”命令，也可以将当前正在运行的工作簿窗口关闭。但是，其他没有接受关闭命令的工作簿窗口仍然处于正常的工作状态，所以“关闭”操作与“退出”整个软件系统的操作是截然不同的。

5.1.3 Excel 2003 窗口界面

启动 Excel 2003 之后，出现 Excel 的窗口，如图 5-2 所示，该窗口由以下部分组成：

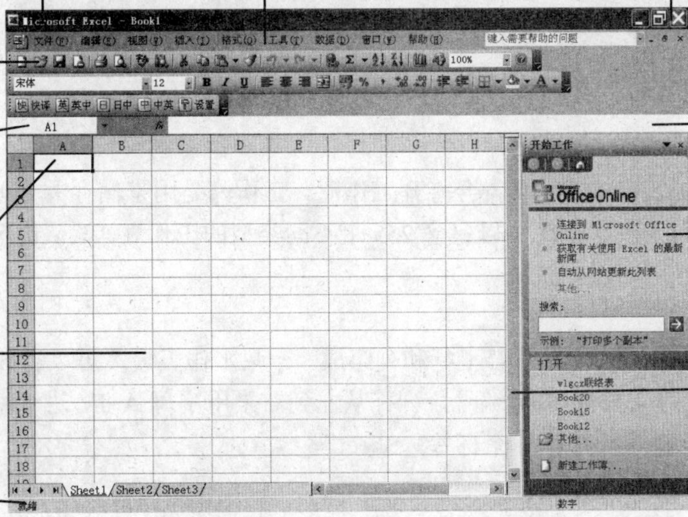

图 5-2 中文 Excel 2003 窗口界面

1．标题栏

标题栏说明当前所编辑的工作簿的名字。

2．菜单栏

菜单栏中汇集了各种命令，用来对数据、工作表等进行操作。

3．工具栏

工具栏由一些工具按钮组成，可快速方便地执行相关的命令。

4．单元格名称栏

单元格名称栏用于显示当前处于活动的单元格位置。

5．公式编辑栏

公式编辑栏用来编辑一些简单的公式。

6．工作表区

工作表区显示所建立的电子表格和电子图表的内容。

7．单元格

单元格是整个工作表最基本的编辑单位。

8．滚动条

滚动条包括垂直滚动条和水平滚动条，由滚动方块和几个滚动按钮组成，利用它可以使文档上下或左右移动，以查看工作表中未曾显示出的内容。

9．状态栏

状态栏用来显示当前正在执行的命令或操作的提示。

10．任务窗格

任务窗格中包括“开始工作”、“帮助”、“搜索结果”、“剪贴画”、“信息检索”、“剪贴板”、“新建工作簿”、“模板帮助”、“共享工作区”、“文档更新”和“XML 源”。利用任务窗格可以方便地新建、打开或搜索工作簿，搜索剪贴画以及管理 Office 剪贴板，而不用再去单击相关的菜单命令或工具图标，从而提高工作效率。任务窗格采取的是浮动界面形式，可以将其放置于 Excel 窗口的任意位置，从而增强了灵活性。用户可以根据需要，通过单击“视图”菜单中的“任务窗格”命令，随时关闭或打开任务窗格。

5.1.4 Excel 2003 的基本概念

1. 工作簿

启动中文 Excel 2003 后，就会打开工作簿。工作簿是用来储存并处理数据的文件，其扩展名为.xls。每一个工作簿可以包含 255 个不同类型的工作表，默认情况下包含 3 个工作表。

2. 工作表

工作表隶属于工作簿，由若干行和列组成。一张工作表最多可以有 65536 行、256 列，行号由上到下从 1~65536 进行编号，列标从左到右采用字母 A~IV 进行编号。新建一个工作表后，系统自动为其加上一个标签“Sheet”。

3. 单元格

单元格是工作表的基本构成单位，用于存放和显示信息。单元格信息可以是字符串、数字、公式或图像，最多可达 32000 个字符。

工作表中正在使用的单元格周围有一黑色的方框，该单元格被称为“活动单元格”，此时所进行的一切操作仅对该单元格有效。

在中文 Excel 2003 中，每个工作表共有 65536×256 个单元格，并且每一个单元格都有其固定的地址，其地址由该单元格所在的行号和列标组成，即单元格所在列与行交叉点的号码。例如，B2 代表了第 B 列第 2 行的单元格，H8 代表了第 H 列第 8 行的单元格。

4. 文本数据

这是单元格中常用数据的一种，用来表示某个名称。可以包括任何字母、数字和其他符号的组合。文本数据不能进行数学运算，但可以通过连接运算符（&）进行连接。

5. 数值数据

这是单元格中常用数据的一种，用来表示某个数值或币值。可以包括正号、负号、小数点、数字和百分号、千分符号等符号的正确组合。

6. 时间/日期数据

这是单元格中常用数据的一种，用来表示一个日期或时间。日期格式为“mm/dd/yy”或“mm-dd-yy”，时间格式为“hh：mm（am/pm）”。

7. 公式

公式是由运算对象和运算符组成的一个序列。公式以等号“=”作为开始的标志。输入公式后，其结果显示在单元格内，并且在选定一个含有公式的单元格后，公式也会显示在编辑栏中。

8. 函数

随 Excel 附带的预定义或内置共识，既可以作为独立公式单独使用，也可以作为参数用于其他函数。Excel 为用户提供了 300 多个函数（如数学与三角函数、统计函数、数据库函数、逻辑函数等）。函数由函数名和参数组成，格式为：函数名（参数 1，参数 2，…）。

9．图表

图表是指工作表数据的图形表示。Excel 2003 为用户提供的图表有二维和三维两类，约十几种（如柱形图、条形图、折线图、散点图、雷达图、气泡图等）。不同的图表类型适用于表示不同的数据类型。

5.2　Excel 2003 工作簿操作

工作簿主要的操作对象是工作表，它将工作表作为一个操作单元，对工作表进行管理，如插入工作表、移动或复制工作表、重命名工作表等操作。同时还可进行工作簿之间的有关操作，如新建工作簿、打开工作簿、创建与使用工作簿模板等操作。

5.2.1　新建工作簿

启动 Excel 后，系统自动建立一个空白工作簿，默认的工作簿名为“Book1”（如果在此之前已经新建了工作簿，工作簿名中的序号依次递增）。

如果要建立一个新的工作簿，只需单击常用工具栏中的按钮。工作簿创建后，Excel 自动以 Book1、Book2、Book3……暂时将其命名。

建立工作簿之后，就可以在表格中输入数据了，Excel 要处理的数据全部存储在单元格中，在单元格中我们可以输入文本、数字、日期/时间、公式及函数等。

图 5-3 显示了在工作簿中输入数据后的结果。

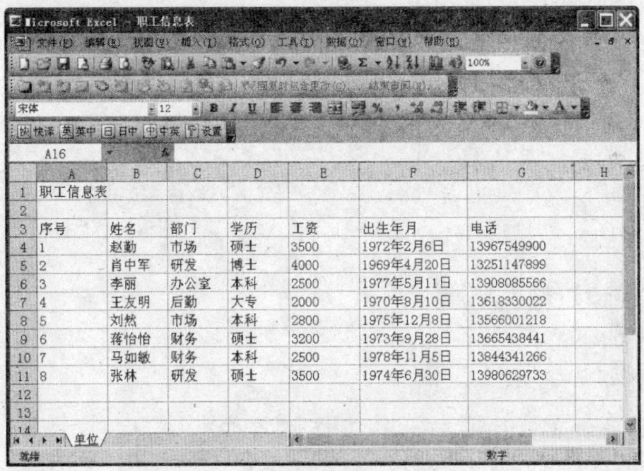

图 5-3　输入数据

5.2.2　保存工作簿

当用户在新工作簿中输入信息后，为了便于以后查看和修改，需要将其保存起来。保存工作簿文件的操作步骤如下：

01　单击“常用”工具栏上的“保存”按钮，或者选择“文件”菜单中的“保存”命令。

02　弹出如图 5-4 所示的“另存为”对话框，选择文件保存的位置并输入文件名称后，单击“保存”按钮。

图 5-4 “另存为”对话框

5.2.3 打开工作簿

要查看或编辑以前保存的工作簿，就要打开它。打开工作簿有两种途径：打开指定的工作簿文件和打开最近编辑过的工作簿文件。

1. 打开指定的工作簿

具体操作步骤如下：

01 选择“文件”菜单下的“打开”命令，或者单击“常用”工具栏上的“打开”按钮，弹出如图 5-5 所示的“打开”对话框。

02 选择要打开的工作簿所在的驱动器和文件夹，再选择要打开的工作簿。

03 单击“打开”按钮。

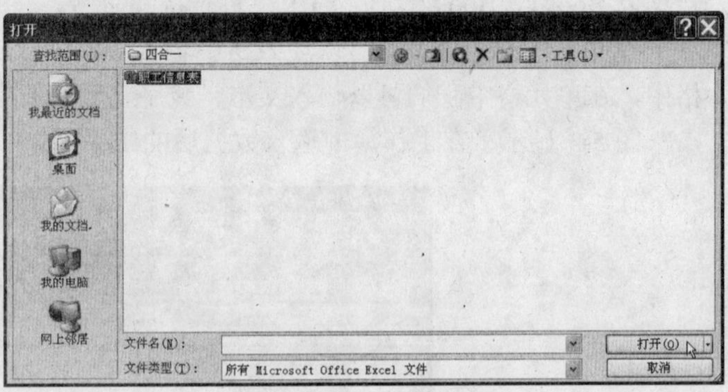

图5-5 “打开”对话框

2. 打开最近编辑过的工作簿

具体操作步骤如下：

01 单击“文件”菜单。

02 在菜单的底部单击所要打开的工作簿名称。

5.2.4 关闭工作簿

在 Excel 2003 中，常用以下两种方法关闭工作簿：

• 单击 Excel 主窗口右上角的关闭按钮。

• 单击“文件”菜单中的“关闭”命令。如果该文件在编辑之后还没有保存，则会弹出如图 5-6 所示的对话

图 5-6 关闭工作簿对话框

框。单击“是”按钮则保存工作簿；单击“否”则不保存对工作簿所做的任何修改；单击“取消”按钮，则返回编辑状态。如果该文件在关闭之前已被保存过，则不会弹出此对话框。

5.3　Excel 2003 的工作表操作

5.3.1　插入工作表

若要插入一张新的工作表，具体操作步骤如下：

01　单击工作表标签，选定当前工作表。

02　单击“插入”菜单中的“工作表”命令，一张新的工作表将插入到当前工作表的前面。

5.3.2　重命名工作表

在实际的应用中，一般不使用 Excel 默认的工作表名称 Sheet 加序号，而是给工作表取一个与工作表内容有关的名字。这样，通过工作表标签就会快速找到所需要的工作表。

要改变工作表的名字，具体操作步骤如下：

01　双击工作表标签，此时该标签将呈高亮显示。

02　在标签上输入新的名称。

也可以单击工作表标签后，选择“格式”菜单中的“重命名”命令对工作表重新命名。

5.3.3　移动工作表

1．在同一个工作簿中移动工作表

单击要移动位置的工作表标签，并沿着标签栏将其拖动到新的位置即可。

2．将工作表移动到另一个工作簿

在同一工作簿中移动工作表操作要简单一些，有时，我们需要将工作表移动到其他的工作簿中，具体操作步骤如下：

01　单击要移动的工作表标签。

02　选择“编辑”菜单中的“移动或复制工作表”命令，弹出如图 5-7 所示的“移动或复制工作表”对话框。

03　在“工作簿”下拉列表框中选择目标工作簿，在“下列选定工作表之前”列表框中选择工作表放置的确切位置。

04　单击“确定”按钮。

5.3.4　复制工作表

复制工作表可以节省对于同类表格重新制作的时间，提高工作效率。

1．在同一个工作簿中复制工作表

只需单击选定该工作表标签，按下 Ctrl 键后，将其沿工作表标签栏拖动到目标位置即完成复制操作。

2．将工作表在另一个工作簿中备份

具体操作步骤与将工作表移动到另一个工作簿的操作类似，只是在如图 5-7 所示的对话框中，选中“建立副本”项。

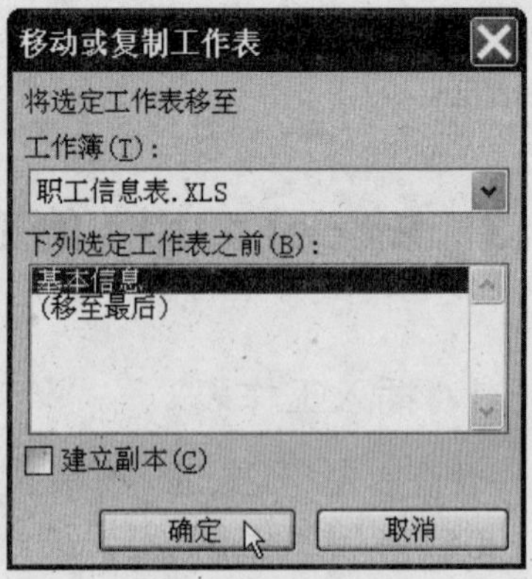

图 5-7 “移动或复制工作表”对话框

5.3.5 删除工作表

对没有用处的工作表可以将其删除，操作步骤如下：

01 单击要删除的工作表标签。

02 选择“编辑”菜单中“删除工作表”命令，弹出一个提示框，如果确定要删除，则单击“删除”按钮。

5.4 Excel 2003 工作表的编辑

5.4.1 选定单元格区域

将所要编辑的区域选定，是进行一切操作的前提，根据不同的情况，我们可以选择不同的选定方法。

1．选定一个单元格

工作表编辑区内每行、每列的交点就是单元格，用鼠标单击它即可选定单元格，如选定 E3 单元格，如图 5-8 所示。如果要快速定位到单元格，可以按 F5 键，出现“定位”对话框，在引用栏中输入欲跳到的单元格地址，单击“确定”按钮。也可以单击编辑栏左侧单元格地址框，输入单元格地址即可。

2．选定相邻的单元格区域

单元格区域是指工作表中一个或多个单元格组成的矩形区域。由于该矩形对角的两个单元格唯一确定，所以单击所选区域任意一个角上的单元格，并按住鼠标左键拖曳至此区域的对角后，释放鼠标的左键即可将该区域选定。如图 5-9 所示，选中了以 A3 和 E11 为两角的单元格区域。

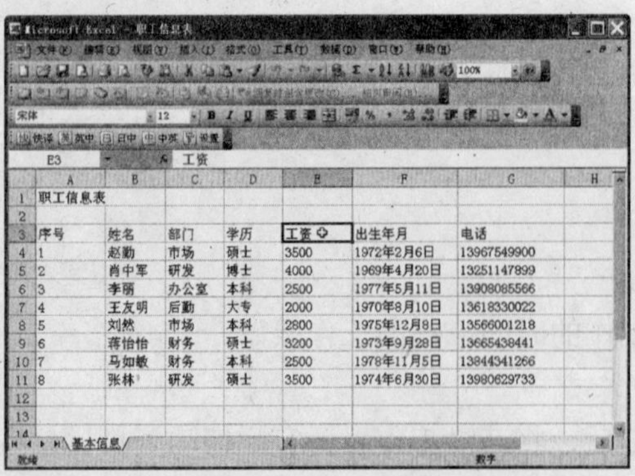

图 5-8 选定单元格

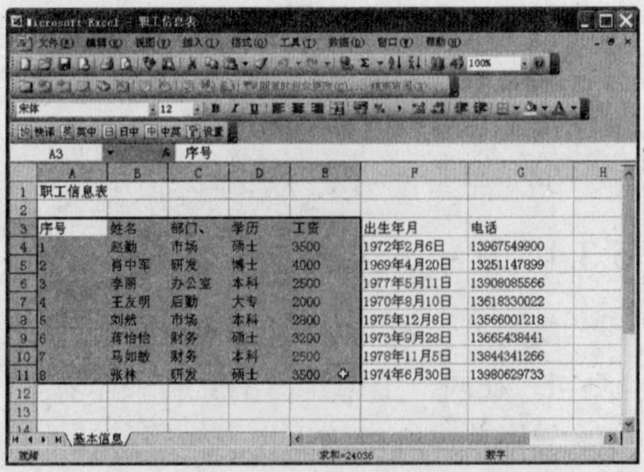

图 5-9 选定相邻的单元格区域

3．选定非相邻的单元格区域

选择一个单元格后，按住 Ctrl 键的同时，再选取第 2 个，第 3 个……这样，就可以选定非相邻的单元格区域。使用 F5 键可以快速选取特定区域。例如，要选取 A2：A1000，最简便的方法是按 F5 键，出现“定位”窗口，在“引用”栏内输入需选取的区域 A2：A1000。按 Ctrl+Backspace 键可以快速返回选定的区域。

4．选定行或列

选定某行只需在工作表中单击该行的行号，选定某列只需在工作表上单击该列的列标即可。

5．选定整张工作表

在每张工作表的行号和列标的交叉处有一全选按钮，单击该按钮可以选定整张工作表。当处理一个工作表中有很多数据的表格时，通过选定表格中某个单元格，然后按下 Ctrl+* 键可选定整个表格。Ctrl+*选定的区域是这样决定的：根据选定单元格向四周辐射所涉及的有数据单元格的最大区域。

5.4.2　输入数据

向单元格中输入数据，先选中要输入数据的单元格，再键入数值、文本或日期时间等。输入过程中发现有错误，可用 Backspace 键删除。

按回车键或用鼠标单击编辑栏中出现的绿色符号完成输入。若要取消，可直接按 Esc 键或用鼠标单击编辑栏中的红色符号。

在输入数值时要注意以下两点：

• 如果要输入负数，必须在数字前加一个负号“-”或给数字加上一个圆括号。例如输入“-50”和“(50)”都可以在单元格中得到-50。

• 如果要输入分数如 1/3，应先输入“0”和一个空格，然后输入“1/3”。如果不输入“0”，Excel 会把该数据当作日期格式处理，单元格中会显示“1 月 3 日”。

要在不同的单元格中快速输入同一内容，那么首先选定单元格区域，输入值，然后按 Ctrl+Enter 键，即可实现在选定的单元格区域中一次性输入相同的值。

在输入数据过程中，如果输入的数据具有某种规律，可以通过拖动当前单元格填充柄来实现自动填充数据。所谓填充柄，是指位于当前单元格右下角的小黑方块，将鼠标指向填充柄时，鼠标的形状变为黑十字形状，通过拖动填充柄，可以将选定区域中的内容按某种规律复制。

自动填充相同的数据的具体操作步骤如下：

01　在单元格中输入数据。

02　单击该单元格，将鼠标指向该单元格右下角的填充柄，使鼠标的形状变为黑十字形状。

03　按住鼠标左键不放，拖动单元格填充柄到要填充的单元格区域。

04　释放鼠标左键，拖动的区域自动填充了相同的内容。

有规律变化的数据称为序列数据，如日期、时间、月份、等差或等比数列等。要对日期和月份等序列进行自动填充，具体操作步骤如下：

01　在待填充数据区域的起始单元格内输入序列的初始值，如在 A2 中输入“一月”。

02　按住鼠标左键不放，拖动单元格填充柄至需要填充数据的区域，如B2：E2。

03　释放鼠标左键，则B2至E2的单元格自动填充“二月”、“三月”、“四月”、“五月”。

要对等差或等比序列进行自动填充，可以采用输入前两个数据的方法来实现。具体操作步骤如下：

01　在前两个单元格中输入序列的前两个数据，如在A3、A4中分别输入1和2 。

02　选定这两个单元格区域，按住鼠标左键不放，拖动单元格区域的填充柄至需要填充数据的区域，如A5：A8。

03　释放鼠标左键，则A5至A8的单元格自动填充了3、4、5、6。

5.4.3 数据的编辑

1．清除单元格数据

清除单元格和删除单元格不同。删除单元格是将选定的单元格从工作表中移去，同时和被删除单元格相邻的单元格做出相应的位置调整，而清除单元格只是从工作表中移去了单元格中的内容，单元格本身还留在工作表上。

清除单元格的步骤如下：

01　单击要清除数据的单元格。

02　选择“编辑”菜单中的“清除”子菜单下的“内容”命令，如图5-10所示。

03　清除单元格中的数据，如图5-11所示。

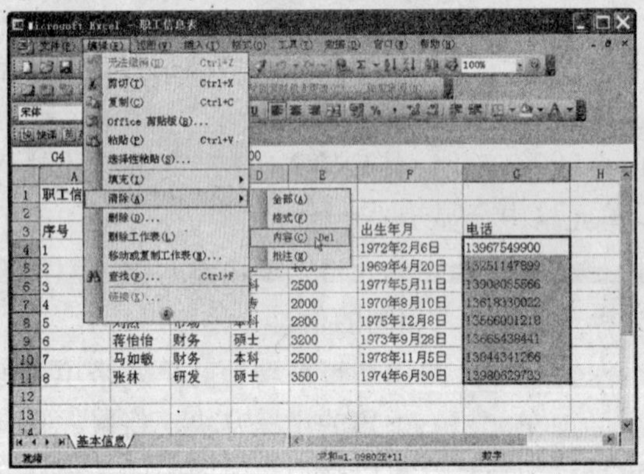

图5-10　选择要清除的单元格

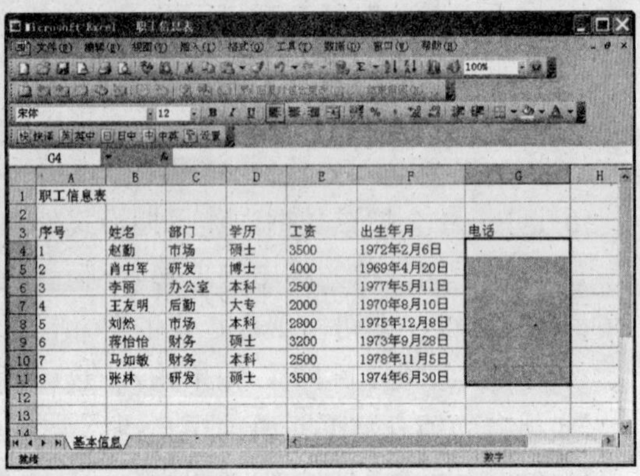

图5-11　清除单元格结果

2．复制单元格数据

数据的复制，就是将工作表中的一个单元格或区域中的数据复制到另一个单元格或区域中。数据复制到目标位置后，原来区域的数据仍存在。如果目标区域已存在数据，系统直接将目标区域的数据覆盖。复制单元格数据可减少用户的键盘输入量，是提高表格制作效率的有效方法。复制单元格数据的操作步骤如下：

01　选定要复制数据的单元格或单元格区域，单击“编辑”菜单中的“复制”命令。

02　选定目标单元格或单元格区域，单击“编辑”菜单中的“粘贴”命令。

3．移动单元格数据

数据的移动，就是将工作表中的一个单元格或区域中的数据移动到另一个单元格或区域中。数据移动到目标位置后，原来区域的数据被清除。如果目标区域已存在数据，系统将弹出询问窗口，询问“是否替换单元格中的内容”，在得到确认后才替换，否则将取消移动操作。移动单元格数据的操作步骤如下：

01　选定要移动数据的单元格或单元格区域，单击“编辑”菜单中的“剪切”命令。

02　选定目标单元格或单元格区域，单击“编辑”菜单中“粘贴”命令。

4．查找数据

对于大型的表格，当需要查找或修改工作表中的某些部分时，可以启动“查找”操作。Excel 提供的查找命令，可以使用户在工作表中对所需要的值进行查找，以提高工作效率。执行查找操作的步骤如下：

01　选择“编辑”菜单中的“查找”命令，弹出如图 5-12 所示的“查找和替换”对话框。

02　在对话框中输入查找的内容，如“刘然”。

03　单击“查找下一个”按钮，即可找到符合条件的数据。

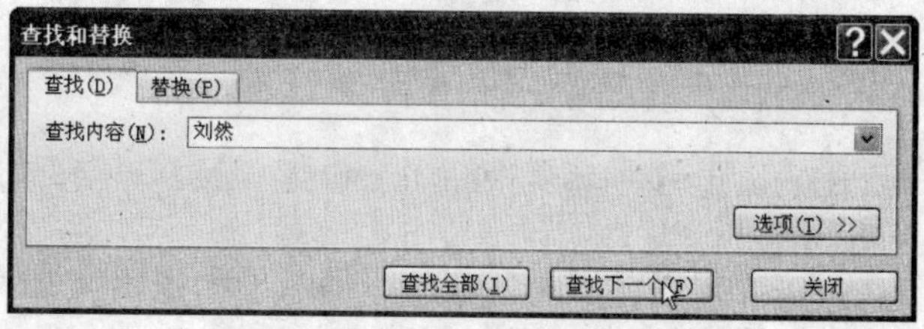

图 5-12　“查找和替换”对话框

5．替换数据

Excel 提供的替换命令，可以使用户在工作表中对所需要的值进行查找，并且还将查找到的值用另外的值去替换它。

执行替换操作的步骤如下：

01　选择“编辑”菜单中的“替换”命令，弹出如图 5-13 所示的“查找和替换”对话框。

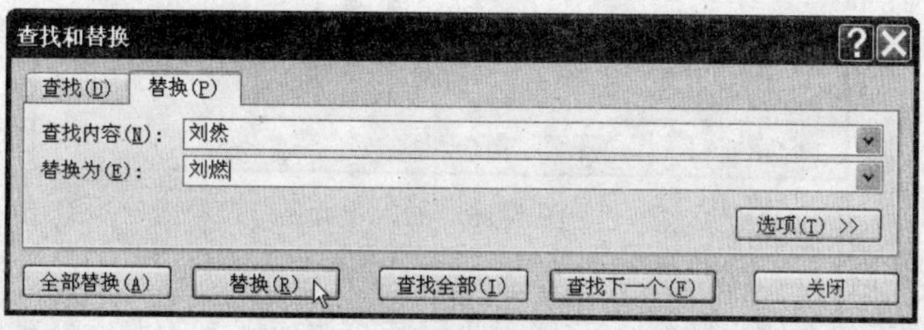

图 5-13　“查找和替换”对话框

02　在对话框中分别输入查找内容（如“刘然”）和替换的内容（如“刘燃”），单击“替换”按钮。

5.4.4　单元格、行、列的编辑

1．单元格插入

在工作表中输入数据时，可能会出现需要在工作表中插入一些内容的情况，以适应新的要求。

插入单元格的操作步骤如下：

01　单击要插入单元格的位置，选择“插入”菜单中的“单元格”命令，如图 5-14 所示。

02　弹出“插入”对话框，如图 5-15 所示，选择单元格的插入方式。

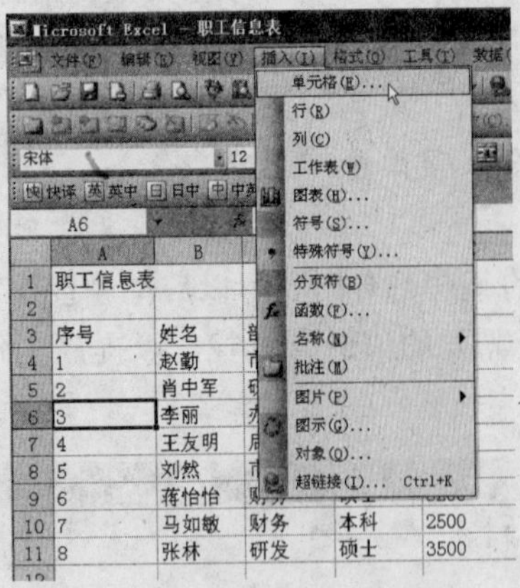

图 5-14　选择“单元格”命令

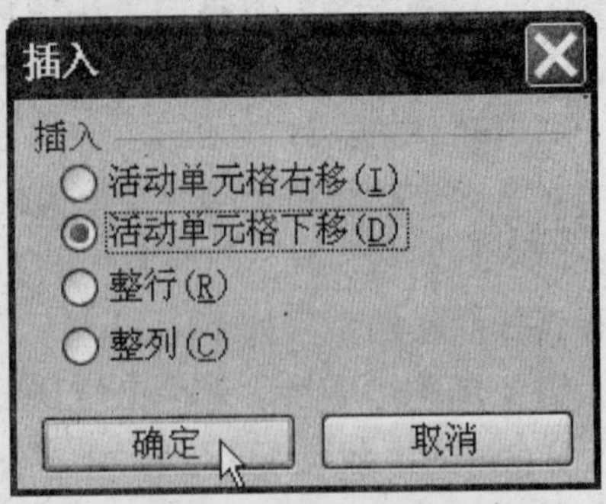

图 5-15　“插入”对话框

03　单击“确定”按钮，插入单元格的结果如图 5-16 所示。

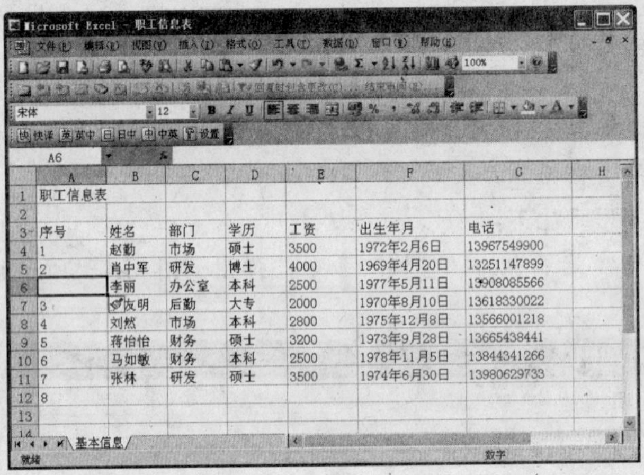

图 5-16　插入单元格

2. 单元格删除

删除单元格不但会删去数据，而且还要用其右边或下方的单元格把区域填充。删除单元格的操作步骤如下：

01　单击要删除的单元格或单元格区域，选择“编辑”菜单中的“删除”命令。

02　弹出“删除”对话框，选择单元格删除的方式。

03　单击“确定”按钮。

3. 插入整行或整列

插入行的具体操作步骤如下：

01　单击要插入行的位置。

02　选择“插入”菜单中的“行”命令。

插入列的具体操作步骤如下：

01　单击要插入列的位置。

02　选择“插入”菜单中的“列”命令。

4．删除整行或整列

删除整行的具体操作步骤如下：

01　单击要删除行的行号。

02　选择“编辑”菜单中的“删除”命令。

删除整列的具体操作步骤如下：

01　单击要删除列的列标。

02　选择“编辑”菜单中的“删除”命令。

5．设置行高和列宽

随意设置行高和列宽可以使工作表变得更加多样化，以适合各种需要。设置行高的具体操作步骤如下：

01　单击要调整行高所在行的行号，选择“格式”菜单中的“行”子菜单下的“行高”命令，如图 5-17 所示。

02　弹出“行高”对话框，如图 5-18 所示，在“行高”框中输入行高的值。

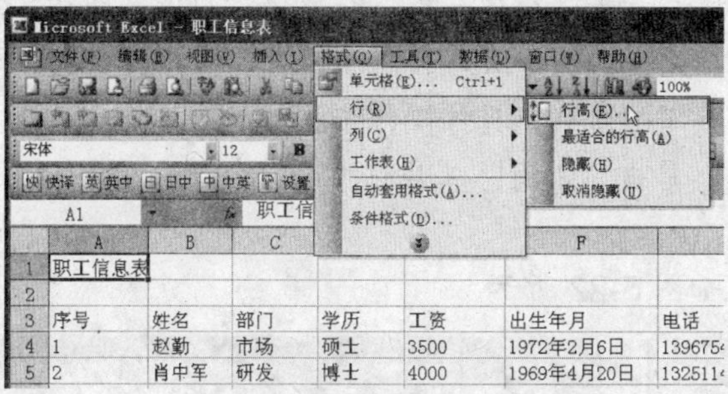

图 5-17　选择“行高”命令

图 5-18　“行高”对话框

03　单击“确定”按钮，设置行高的效果如图 5-19 所示。

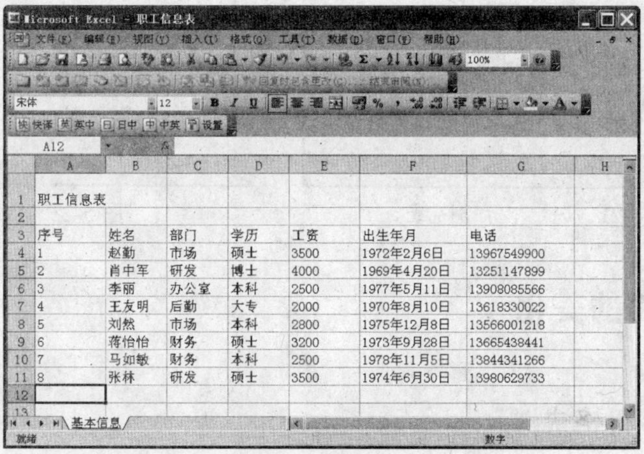

图 5-19　设置行高结果

设置行高还有一个简便的方法，将鼠标指针移到行号显示栏的分界线上，当鼠标改变形状后，将其拖动到所需位置即可，如图 5-20 所示。

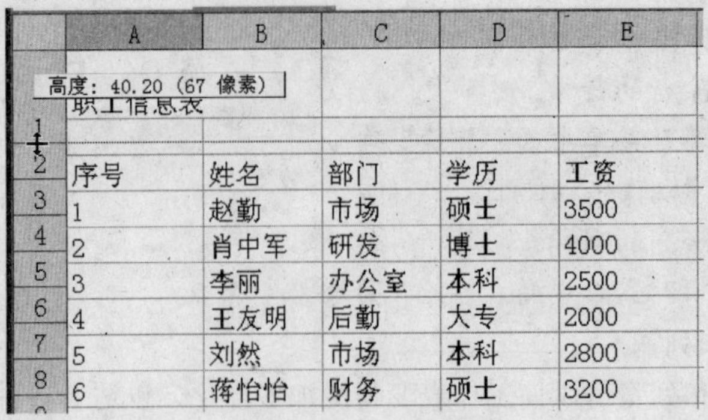

图 5-20 调整行高

设置列宽的具体操作类似于设置行高的操作，可以通过菜单来进行设置，也可以用鼠标来进行调整。

6. 合并及居中单元格

合并及居中单元格是将相邻的单元格合并为一个单元格。合并后，只保留所选区域左上角单元格中的数据内容。且该内容会在选定的整个区域内居中排列。例如，将 A1 至 G1 单元格区域合并为一个单元格，并将标题居中排列。具体操作步骤如下：

01 选定要进行合并的单元格区域，单击“常用”工具栏上的“合并及居中”按钮，如图 5-21 所示。

02 合并及居中单元格区域的结果如图 5-22 所示。

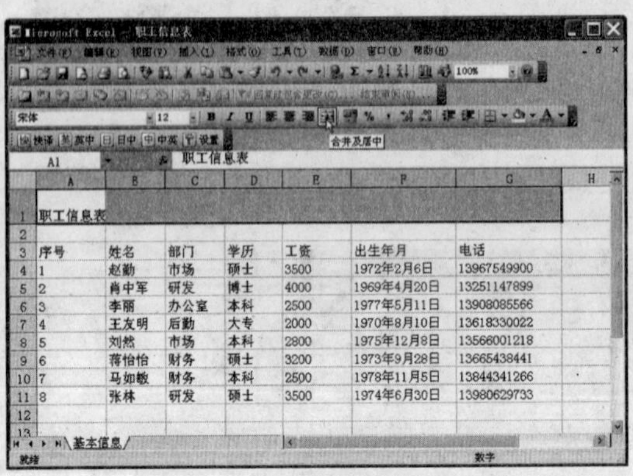

图 5-21 选定单元格区域

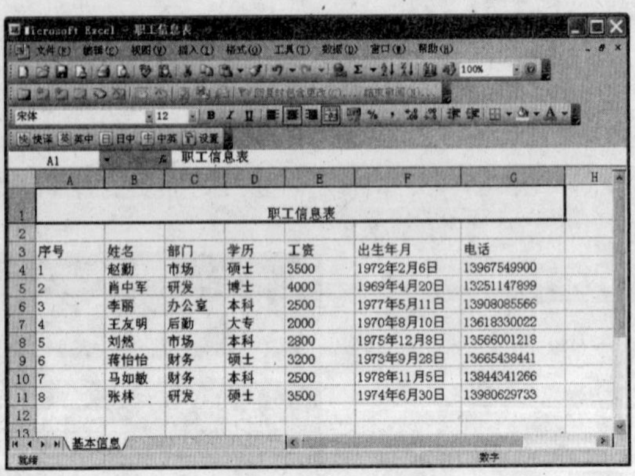

图 5-22 合并及居中单元格

5.5 工作表的美化

5.5.1 设置字符格式

可以对单元格中数据的字体、字形、字号、颜色、下划线、特殊效果等格式进行定义。具体操作步骤如下：

01 选定要设置字符格式的单元格或单元格区域，选择“格式”菜单中的“单元格”命令，如图 5-23 所示。

02　弹出如图 5-24 所示的“单元格格式”对话框，选择“字体”选项卡，在这里可以设置字体、字形、字号、下划线和颜色。

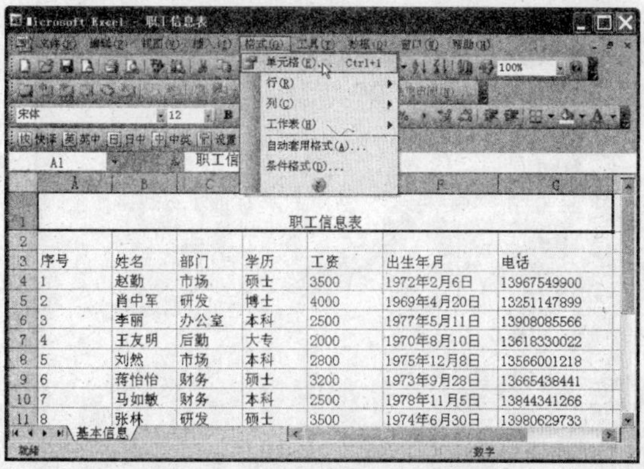

图5-23　选择“单元格”命令

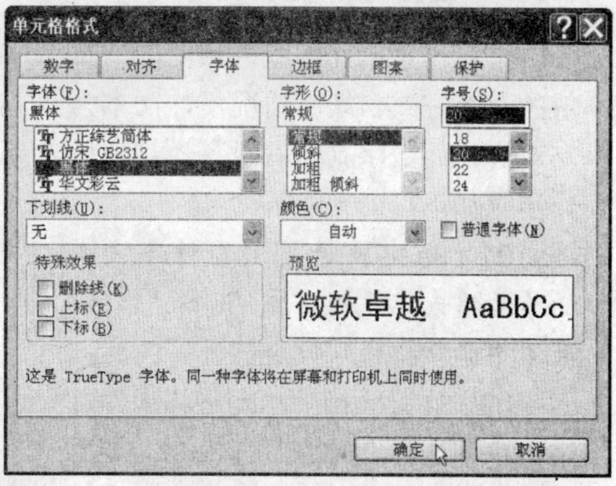

图 5-24　“单元格格式”对话框

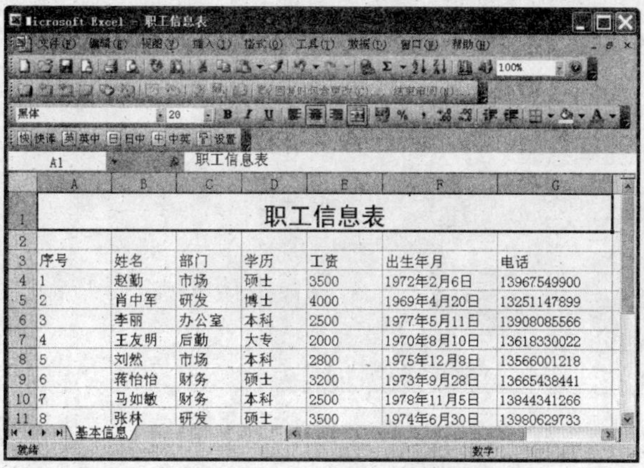

图 5-25　设置字体效果

03　单击“确定”按钮，设置字符格式后工作表的效果如图 5-25 所示。

5.5.2　设置数字格式

Excel 自带多种数字格式，其中包括货币格式、日期格式、百分比格式、会计专用格式等，这样不仅方便了用户，也使表格的制作显得非常专业。设置数字格式的具体操作步骤如下：

01　选定要进行数字设置的单元格或单元格区域，选择“格式”菜单下的“单元格”命令。

02　在弹出的“单元格格式”对话框中选择“数字”选项卡，如图 5-26 所示，选择数字格式类型、小数位数、货币符号。

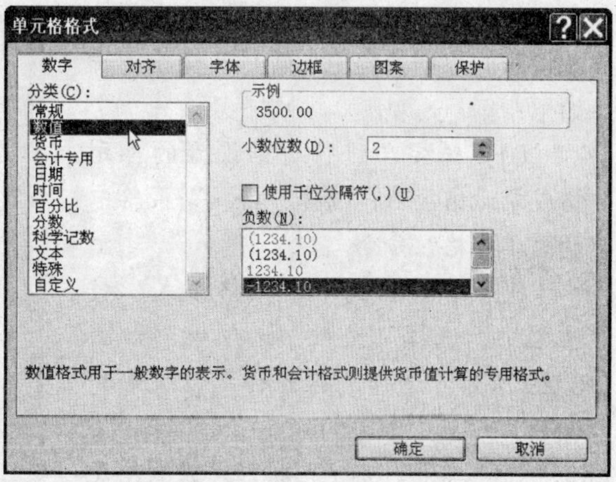

图 5-26　设置数字格式

03　单击“确定”按钮。

5.5.3　设置数据对齐方式

可以设置单元格或区域内的数据值的对齐方式。缺省情况下，文本为左对齐，而数字则为右对齐。具体操作步骤如下：

01　选定要进行设置对齐方式的单元格或单元格区域，选择“格式”菜单中的“格式”命令。

02　在弹出的“单元格格式”对话框中，选择“对齐”选项卡，如图5-27所示，选择水平对齐方式和垂直对齐方式。

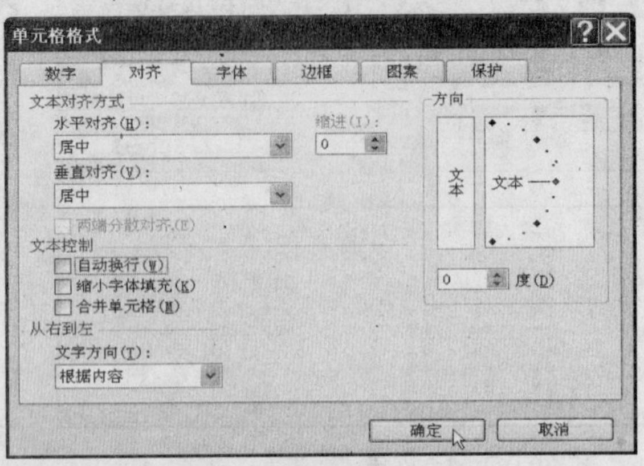

图5-27　设置数据对齐方式

03　单击“确定”按钮，设置数据居中后的效果如图5-28所示。

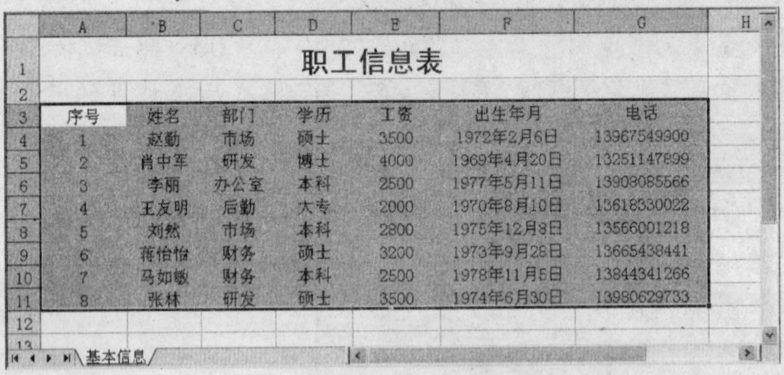

图5-28　设置居中效果

5.5.4　设置单元格边框

为单元格添加边框，可以使重要的或特殊的数据内容更加醒目。操作步骤如下：

01　选定要进行边框设置的单元格或单元格区域，选择“格式”菜单中的“单元格”命令。

02　在弹出的“单元格格式”对话框中，选择“边框”选项卡，如图5-29所示，选择边框的样式、线条和颜色。

03　单击“确定”按钮，设置单元格边框后的效果如图5-30所示。

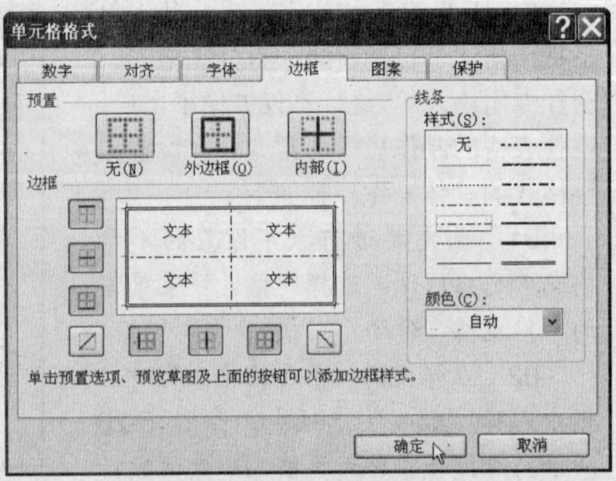

图5-29　设置单元格边框

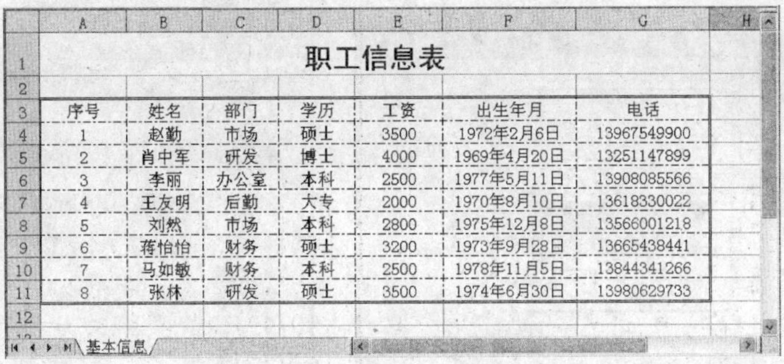

图 5-30　设置边框效果

5.5.5　设置单元格底纹

单元格的底纹可以衬托其中的数据内容，使电子表格显得更加生动、醒目。具体操作步骤如下：

01　选定要进行底纹设置的单元格或单元格区域，选择“格式”菜单中的“单元格”命令。

02　在弹出的“单元格格式”对话框中，选择“图案”选项卡，如图 5-31 所示，选择单元格底纹的颜色和图案。

03　单击“确定”按钮，设置单元格底纹后的效果如图 5-32 所示。

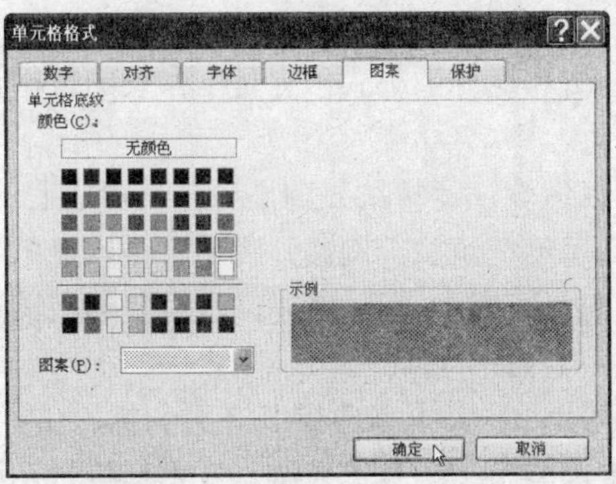

图 5-31　设置单元格底纹

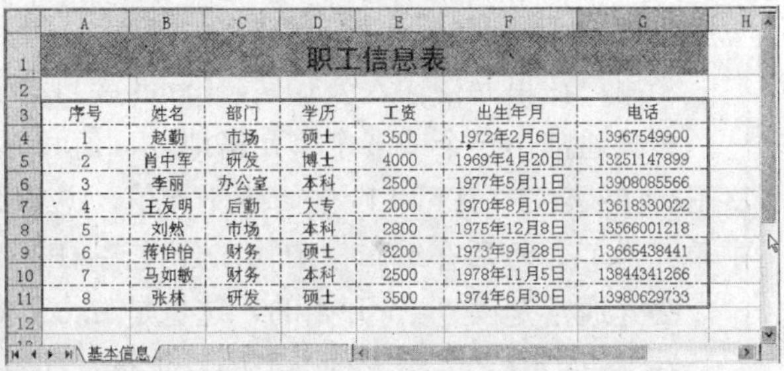

图 5-32　设置底纹效果

5.5.6　自动套用格式

为了提高工作效率，Excel 还预先为用户设定了许多常用的格式，学会自动套用它们可以使制表工作更加快捷。

自动套用格式的操作步骤如下：

01　选定要设置自动套用格式的单元格区域。

02　选择“格式”菜单中的“自动套用格式”命令，弹出“自动套用格式”对话框，选择一种格式，如图 5-33 所示。

03　单击“确定”按钮，设置自动套用格式后的效果如图 5-34 所示。

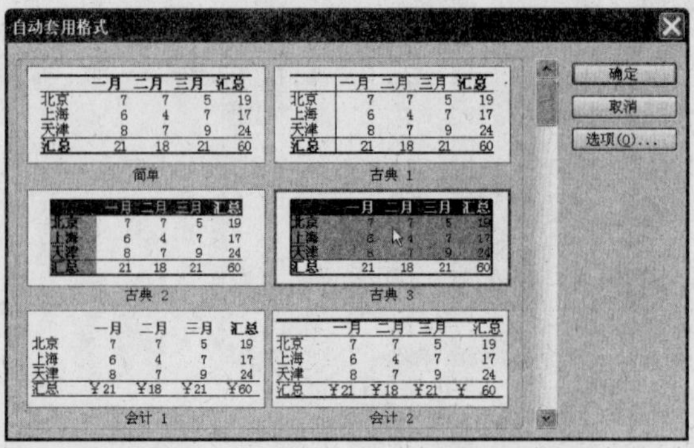

图 5-33 “自动套用格式”对话框

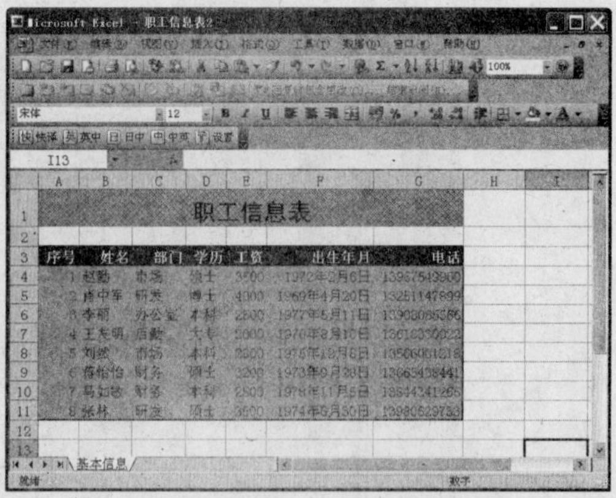

图 5-34 自动套用格式效果

如果要快速地复制单元格的格式，可使用“格式刷”按钮。选择含有所需源格式的单元格，单击工具条上的“格式刷”按钮，此时鼠标变成了刷子形状，然后单击要格式化的单元格即可将格式拷贝过去。

5.6 公式和函数

利用适当的公式和函数能对工作表中的数据进行快速地运算和分析。

5.6.1 公式的定义

在 Excel 中，公式是在工作表中对数据进行分析和运算的等式，它是工作表的数据计算中不可缺少的部分。

当用户在单元格输入公式后，Excel 会自动加以运算，运算结果则显示在编辑栏上。

公式通常由一个或多个单元格地址、值和算术运算符组成。例如，我们希望计算单元格 E3、F3、G3、H3 和 I3 的算术平均值，并将结果显示在单元格 J3 中，这时我们应该选中单元格 J3，然后在编辑框中输入公式“=(E3+F3+G3+H3+I3)/5”。

公式通常是以“=”开始的，这也是 Excel 将公式与字符和数字区分开来的标志。

在 Excel 中，包含 4 种类型的运算符，即算术运算符、比较运算符、文本运算符和引用运算符。算术运算符可以完成基本的数学运算，如加法、减法、乘法和除法，可以连接数字，并产生数字结果。比较运算符可以比较两个数值并产生逻辑值 TRUE 或 FALSE。文本运算符“&”可以将一个或多个文本连接为一个组合文本。引用运算符将单元格区域进行合并计算。

5.6.2 输入公式

使用公式有助于分析工作表中的数据。公式可以用来执行各种运算，如加法、乘法或者比较工作表中的数值。当我们要向工作表输入计算的数值时，就可以使用公式。公式可以包括以下的任何元素：运算符、单元格引用位置、数值、工作表函数以及名称。若要在工作表单元格中输入公式，则可以在编辑栏中键入这些元素的组合。

输入公式的操作类似于输入文字型数据。不同的是，我们在输入一个公式的时候总是以一个等号“=”作为开头，然后才是公式的表达式。在一个公式中可以包含各种算术运算符、常量、变量、函数、单元格地址等。

在单元格中输入公式的操作步骤如下：

01　选择要输入公式的单元格，如选择 E12 单元格。

02　在 E12 单元格中输入“=E4+E5+E6+E7+E8+E9+E10+E11”，如图 5-35 所示。

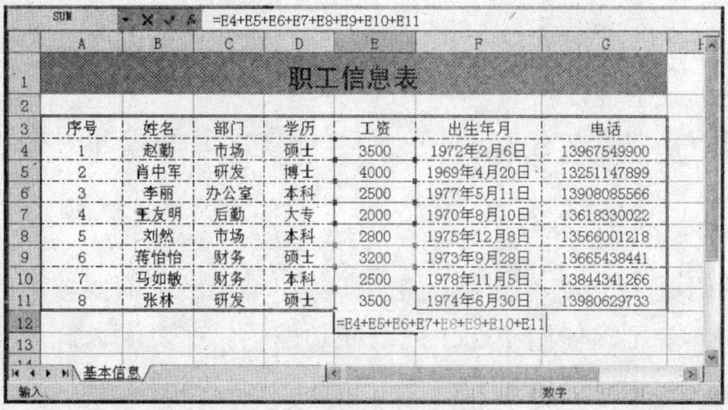

SUM　=E4+E5+E6+E7+E8+E9+E10+E11

	A	B	C	D	E	F	G
1	职工信息表						
2							
3	序号	姓名	部门	学历	工资	出生年月	电话
4	1	赵勤	市场	硕士	3500	1972年2月6日	13967549900
5	2	肖中军	研发	博士	4000	1969年4月20日	13251147899
6	3	李丽	办公室	本科	2500	1977年5月11日	13908085566
7	4	王友明	后勤	大专	2000	1970年8月10日	13618330022
8	5	刘然	市场	本科	2800	1975年12月8日	13566001218
9	6	蒋怡怡	财务	硕士	3200	1973年9月28日	13665438441
10	7	马如敏	财务	本科	2500	1978年11月5日	13844341266
11	8	张林	研发	硕士	3500	1974年6月30日	13980629733
12					=E4+E5+E6+E7+E8+E9+E10+E11		
13							

图 5-35　输入公式

03　敲击回车键或单击公式编辑栏中的“输入”按钮✓，确定公式的创建，E12 单元格中显示相加的结果，如图 5-36 所示。

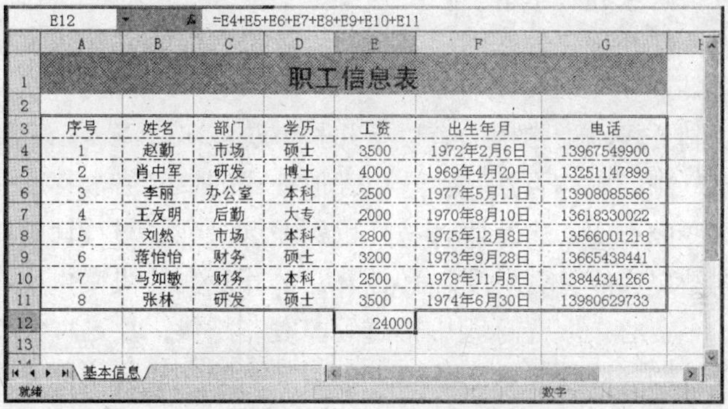

E12　=E4+E5+E6+E7+E8+E9+E10+E11

	A	B	C	D	E	F	G
1	职工信息表						
2							
3	序号	姓名	部门	学历	工资	出生年月	电话
4	1	赵勤	市场	硕士	3500	1972年2月6日	13967549900
5	2	肖中军	研发	博士	4000	1969年4月20日	13251147899
6	3	李丽	办公室	本科	2500	1977年5月11日	13908085566
7	4	王友明	后勤	大专	2000	1970年8月10日	13618330022
8	5	刘然	市场	本科	2800	1975年12月8日	13566001218
9	6	蒋怡怡	财务	硕士	3200	1973年9月28日	13665438441
10	7	马如敏	财务	本科	2500	1978年11月5日	13844341266
11	8	张林	研发	硕士	3500	1974年6月30日	13980629733
12					24000		
13							

图 5-36　计算出公式结果

5.6.3　单元格引用

单元格引用也叫单元格地址，代表工作表的单元格或单元格区域，并指明公式中所使用的数据的位置。通过单元格引用功能，可以在公式中使用工作表不同部分的数据，或者在多个公式中使用同一单元格或区域的数据。单元格地址有三种类型：相对地址、绝对地址、混合地址。

1. 相对地址

相对地址是直接用单元格的行号和列标组成，如 A1、C2。相对地址是 Excel 默认的单元格引用方式。在移动或复制公式时，系统根据移动的位置自动调节公式中的相对地址。

2. 绝对地址

绝对地址是在单元格的行号和列标前均加上“$”符号，如$A$1、$C$2。在复制或移动公式时，系统不改变公式中的绝对地址。

3．混合地址

混合地址是在列标和行号中的任一个之前加上“$”符号，如$A1、C$2。在复制或移动公式，系统只改变公式中的相对引用部分，不改变公式中的绝对引用部分。

5.6.4 编辑公式

1．修改公式

创建公式后，对于包含公式的单元来说，可以对其重新编辑修改，添加或减少公式中的数据元素，改变公式的算法等。

修改公式可以直接双击含有公式的单元格，例如双击E12单元格，就可以在E12单元格中修改公式了。

2．复制公式

在Excel中编辑好一个公式之后，如果在其他单元格中需要编辑的公式与在此单元格中编辑的公式相同，就可以使用Excel的复制功能了。在复制公式的过程中，单元格中的绝对引用不会改变，而相对引用则会改变。

复制公式的具体操作步骤如下：

01 选定包含公式的单元格，然后单击“编辑”菜单中的“复制”命令。

02 单击要复制公式的目标单元格，然后选择“编辑”菜单中的“粘贴”命令，则在单元格中会显示出复制公式的结果。

我们可以看到，复制带有公式的单元格，只是将单元格的公式进行复制和粘贴，而不是粘贴单元格的结果。

如果要快速复制公式，最常用的有以下几种方法：

第一种是拖动复制。操作方法是：选中存放公式的单元格，移动空心十字光标至单元格右下角。待光标变成小实心十字时，按住鼠标左键沿列（对行计算时）或行（对列计算时）拖动，至数据结尾完成公式的复制和计算。公式复制的快慢可由小实心十字光标距虚框的远近来调节，小实心十字光标距虚框越远，复制越快；反之，复制越慢。

第二种是输入复制。此法是在公式输入结束后立即完成公式的复制。操作方法是：选中需要使用该公式的所有单元格，用上面介绍的方法输入公式，完成后按住Ctrl键并按回车键，该公式就被复制到已选中的所有单元格。

第三种是选择性粘贴。操作方法是：选中存放公式的单元格，单击Excel工具栏中的“复制”按钮。然后选中需要使用该公式的单元格，在选中区域内单击鼠标右键，选择快捷菜单中的“选择性粘贴”命令。打开“选择性粘贴”对话框后选中“粘贴”命令，单击“确定”按钮，公式就被复制到已选中的单元格。

3．移动公式

创建公式之后，可以将它移动到其他单元格中。移动公式后，改变公式中元素的大小，此单元格的内容也会随着元素的改变而改变它自己的值。在移动公式的过程中，单元格中的绝对引用不会改变，而相对引用则会改变。移动公式的具体操作步骤如下：

01 选定单元格，然后将鼠标移到该单元格的边框上，此时鼠标变为箭头的形状。

02 按住鼠标左键不放，拖动鼠标到要移动公式的目标单元格，释放鼠标左键，则将公式移动到指定单元格。

4. 删除公式

如果要将单元格中的计算结果和公式一起删除，只需选定要删除的单元格，然后按下键盘的 Delete 键就可以了。

5.6.5　使用函数

用户在做数据分析工作时，常常要进行大量而负责的运算，这时就要用到 Excel 提供的函数。函数由函数名和参数组成，具体格式为：

函数名（参数 1，参数 2，…）

其中，函数的参数可以是具体的数值、字符、逻辑值，也可以是表达式、单元地址、区域、区域名字等。如果一个函数没有参数，也必须加上括号。

例如，利用函数计算职工工资的总和，结果放在 E12 单元格，具体操作步骤如下：

01　单击要使用函数的单元格（如 E12），选择“插入”菜单中的“函数”命令，如图 5-37 所示。

02　弹出“插入函数”对话框，如图 5-38 所示，在“选择类别”下拉列表框中选择要输入的函数类别，如“常用函数”。

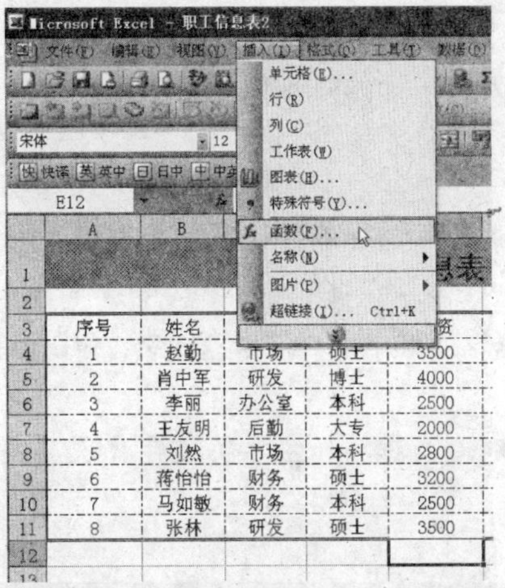

图 5-37　选择“函数”命令

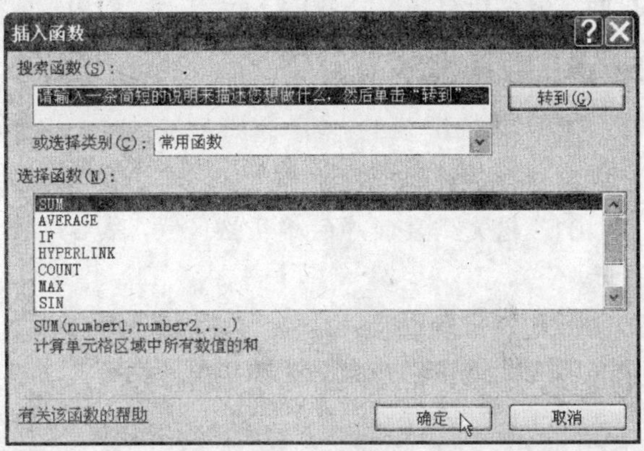

图 5-38　“插入函数”对话框

03　在“选择函数”列表框中选择所需要的函数，如“SUM”求和函数。

04　单击“确定”按钮，弹出如图 5-39 所示的“函数参数”对话框，输入或选定使用函数的单元格区域。

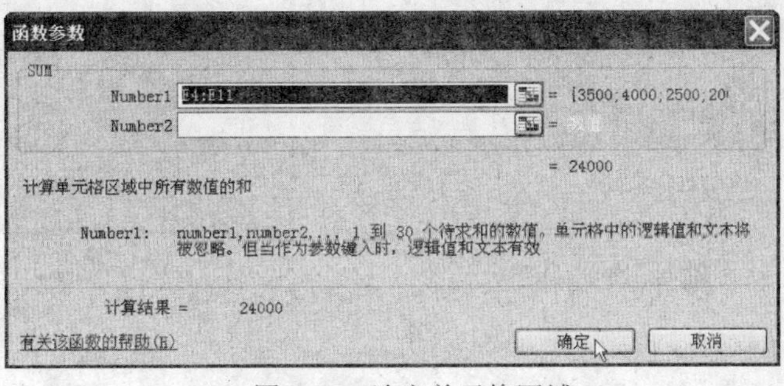

图 5-39　选定单元格区域

05 单击“确定”按钮，显示函数计算结果如图 5-40 所示。

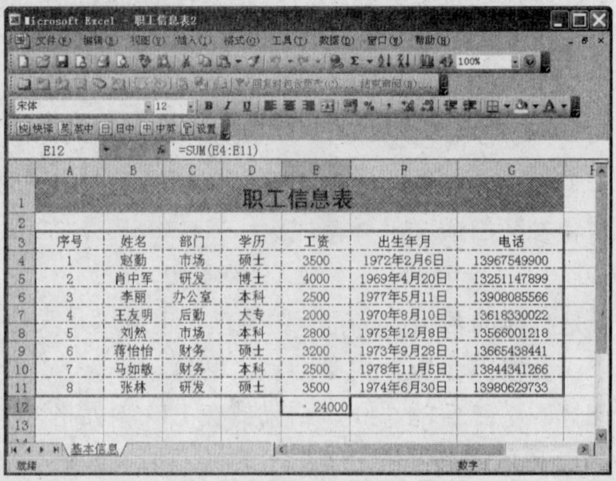

图 5-40 显示函数计算结果

5.7 数据管理

Excel 的数据管理功能包括数据的排序、筛选、分类汇总等。这些功能不仅可以提高我们对数据进行运算比较的工作效率，还可以使表格内容更加饱满细腻。

5.7.1 数据排序

在工作表中，经常需要将数据款项按照一定的要求排序，如将职工的工资从高到低进行排序。具体操作步骤如下：

01 选定需要排序的单元格区域，然后选择“数据”菜单中的“排序”命令，如图 5-41 所示。

02 弹出如图 5-42 所示的“排序”对话框，分别输入排序的主要关键字、次要关键字和第三关键字，并选择排序方式。

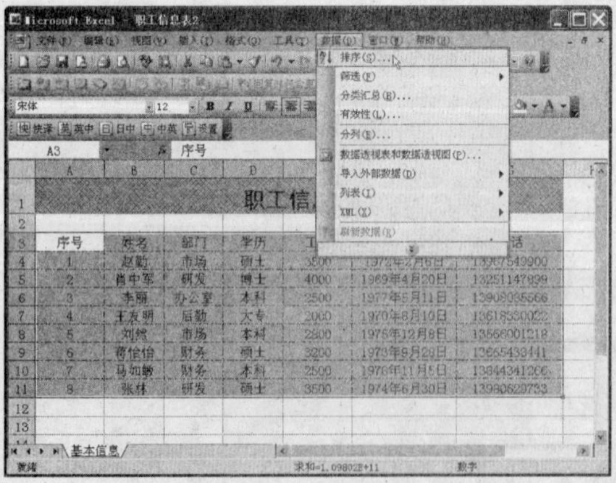

图 5-41 选择“排序”命令

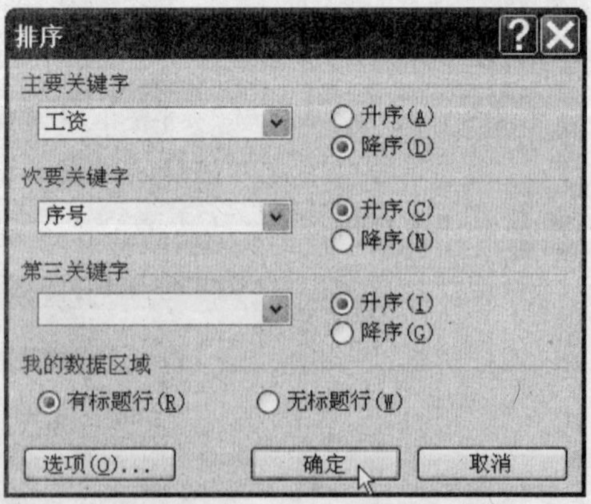

图 5-42 “排序”对话框

03 单击“确定”按钮，排序结果如图 5-43 所示。

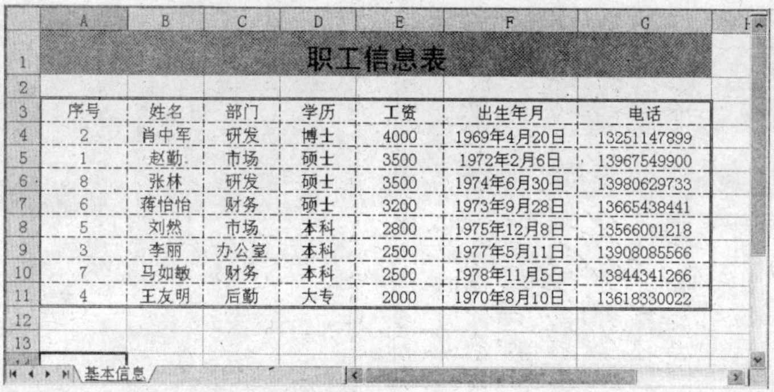

序号	姓名	部门	学历	工资	出生年月	电话
2	肖中军	研发	博士	4000	1969年4月20日	13251147899
1	赵勤	市场	硕士	3500	1972年2月6日	13967549900
8	张林	研发	硕士	3500	1974年6月30日	13980629733
6	蒋怡怡	财务	硕士	3200	1973年9月28日	13665438441
5	刘然	市场	本科	2800	1975年12月8日	13566001218
3	李丽	办公室	本科	2500	1977年5月11日	13908085566
7	马如敏	财务	本科	2500	1978年11月5日	13844341266
4	王友明	后勤	大专	2000	1970年8月10日	13618330022

图 5-43　排序结果

如果要对一列数据进行排序，可以单击“常用”工具栏上的升序和降序按钮，进行排序。

5.7.2　数据筛选

筛选数据主要针对大型电子表格，筛选可以只显示满足指定条件的数据库记录，不满足条件的数据库记录则暂时隐藏起来。筛选是用于在工作表的数据中查找所需数据的快速方法，它的实质就是按照一定的条件将符合条件的数据查找出来，以满足用户的需要。

筛选数据分为“自动筛选”和“高级筛选”两类。其中自动筛选比较简单，而高级筛选的功能强大，可以利用复杂的筛选条件进行筛选。

1．自动筛选

自动筛选是一种快速的筛选方法，用户可以通过它快速地访问大量数据，并从中选出满足条件的记录显示出来。例如，筛选出工资为 3500 的员工，具体操作步骤如下：

01　单击要进行筛选的数据区域的任一单元格，选择“数据”菜单中的“筛选”子菜单下的“自动筛选”命令，如图 5-44 所示。

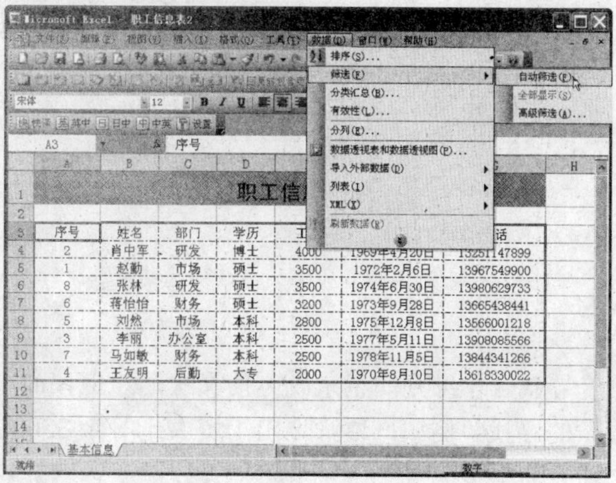

图 5-44　选择“自动筛选”命令

02　选定区域的第一行字段名的右侧会出现一个向下的箭头，单击筛选条件项右侧的箭头，如选择工资项中的“3500”，如图 5-45 所示。

03　筛选后的结果如图 5-46 所示，筛选后所显示的记录的行号呈蓝色。

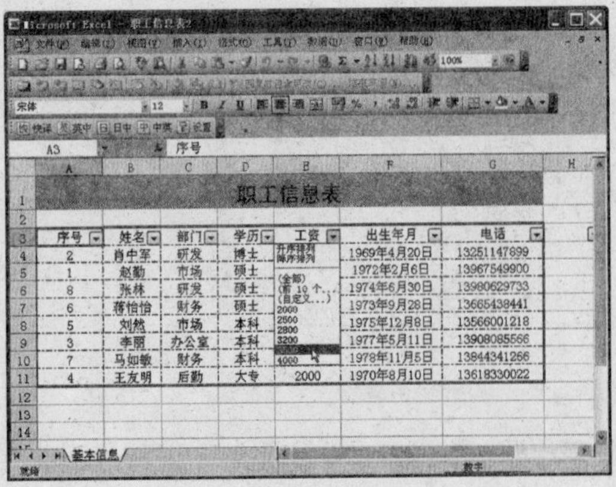

图 5-45　选择筛选条件

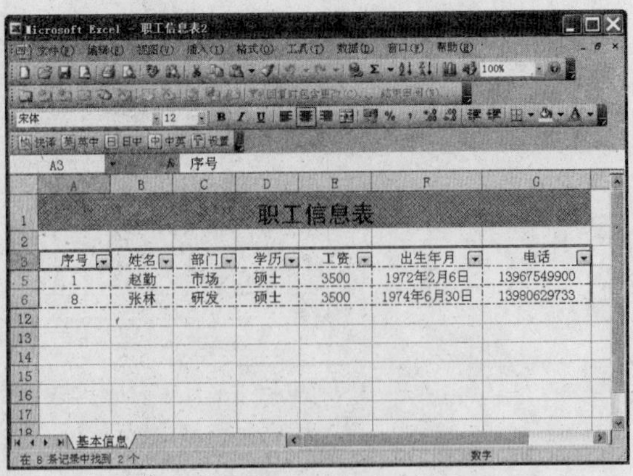

图 5-46　筛选结果

2. 自定义自动筛选

用户可以进行更复杂的筛选，例如要筛选出工资大于等于 3000 且小于等于 4000 的职工，具体操作步骤如下：

01　在图 5-45 所示的“字段名”下拉列表中选择“自定义”选项，弹出如图 5-47 所示的“自定义自动筛选方式”对话框。

02　输入筛选条件，单击“确定”按钮。筛选后的结果如图 5-48 所示。

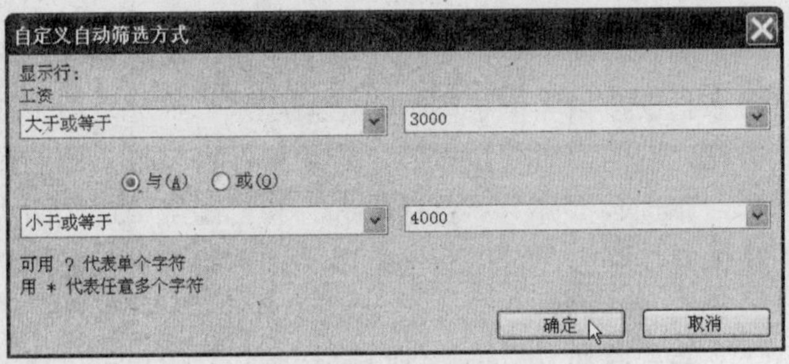

图5-47　“自定义自动筛选方式”对话框

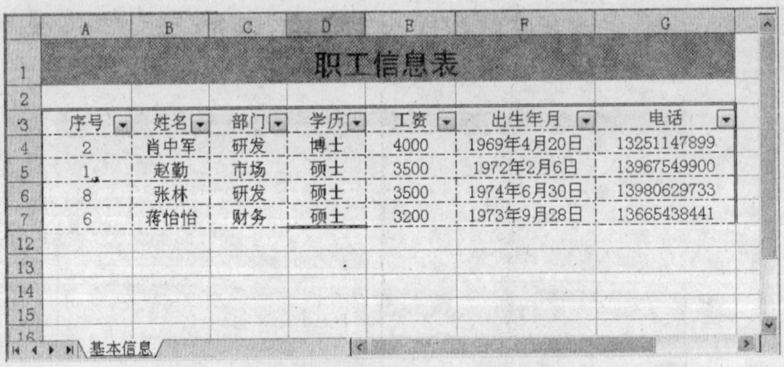

图 5-48　自定义自动筛选结果

3. 高级筛选

使用自动筛选命令寻找合乎准则的记录既方便又快速，但该命令的寻找条件不能太复杂。如果要执行较复杂的寻找，例如，要筛选出工资大于等于 3500 且学历为硕士的职工，就必须使用高级筛选命令。

高级筛选命令要求在一个与数据库不同的工作表区域里指定筛选条件，这个区域称为条件区域。因为当执行筛选程序时整行被隐藏，因此，建议不把条件区域沿着数据库放置，而应把它放在整个数据库之上或之下，并且条件区域与数据库区域之间最好空一行。

执行高级筛选的操作步骤如下：

01　建立条件区域，输入筛选条件，如图 5-49 所示。

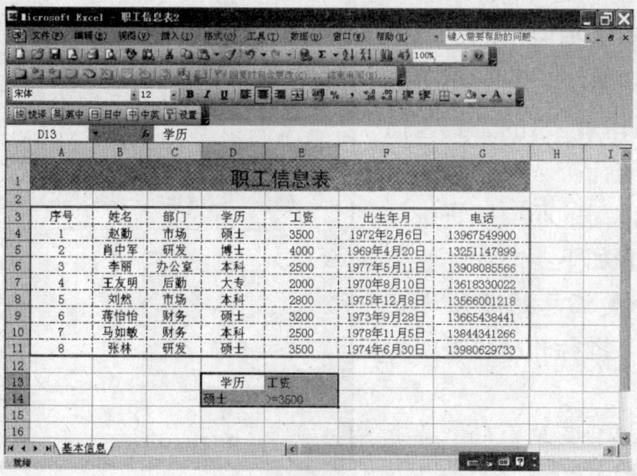

图 5-49　建立条件区域

02　单击数据区域的任一单元格，选择“数据”菜单中“筛选”子菜单下的“高级筛选”命令，弹出如图 5-50 所示的“高级筛选”对话框。

03　单击“数据区域”和“条件区域”右侧的按钮，选择数据区域和条件区域。

04　单击“确定”按钮，筛选结果如图 5-51 所示。

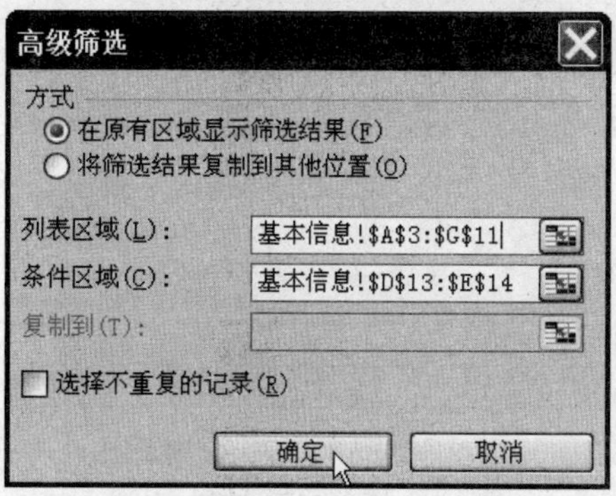

图 5-50　“高级筛选”对话框

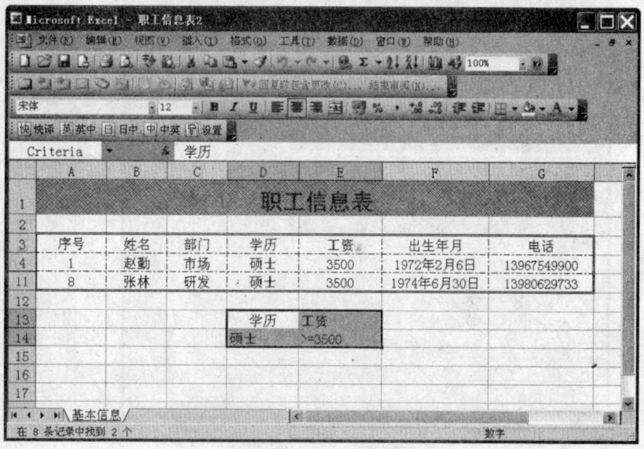

图 5-51　筛选结果

4．取消筛选

如果要取消筛选，显示原来所有的记录，可以再选择“数据”菜单中的“筛选”子菜单下的“全部显示”命令。

我们这里介绍一种如何利用自动筛选快速删除特定的数据的方法。假如有一份 Excel 工作簿，其中有大量的产品单价、数量和金额。如果想将所有数量为 0 的行删除，首先选定区域（包括标题行），然后选择“数据”菜单的“筛选”中的“自动筛选”命令。在“数量”列下拉列表中选择“0”，那么将列出所有数量为 0 的行。此时在所有行都被选中的情况下，选择“编辑”菜单中的“删除行”命令，单击“确定”按钮，即可删除所有数量为 0 的行。最后，取消自动筛选。

5.7.3 分类汇总

分类汇总是指将数据库中的记录先按某个字段进行排序分类，然后再对另一字段进行汇总统计，汇总的方式包括求和、求平均值、统计个数等。

例如，对每个部门的职工工资进行汇总，具体操作步骤如下：

01 对需要分类汇总的字段进行排序，如对“部门”进行升序排序，如图 5-52 所示。

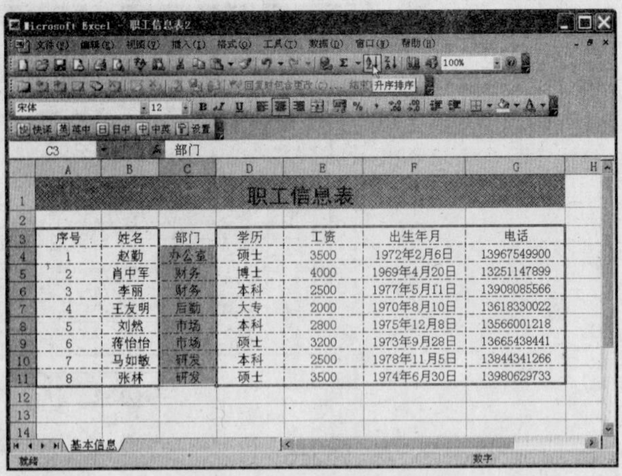

图 5-52 对数据进行排序

02 选择“数据”菜单中的“分类汇总”命令，弹出如图 5-53 所示的“分类汇总”对话框。

03 选择“分类字段”为“部门”，选择“汇总方式”为“求和”，选择“选定汇总项”为“工资”。

04 单击“确定”按钮，分类汇总的结果如图 5-54 所示。

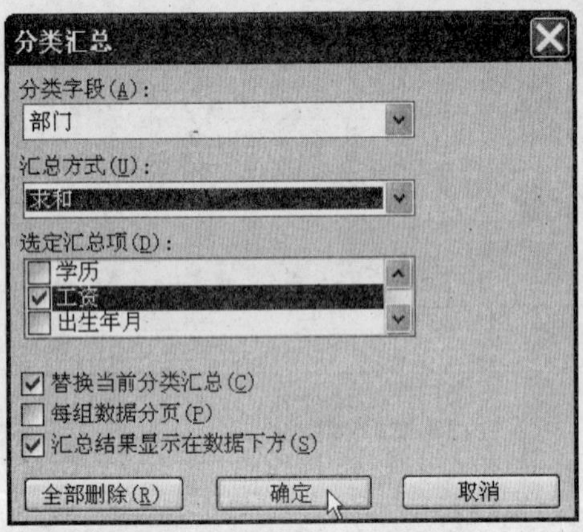

图 5-53 “分类汇总”对话框

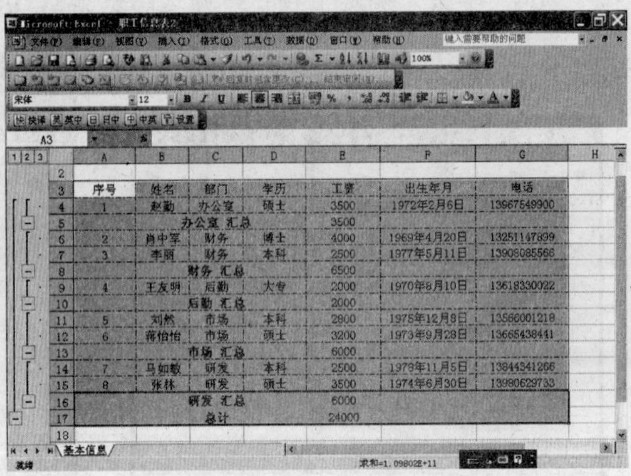

图 5-54 分类汇总结果

5.7.4 分级显示

分级显示是对工作表中的数据进行人工分级，这样可以更好地将工作表中的明细数据显示出来。在建立数据清单分类汇总的同时，在工作表左侧会出现一些符号 1 2 3 、+、-，这就是分级显示的控制按钮，可以利用这些控制按钮对数据进行分级显示。

具体操作步骤如下：

01 单击 1 符号按钮，只显示一级数据，如总计，如图 5-55 所示。

02 单击 2 符号按钮，显示一级和二级数据，如图 5-56 所示。

03 单击 3 符号按钮，显示前三级数据。

如果不想利用分级显示功能对工作表的明细数据进行隐藏，可选择“数据”菜单中的

“组及分级显示”子菜单中的“清除分级显示”命令。取消分级显示后，所有数据清单都显示出来，并且在工作表左侧的操作框也被取消了。

可以利用+、-符号来完成分级显示操作。单击显示明细数据的+符号，则显示出数据清单中的明细数据；单击隐藏明细数据的-符号，则在数据清单中隐藏明细数据。

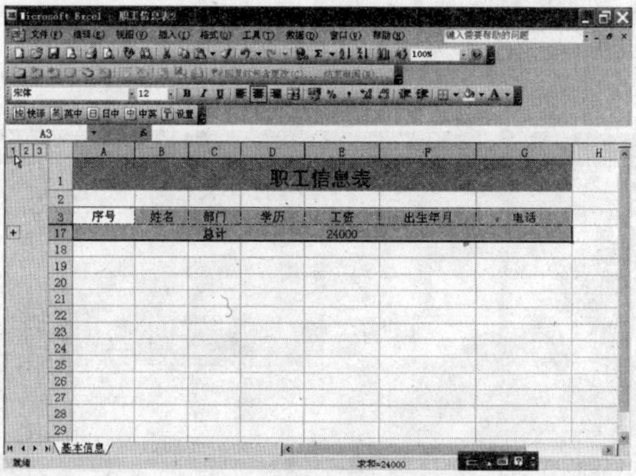

图 5-55　第一级显示

图 5-56　第二级显示

5.8 图　表

5.8.1 使用图表向导创建图表

利用图表的形式表现工作表中的数据清单，使得数据更加直观。

Excel 提供的图表有柱形图、条形图、折线图、饼图、XY（散点图）、面积图、圆环图、雷达图、曲面图、气泡图、股市图、圆锥、圆柱和棱锥图等十几种类型，而且每种图表还有若干子类型，以适用于不同工作表的需求。

下面我们使用“图表向导”快速完成所需图表的创建。

01　在工作表中选择“插入”菜单中的“图表”命令，如图 5-57 所示。

02　弹出如图 5-58 所示的“图表向导-4 步骤之 1-图表类型”对话框，选择图表的类型和子图表的类型，单击“下一步”按钮。

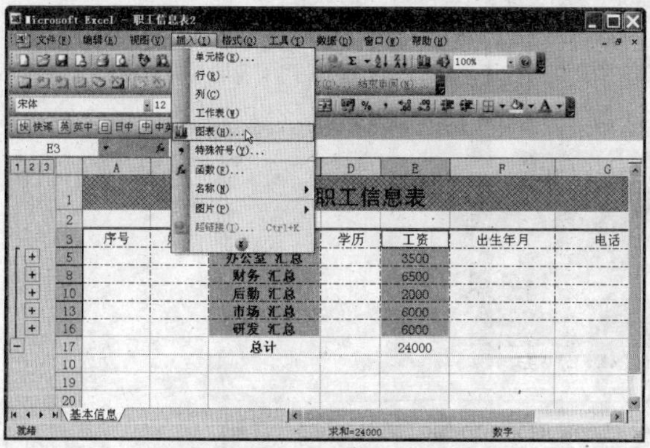

图 5-57　选择“图表”命令

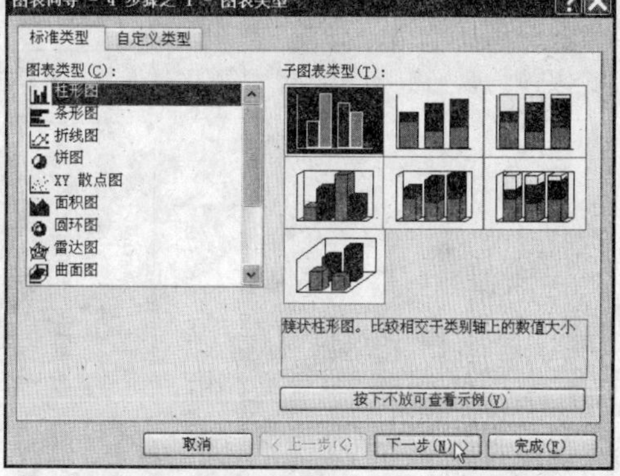

图 5-58　选择图表类型

03　弹出如图 5-59 所示的“图表向导-4 步骤之 2-图表源数据”对话框，可单击“数据区域”框右边的按钮，在工作表中选择数据区域，然后单击“下一步”按钮。

04　弹出如图 5-60 所示的“图表向导-4 步骤之 3-图表选项”对话框，单击“标题”选项卡，输入图表的标题及其他内容，然后单击“下一步”按钮。

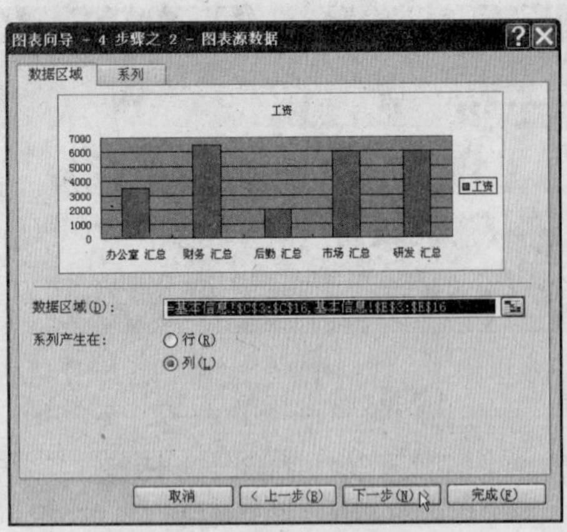

图 5-59　确定数据区域

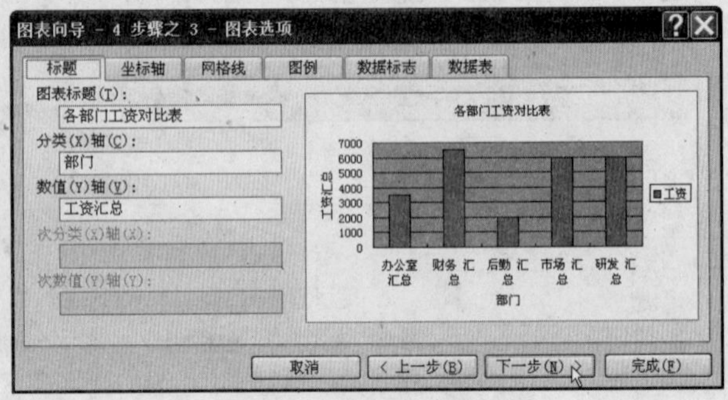

图 5-60　输入图表标题

05　屏幕上弹出如图 5-61 所示的“图表向导-4 步骤之 4-图表位置”对话框，选择图表的位置。

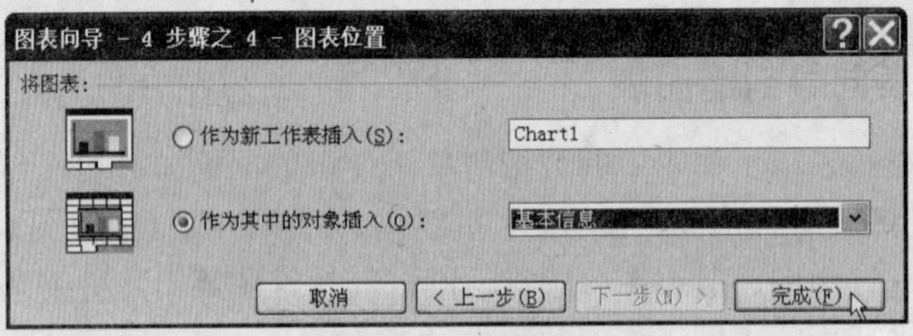

图 5-61　设置图表位置

06　单击“完成”按钮，创建的图表如图 5-62 所示。

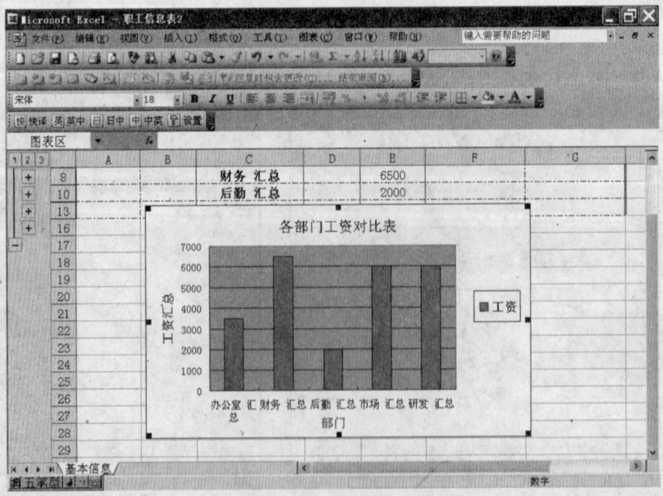

图 5-62　创建图表

5.8.2 图表的编辑和调整

在 Excel 中创建图表后，对于图表中显示的数据，可以根据自己的需要在图表中任意进行修改。

1．添加数据

在图表中添加数据的具体操作步骤如下：

01 单击图表，选择“图表”菜单下的“添加数据”命令，弹出如图 5-63 所示的“添加数据”对话框。

02 单击“选定区域”框右边的按钮，在工作表中选择要添加的数据区域。

03 单击“确定”按钮。

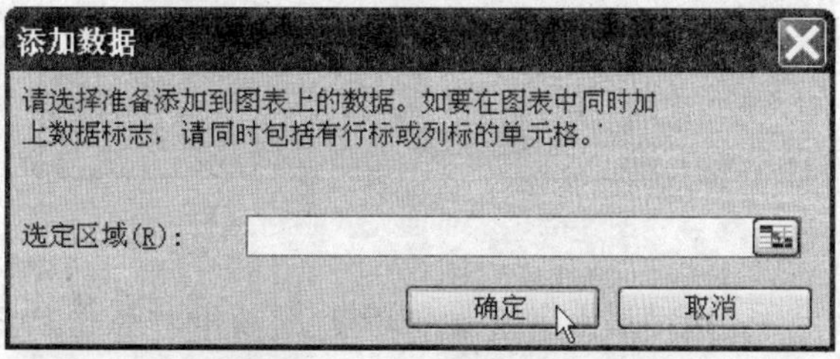

图 5-63 “添加数据”对话框

2．删除数据

在图表中删除数据的具体操作步骤如下：

01 单击图表中要清除的数据系列柱形条。

02 选择“编辑”菜单中的“清除”子菜单下的“系列”命令，则在图表中删除所选定的数据，如图 5-64 所示。

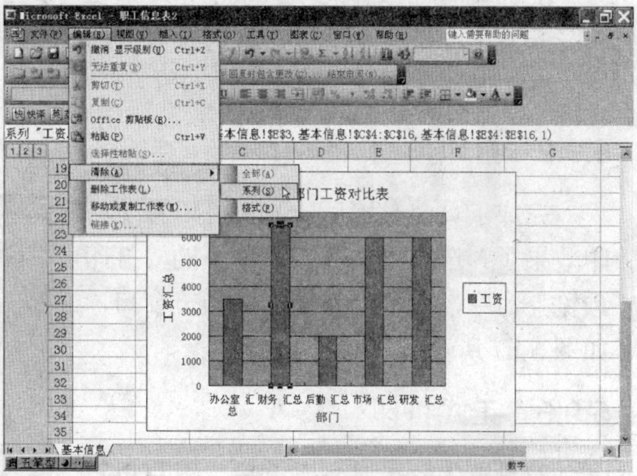

图 5-64 删除数据

3．更改图表标题

更改图表标题的操作步骤如下：

01 单击图表，选择“图表”菜单中的“图表选项”命令。

02 弹出“图表选项”对话框，单击“标题”选项卡，重新输入图表标题。

03 单击“确定”按钮。

5.9 打印工作表

5.9.1 设置页面

设置页面是打印的准备工作，合理的页面设置可以使打印效果更好。页面设置的具体步骤如下：

01 选择“文件”菜单下的“页面设置”命令，弹出如图 5-65 所示的“页面设置”对话框。

02 单击“页面”选项卡，设置打印方向和缩放比例。

03 单击“页边距”选项卡，如图 5-66 所示，设置上、下、左、右、页眉和页脚的距离。

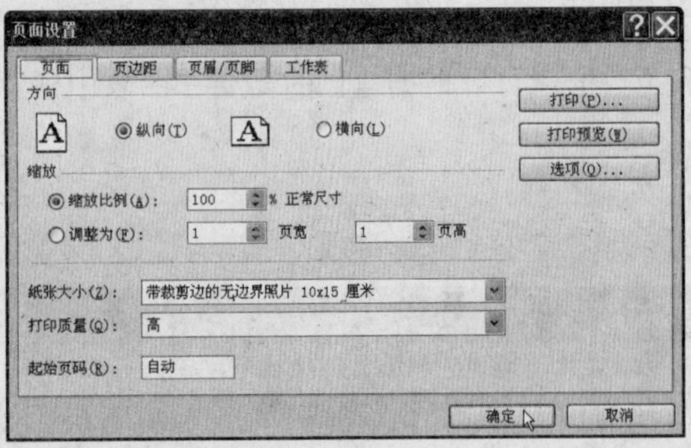

图 5-65 “页面设置”对话框

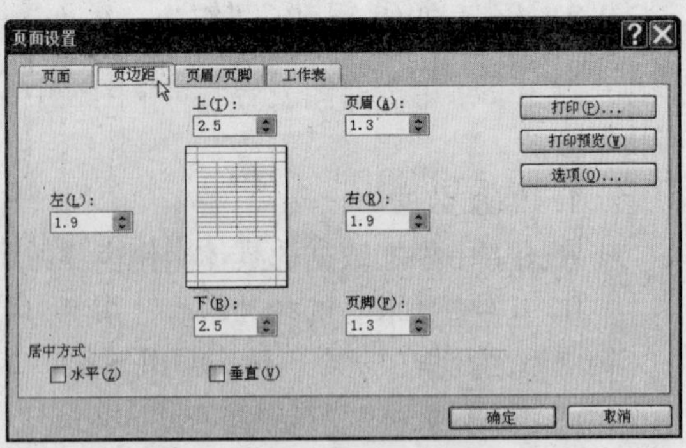

图 5-66 设置页边距

04 单击“页眉/页脚”选项卡，在这里 Excel 提供了大量预定义的页眉和页脚格式，用户可以根据需要和喜好进行相关方面的编辑和修改。

05 单击“工作表”选项卡，在这里用户可以定义固定的数据打印区域，设置顶端标题行和左端标题行在工作表中的位置，选择打印方式和打印顺序等。

06 单击“确定”按钮。

5.9.2 打印预览

完成了页面设置后，我们可以预览打印效果了。选择“文件”菜单下的“打印预览”命令，屏幕上弹出打印预览窗口，如图 5-67 所示。

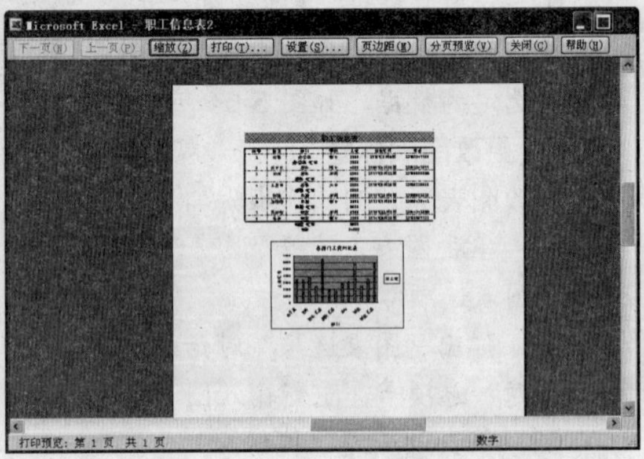

图 5-67 打印预览窗口

5.9.3 正式打印

对预览的效果感到满意后，就可以正式打印了。具体操作步骤如下：

01 选择“文件”菜单中的“打印”命令，弹出如图 5-68 所示的“打印内容”对话框。

02 选择打印机的名称，打印范围，打印内容，并设置打印的份数。

03 单击“确定”按钮，开始打印工作簿的内容。

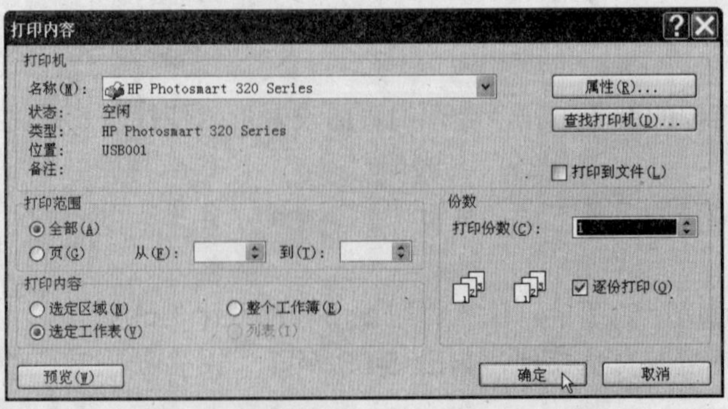

图 5-68 “打印内容”对话框

5.10 认识中文 Excel 2007

5.10.1 Excel 2007 主界面

Office Excel 2007 是一个功能强大的工具，可用于创建电子表格并设置其格式，分析和共享信息以做出更加明智的决策。使用 Microsoft Office Fluent 用户界面、丰富的直观数据以及数据透视表视图，可以更加轻松地创建和使用专业水准的图表。Office Excel 2007 融合了将随 Microsoft Office SharePoint Server 2007 提供的 Excel Services 这项新技术，从而在更安全地共享数据方面有了显著改进。用户可以更广泛、更安全地与同事、客户以及业务合作伙伴共享敏感的业务信息。通过使用 Office Excel 2007 和 Excel Services 共享电子表格，用户可以直接在 Web 浏览器上导航、排序、筛选、输入参数，以及与数据透视表视图进行交互。

Microsoft Excel 2007 的主界面如图 5-69 所示。

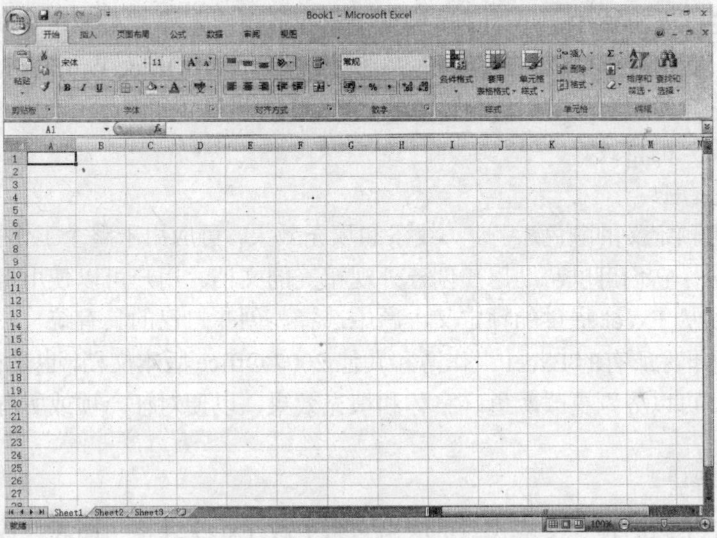

图 5-69 Excel 2007 主界面

5.10.2 Excel 2007 新增功能

在新的面向结果的用户界面中，Microsoft Office Excel 2007 提供了强大的工具和功能，用户可以使用这些工具和功能轻松地分析、共享和管理数据。

1．面向结果的用户界面

新的面向结果的用户界面可以使用户轻松地在 Microsoft Office Excel 中工作。以前，命令和功能常常深藏在复杂的菜单和工具栏中，现在，用户可以在包含命令和功能逻辑组的面向任务的选项卡上更轻松地找到它们。新的用户界面利用显示有可用选项的下拉库替代了以前的许多对话框，并且提供了描述性的工具提示或示例预览来帮助用户选择止确的选项。

无论用户在新的用户界面中执行什么活动（不管是格式化还是分析数据），Excel 都会显示成功完成该任务最合适的工具。

2．更多行和列以及其他新限制

为了使用户能够在工作表中浏览大量数据，Office Excel 2007 支持每个工作表中最多有 100 万行和 16000 列。具体来说，Office Excel 2007 网格为 1048576 行乘以 16384 列，与 Microsoft Office Excel 2003 相比，它提供的可用行增加了 1500%，可用列增加了 6300%。用户可能会惊奇地发现，现在列是以 XFD 而不是 IV 结束。

用户可以在同一个工作簿中使用无限多的格式类型，而不再仅限于 4000 种；每个单元格的单元格引用数量从 8000 增长到了任意数量，唯一的限制就是可用内存。

为了改进 Excel 的性能，内存管理已从 Microsoft Office Excel 2003 中的 1GB 内存增加到 Office Excel 2007 中的 2GB。

由于 Office Excel 2007 支持多处理器和多线程芯片集，用户还可以在包含大量公式的大型工作表中体验到更快的运算速度。Office Excel 2007 还支持最多 1600 万种颜色。

3．Office 主题和 Excel 样式

在 Office Excel 2007 中，可以通过应用主题和使用特定样式在工作表中快速设置数据格式。主题可以与其他 2007 Office 版本程序（例如 Microsoft Office Word 和 Microsoft Office PowerPoint）共享，而样式只用于更改特定于 Excel 的项目（如 Excel 表格、图表、数据透视表、形状或图）的格式。

（1）应用主题

主题是一组预定义的颜色、字体、线条和填充效果，可应用于整个工作簿或特定项目，例如图表或表格，它们可以帮助用户创建外观精美的文档。用户可以使用贵公司提供的公司主题，也可以从 Excel 提供的预定义主题中选择。创建自己的具有统一、专业外观的主题，并将其应用于你所有的 Excel 工作簿和其他 2007 Office 版本文档，也是很简单的事情。在创建主题时，可以分别更改颜色、字体和填充效果，以便对任一项或所有这些选项进行更改。

（2）使用样式

样式是基于主题的预定义格式，可应用它来更改 Excel 表格、图表、数据透视表、形状或图的外观。如果内置的预定义样式不符合要求，用户可以自定义样式。对于图表来说，用户可以从多个预定义样式中进行选择，但不能创建自己的图表样式。

像在 Excel 2003 中一样，单元格样式用来设置所选单元格的格式，不过，现在可以快速应用预定义单元格样式。大多数单元格样式都不基于应用到工作簿的主题，而且用户可以轻松创建自己的单元格样式。

4．丰富的条件格式

用户可以使用条件格式直观地注释数据，以供分析和演示使用。若要在数据中轻松地查找例外和发现重要趋势，可以实施和管理多个条件格式规则，这些规则以渐变色、数据柱线和图标集的形式将可视性极强的格式应用到符合这些规则的数据。条件格式也很容易应用，只需单击几下鼠标，即可看到可用于分析的数据中的关系。

5．轻松编写公式

下列改进使在 Office Excel 2007 中编写公式更为轻松。

（1）可调整的编辑栏

编辑栏会自动调整以容纳长而复杂的公式，从而防止公式覆盖工作表中的其他数据。与在 Excel 早期版本中相比，用户可以编写的公式更长，使用的嵌套级别更多。

（2）函数记忆式键入

使用函数记忆式键入，可以快速写入正确的公式语法。它不仅可以轻松检测到用户要使用的函数，还可以获得完成公式参数的帮助，从而使用户在第一次使用时以及今后的每次使用中都能获得正确的公式。

（3）结构化引用

除了单元格引用（例如 A1 和 R1C1），Office Excel 2007 还提供了在公式中引用命名区域和表格的结构化引用。

（4）轻松访问命名区域

通过使用 Office Excel 2007 命名管理器，用户可以在一个中心位置来组织、更新和管理多个命名区域，这有助于任何需要使用你的工作表的人理解其中的公式和数据。

6．新的 OLAP 公式和多维数据集函数

当在 Office Excel 2007 中使用多维数据库（例如 SQL Server Analysis Services）时，可以使用 OLAP 公式建立复杂的、任意形式的 OLAP 数据绑定报表。新的多维数据集函数可用来从 Analysis Services 中提取 OLAP 数据（数据集和数值），并将其显示在单元格中。当用户将数据透视表公式转换为单元格公式时，或者当用户在键入公式时对多维数据集函数参数使用记忆式键入时，可以生成 OLAP 公式。

7．改进的排序和筛选功能

在 Office Excel 2007 中，用户可以使用增强了的筛选和排序功能，快速排列工作表数据，以找出所需的信息。例如，现在可以按颜色和 3 个以上（最多为 64 个）级别来对数据排序。用户还可以按颜色或日期筛选数据，在“自动筛选”下拉列表中显示 1000 多个项，选择要筛选的多个项，以及在数据透视表中筛选数据。

8．Excel 表格的增强功能

在 Office Excel 2007 中，用户可以使用新用户界面快速创建、格式化和扩展 Excel 表格（在 Excel 2003 中称为 Excel 列表）来组织工作表上的数据，以便更容易使用这些数据。下面列出了针对表格的新功能或改进功能。

（1）表格标题行

可以打开或关闭表格标题行。如果显示表格标题，则在长表格中移动时，表格标题会替代工作表标题，从而使表格标题始终与表列中的数据出现在一起。

（2）计算列

计算列使用单个公式调整每一行。它会自动扩展以包含其他行，从而使公式立即扩展到这些行。用户只需输入公式一次，而无需使用“填充”或“复制”命令。

（3）自动筛选

默认情况下，表中会启用“自动筛选”以支持强大的表格数据排序和筛选功能。

（4）结构化引用

这种类型的引用允许用户在公式中使用表列标题名称代替单元格引用（例如 A1 或 R1C1）。

（5）汇总行

在汇总行中，用户现在可以使用自定义公式和文本输入。

（6）表样式

用户可以应用表样式，以对表快速添加设计师水平的专业格式。如果在表中启用了可选行样式，Excel 将通过一些操作保持可选样式规则，而这些操作在过去会破坏布局，例如筛选、隐藏行或者对行和列手动重新排列。

9．新的图表外观

在 Office Excel 2007 中，用户可以使用新的图表工具轻松创建能有效交流信息的、具有专业水准外观的图表。基于应用到工作簿的主题，新的、最具流行设计的图表外观包含很多特殊效果，例如三维、透明和柔和阴影。

使用新的用户界面，用户可以轻松浏览可用的图表类型，以便为自己的数据创建合适的图表。由于提供了大量的预定义图表样式和布局，用户可以快速应用一种外观精美的格式，然后在图表中进行所需的细节设置。

（1）可视图表元素选取器

除了设置快速布局和快速格式外，现在用户还可以在新的用户界面中快速更改图表的每一个元素，以更好地呈现数据。只需单击几下鼠标，即可添加或删除标题、图例、数据标签、趋势线和其他图表元素。

（2）外观新颖的艺术字

由于 Office Excel 2007 中的图表是用艺术字绘制的，因而可对艺术字形状所做的几乎任何操作都可应用于图表及其元素。例如，可以添加柔和阴影或倾斜效果使元素突出显示，或使用透明效果使在图表布局中被部分遮住的元素可见。用户也可以使用逼真的三维效果。

（3）清晰的线条和字体

图表中的线条减轻了锯齿现象，而且对文本使用了 ClearType 字体来提高可读性。

（4）比以前更多的颜色

用户可以轻松地从预定义主题颜色中进行选择和改变其颜色强度。若要对颜色进行更多控制，用户还可以从“颜色”对话框内的 1600 万种颜色中选择来添加自己的颜色。

（5）图表模板

在新的用户界面中，将喜爱的图表另存为图表模板变得更为轻松。

10．共享的图表

（1）在其他程序中使用 Excel 图表

在 Office 2007 版本中，图表可在 Excel、Word 和 PowerPoint 之间共享。现在，Word 和 PowerPoint 合并了 Excel 强大的图表功能，而不再使用 Microsoft Graph 提供的图表功能。由于 Excel 工作表被用作 Word 和 PowerPoint 图表的图表数据表，因而共享的图表提供了 Excel 的丰富功能，包括使用公式、筛选、排序，以及将图表链接到外部数据源（例如 Microsoft SQL Server 和 Analysis Services(OLAP)），以使图表具有最新信息的能力。包含图表数据的 Excel 工作表可存储在 Word 文档或 PowerPoint 演示文稿中，或者存储在一个单独文件中，以减小文档大小。

（2）将图表复制到其他程序

可以轻松地在文档之间复制和粘贴图表，或将图表从一个程序复制和粘贴到另一个程序。将图表从 Excel 复制到 Word 或 PowerPoint 时，图表会自动更改以匹配 Word 文档或 PowerPoint 演示文稿，但是用户也可以保留 Excel 图表格式。Excel 工作表数据可嵌入 Word 文档或 PowerPoint 演示文稿中，也可以将其保留在 Excel 源文件中。

（3）PowerPoint 中的动画图表

在 PowerPoint 中，用户可以更轻松地使用动画强调基于 Excel 的图表中的数据，可使整个图表或图例项和轴标签具有动画效果。在柱形图中，甚至可以让个别柱形具有动画效果，以更好地阐明某个要点。可以更轻松地找到并更好地控制动画功能，例如，用户可以更改单个动画步骤并使用更多动画效果。

11．易于使用的数据透视表

在 Office Excel 2007 中，数据透视表比在 Excel 的早期版本中更易于使用。使用新的数据透视表用户界面时，只需单击几下鼠标，即可显示关于要查看的数据信息，而不再需要将数据拖到并非总是易于定位的目标拖放区域。现在，用户只需在新的数据透视表字段列表中选择要查看的字段即可。

创建数据透视表后，可以利用许多其他新功能或改进功能来汇总、分析和格式化数据透视表数据。

（1）在数据透视表中使用撤消功能

现在，用户可以撤消创建或重排数据透视表所执行的大多数操作。

（2）加号和减号明细指示器

这些指示器用来指示是否可以展开或折叠部分数据透视表以显示更多或更少的信息。

（3）排序和筛选

排序现在很简单，只需在要排序的列中选择一项，然后使用“排序”按钮即可。可以使用数据透视表筛选器（例如日期筛选器、标签筛选器、值筛选器或手动筛选器）来筛选数据。

（4）条件格式

可以按单元格或单元格交叉部分将条件格式应用到 Office Excel 2007 数据透视表。

（5）数据透视表样式和布局

正如对 Excel 表格和图表一样，用户可以快速将预定义或自定义样式应用到数据透视表，而且，在新的用户界面中更改数据透视表的布局也更加容易。

（6）数据透视图

像数据透视表一样，在新的用户界面中创建数据透视图也更加容易。所有的筛选改进也可用于数据透视图。创建数据透视图时，可以使用特定的数据透视图工具和上下文菜单，从而使用户可以在图表中分析数据。也可以按照对常规图表相同的方式，更改图表或其元素的布局、样式和格式。在 Office Excel 2007 中，更改数据透视图时会保留所应用的图表格式，这是较之 Excel 早期版本工作方式的一个改进。

12．快速连接到外部数据

在 Office Excel 2007 中，不再需要了解公司数据源的服务器名称或数据库名称。现在，用户可以使用“快速启动”从管理员或工作组专家提供的可用数据源列表中选择。Excel 中的连接管理器使用户可查看工作簿中的所有连接，并且重新使用连接或用一种连接替代另一种连接更加容易。

13. 新的文件格式

（1）基于 XML 的文件格式

Microsoft 为 Word、Excel 和 PowerPoint 引入了新的、称为“Office Open XML 格式”的文件格式。这些新文件格式便于与外部数据源结合，减小了文件大小，并改进了数据恢复功能。在 Office Excel 2007 中，Excel 工作簿的默认格式是基于 Office Excel 2007 XML 的文件格式（.xlsx）。其他可用的基于 XML 的格式是基于 Office Excel 2007 XML 和启用了宏的文件格式（.xlsm）、用于 Excel 模板的 Office Excel 2007 文件格式（.xltx），以及用于 Excel 模板的 Office Excel 2007 启用了宏的文件格式（.xltm）。

（2）Office Excel 2007 二进制文件格式

除了新的基于 XML 的文件格式，Office Excel 2007 还引入了用于大型或复杂工作簿的分段压缩文件格式的二进制版本。该文件格式，即 Office Excel 2007 二进制（或 BIFF12）文件格式（.xls），可用于获得最佳性能和向后兼容性。

（3）与 Excel 早期版本的兼容性

可以检查 Office Excel 2007 工作簿来查看它是否包含与 Excel 早期版本不兼容的功能或格式，以便进行必要的更改来获得更好的向后兼容性。在 Excel 早期版本中，可以安装更新和转换器来帮助打开 Office Excel 2007 工作簿，这样就可以编辑、保存它，然后再次在 Office Excel 2007 中打开它而不会丢失任何 Office Excel 2007 特定的功能或特性。

14. 更佳的打印体验

（1）页面视图

除了“普通”视图和“分页预览”视图之外，Office Excel 2007 还提供了“页面”视图。用户可以使用该视图来创建工作表，同时关注打印格式的显示效果。在该视图中，可以使用位于工作表中右侧的页眉、页脚和边距设置，以及将对象（例如图表或形状）准确放置在所需的位置。在新的用户界面中，还可轻松访问“页面布局”选项卡上的所有页面设置选项，以便快速指定选项，例如页面方向。查看每页上要打印的内容也很方便，这有助于避免多次打印尝试和在打印输出中出现截断的数据。

（2）保存为 PDF 和 XPS 格式

只有安装了加载项之后，才能在程序中将文件另存为 PDF 或 XPS 文件。有关详细信息，可参阅启用对其他文件格式（例如 PDF 和 XPS）的支持。

15. 共享工作的新方法

（1）使用 Excel Services 共享工作

如果你能够访问 Excel Services，则可以使用它与其他人（如组织中的管理人员和其他利益相关人员）共享你的 Office Excel 2007 工作表数据。在 Office Excel 2007 中，可以将工作簿保存到 Excel Services，并指定希望其他人查看的工作表数据。这样，他们可以在浏览器中使用 Microsoft Office Excel Web Access 查看、分析、打印和提取这些工作表数据，也可以定期或根据需要来创建静态的数据快照。使用 Office Excel Web Access 可以轻松地执行操作，如滚动、筛选、排序、查看图表以及在数据透视表中查看明细。用户也可以将 Excel Web Access Web 部件连接到其他 Web 部件，以另外一些可选方式显示数据。在具有适当权限的情况下，安装了 Excel 的 Excel Web Access 用户可以在 Office Excel 2007 中打开工作簿，以便使用 Excel 的完整功能在自己的计算机上分析和使用数据。

使用此方法共享你的工作可确保其他人可以访问同一个位置中的同一个数据版本，而你只需使用最新的详细信息保持该版本是最新的。如果需要其他人（如团队成员）向你提供批注和更新的信息，则你可能要像在 Excel 早期版本中那样共享工作簿以收集所需的信息，然后将其保存到 Excel Services。

（2）使用文档管理服务器

Excel Services 可以与文档管理服务器集成，以围绕新的 Excel 报表和工作簿计算工作流操作创建验证过程，如基于单元格的通知或基于复杂 Excel 计算的工作流过程。也可以使用文档管理服务器安排在夜间重新计算复杂工作簿模型。

16．快速访问更多模板

在 Office Excel 2007 中，可以基于随 Excel 安装的多个模板创建新工作簿，也可以在 Microsoft Office Online 网站上快速访问和下载模板。

习题与思考题

1．中文 Excel 2003 的窗口是由哪几部分组成的?

2．简述 Excel 中工作簿、工作表和单元格的关系。

3．如何打开和保存工作簿文件？如何将一个工作表复制到其他工作簿中?

4．如何同时显示同一个工作簿的多个工作表?

5．如何快速地复制相同的公式?

6．如何在一张工作表中查找某关键字？如何替换某关键字?

7．如何创建一个工作表？在工作表中怎么选择一个单元或一组单元?

8．在工作表中插入、删除行或列，应怎么操作?

9．如何同时显示同一个工作簿的多个工作表?

10．如何快速地复制相同的公式?

11．建立一个如下的表格：

学生	语文	数学	物理	英语	化学	体育
王二	80	62	78	56	88	90
李三	87	93	87	66	79	84
张四	86	95	77	68	99	70

（1）在表格中，删除体育成绩一列，然后在英语和化学之间，再增加历史成绩一列。

（2）对三位同学的成绩进行合计，并合计各科三位同学的总分。

（3）按物理成绩对表格中数据进行升序排列。

（4）对英语成绩按公式“成绩÷6×8+5”进行计算。

12．建立一个学期全班同学考试成绩统计表，将全班同学成绩统计总分，并按降序排列名次。

13．用图表法说明某单科各分数段，如不及格、60～70 分、70～80 分、80～90 分和 90～100 分所占的人数。

第6章 学习中文PowerPoint 2003/2007

PowerPoint 是一种能够制作集文字、图形、图像、声音及视频剪辑于一体的媒体演示或展示制作软件，为人们传播信息、扩大交流提供了极为方便的手段。PowerPoint 2000 是 Office 2000 的一个重要组件，它是 1999 年 8 月推出的。PowerPoint 2000 能够制作出十分精美的展示画面，其强大的图文影音处理能力，使用户能够轻松驾驭多媒体演示文稿的变化方式。

用 PowerPoint 2000 制作出的文稿叫演示文稿，演示文稿可以包括若干个幻灯片，每个幻灯片可以包括文字、图像、声音、动画和影片等元素。当然，一个简单的演示文稿可以就是一张幻灯片。

6.1 PowerPoint 2003 基础

6.1.1 启动 PowerPoint 2003

启动 PowerPoint 2003 的常用方法有以下两种：

第一种：在 Windows 的主桌面上，点击 PowerPoint 的图标，即可启动 PowerPoint 2003。

第二种：单击“开始”按钮，在“开始”菜单中，指向“程序”，指向“Microsoft Office”，单击“Microsoft Office PowerPoint 2003”，启动 PowerPoint 2003。

6.1.2 退出 PowerPoint 2003

在 PowerPoint 中完成演示文稿的操作之后，单击“文件”菜单中的“退出”命令，即可退出中文 PowerPoint 2003。

单击 PowerPoint 2003 主窗口右上角的关闭按钮☒，或者单击 PowerPoint 2003 主窗口左上角的 PowerPoint 图标，在出现的控制菜单中选择“关闭”命令，都可以将当前正在运行的演示文稿窗口关闭。但是，其他没有接受关闭命令的演示文稿窗口仍然处于正常的工作状态，所以“关闭”操作与“退出”整个软件系统的操作是截然不同的。

6.1.3 PowerPoint 2003 窗口界面

启动 PowerPoint 2003 之后，就进入 PowerPoint 2003 的工作窗口，如图 6-1 所示。窗口中各组成部分如下：

1. 标题栏

窗口最上面是标题栏，显示的标题是“Microsoft Excel-演示文稿”，其中“Microsoft PowerPoint”是应用程序标题，“演示文稿”是文件名。默认情况下，系统对每一个新建的演示文稿以“演示文稿 1”、“演示文稿 2”……依次命名。

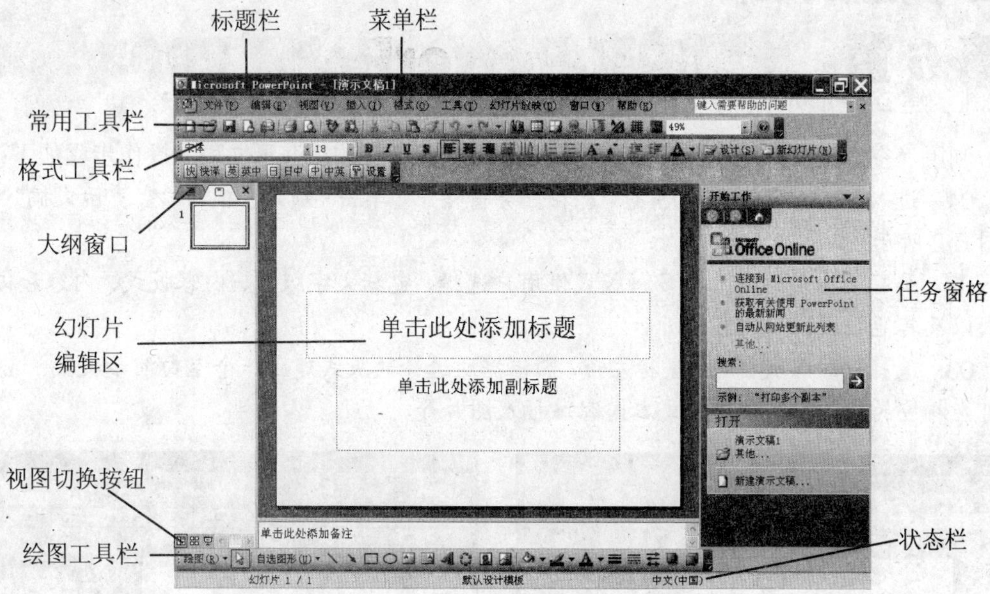

图 6-1　中文 PowerPoint 2003 工作窗口

2. 菜单栏

PowerPoint 窗口的第二行是菜单栏，菜单是 PowerPoint 的核心部分，包括文件、编辑、视图、插入、格式、工具、幻灯片放映、窗口和帮助 9 个菜单，所有编辑和排版命令都能在这些菜单中找到。

3. 工具栏

默认状态下，PowerPoint 2000 窗口中将显示常用工具栏、格式工具栏和绘图工具栏。常用工具栏汇集了多个菜单中的一些常用命令，需要使用它们时，只需单击一下相应的按钮就可以执行所要的命令。格式工具栏主要用来控制幻灯片中的文字格式，而绘图工具栏是 PowerPoint 可以创建出各种精美的图形。

需要指出的是，这里提到的工具栏都是可以变化的，可以通过“视图”菜单中的“工具栏”子菜单对其出现与否进行控制。

4. 幻灯片编辑区

可以在编辑区中输入文本、插入表格和图形等，其中最主要的制作场所是幻灯片视图，你可以在这里制作用于展示的幻灯片中的各种元素。

5. 大纲窗口

显示幻灯片的大纲内容。

6. 视图切换按钮

通过视图切换按钮可选择不同的幻灯片显示方式，默认状态下 PowerPoint 2000 处于普通视图下。

7. 状态栏

窗口的最下面一栏是状态栏，用于显示当前幻灯片编辑的状况。

6.2 创建演示文稿

6.2.1 建立空演示文稿

利用“空演示文稿”模板可以建立一个不带任何设计的空演示文稿。操作步骤如下：

01 进入 PowerPoint 2003 窗口，在任务窗格中，单击“新建”中的“空演示文稿”项，如图 6-2 所示。

02 屏幕上出现幻灯片的多种版式供用户选择，包括文字版式、内容版式、内容和文字版式以及其他版式，如图 6-3 所示。

03 选择一种版式，单击鼠标左键，则根据所选择的版式建立一个空白演示文稿。这时，就可在相应的位置填写标题、文本内容，插入图片等。

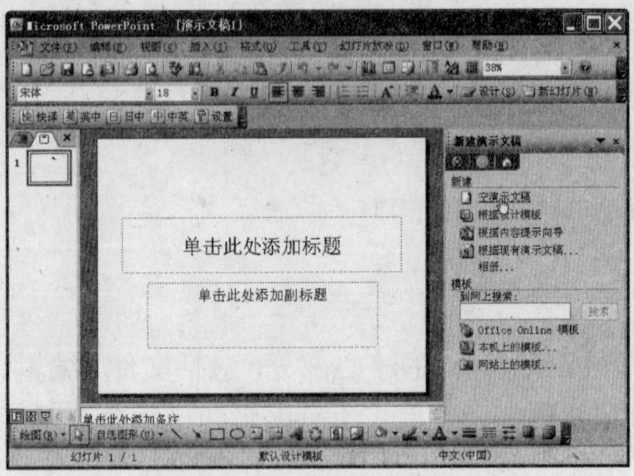

图 6-2 单击“空演示文稿”

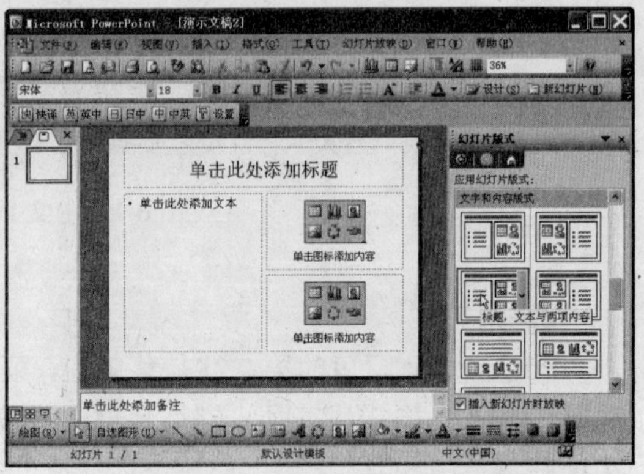

图 6-3 建立空白演示文稿

6.2.2 根据设计模板创建演示文稿

利用模板创建演示文稿是一种常用的方法，PowerPoint 2003 为用户提供了多种设计模板，利用这些模板，可创建一个具有特定的版面设计但无内容的演示文稿。具体操作步骤如下：

01 在任务窗格中，单击“新建”中的“根据设计模板”项，屏幕上出现幻灯片的多种设计模板供用户选择。

02 选择一种设计模板，单击鼠标左键，则根据所选择的模板建立一个演示文稿。这时，就可在相应的位置填写标题、文本内容等，如图 6-4 所示。

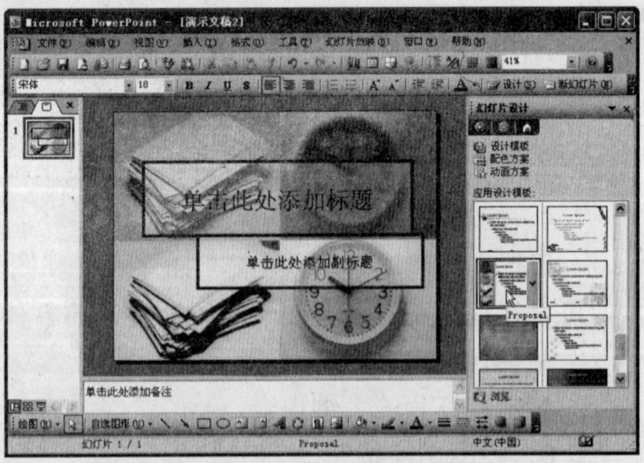

图 6-4 根据设计模板创建一个演示文稿

6.2.3 利用内容提示向导创建演示文稿

PowerPoint 中包含了可用于帮助用户创建演示文稿的“内容提示向导”。“内容提示向导”的作用就是根据用户的情况，选择一种适合用户的要求的演示文稿制作模式。

具体操作步骤如下：

01　在任务窗格中，单击“新建”中的“根据内容提示向导”项，屏幕上出现“内容提示向导”窗口，如图 6-5 所示。单击“下一步”按钮。

02　在出现的窗口中选择演示文稿的类型，如图 6-6 所示。单击“下一步”按钮。

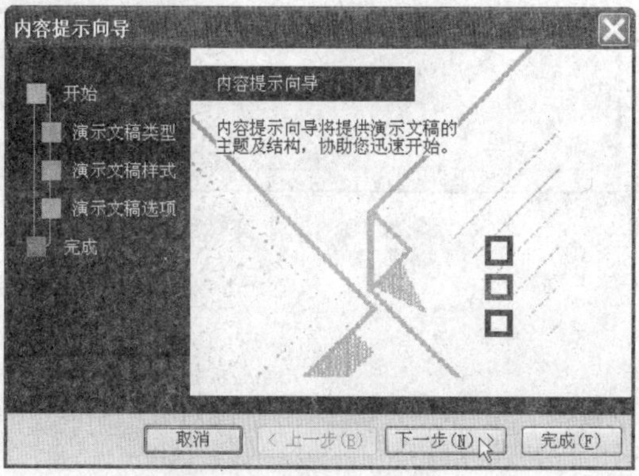

图 6-5　“内容提示向导”界面一

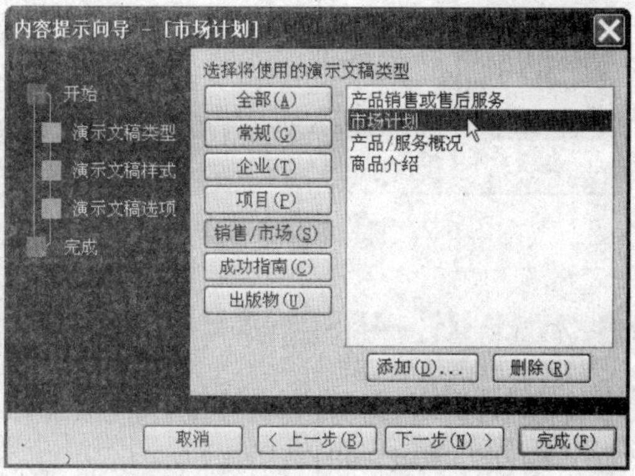

图 6-6　“内容提示向导”界面二

03　在出现的窗口中选择演示文稿的输出类型，如图 6-7 所示。如果想要在计算机控制下展示它，可选择屏幕演示文稿；如果要以投影的方式使用演示文稿，可选择投影机。单击“下一步”按钮。

04　在出现的窗口中输入演示文稿的标题，在“页脚”文本框中输入文稿的页脚内容，如图 6-8 所示。单击“下一步”按钮。

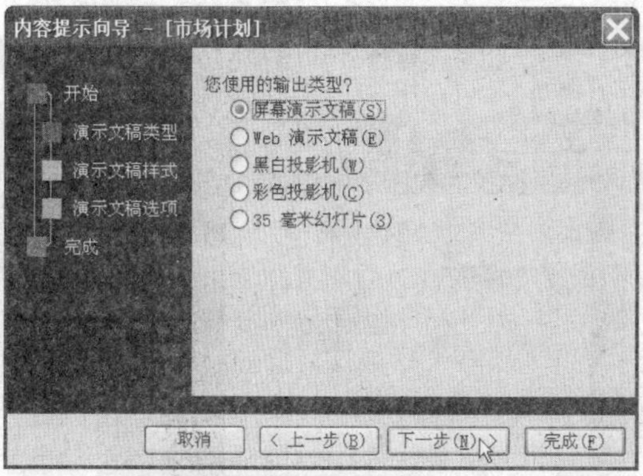

图 6-7　“内容提示向导”界面三

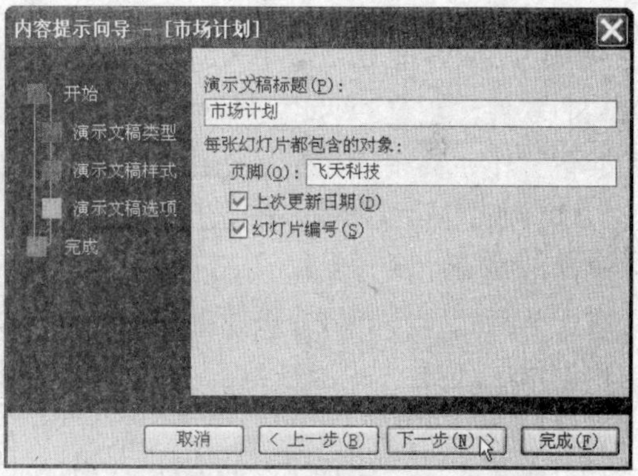

图 6-8　“内容提示向导”界面四

05　在选定过程中，如果对某一选择感到不满意，可通过单击“上一步”按钮进入相应的设置页面进行必要的修改。如果对所进行的选择感到满意，此时可单击“完成”按钮，如图 6-9 所示。

06　PowerPoint 将根据用户的选择，打开相应的演示文稿向导，如图 6-10 所示。现在，用户就可以按照这个向导来一步一步地制作演示文稿了。该演示文稿中已经包含一些相关的内容和建议，可根据需要进行更改和扩充。

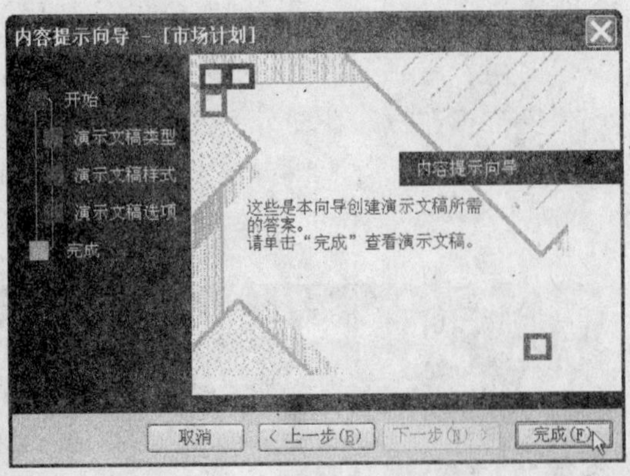

图 6-9 “内容提示向导”界面五

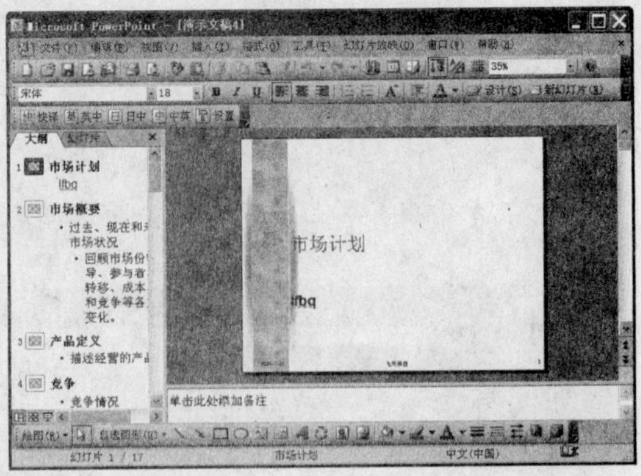

图 6-10 演示文稿编辑界面

6.3 制作一张幻灯片

在初次使用 PowerPoint 时，它的多种视图和多种使用方式容易让人产生迷惑之感，其实，PowerPoint 的本质内容只有一样东西，那就是一张一张载放着各种内容的幻灯片。

在前面我们参照演示文稿向导生成了演示文稿，但是还得根据自己的情况做一些适当的补充和修改，输入文字工作可以在大纲视图下进行，也可以在幻灯片视图下进行。

对于初学者来说，直接在幻灯片视图下输入文字可能会感到更直观一些，因为这时处理的内容就是幻灯片实际放映的内容。单击代表幻灯片的图标选定它，然后再单击屏幕左下角的“幻灯片视图”按钮，就可以进入其幻灯片视图工作状态。

6.3.1 选择幻灯片的版式

PowerPoint 是一个自动化程度很高的软件，它已经为用户做好了许多准备工作，其中就包括了一组预建的幻灯片版式。用户可以根据自己的需要，选择一个最能贴合自己心意的版式，然后写上一点文字，并在该版式预设对象处插入实际的对象，这样就做好符合要求的幻灯片了。

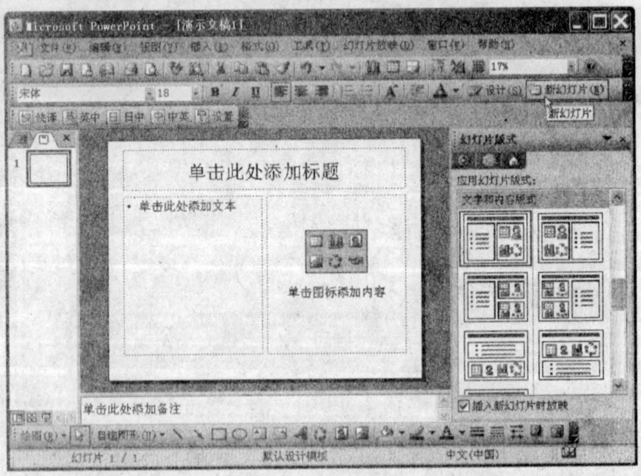

图 6-11 选择新建幻灯片的版式

单击常用工具栏上的“新幻灯片”按钮 新幻灯片(N)，这时屏幕的右边会出现幻灯片版式列表，如图 6-11 所示。单击所要的幻灯片式版式，这种版式中包括演示文稿标题、演示文稿的文本，并且可以插入图片。

6.3.2 在幻灯片中输入文字

选择幻灯片版式之后，就可以在幻灯片中输入文字了。

单击该幻灯片上的标题行，预留框的“单击此处添加标题”提示文字随即消失，这时可以输入标题。如图 6-12 所示。

单击文本预留框进入正文部分的输入之中，这时可以看到该方框中有一个淡化的项目符号，一旦键入任何文字，它就成为黑色的，表示用户正在输入正文。每按一次回车键都将产生一个与其上一级相同的项目符号。如图 6-13 所示。

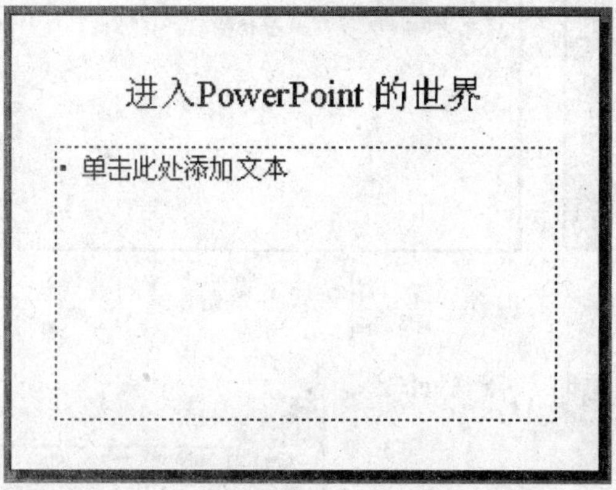

图 6-12　输入标题

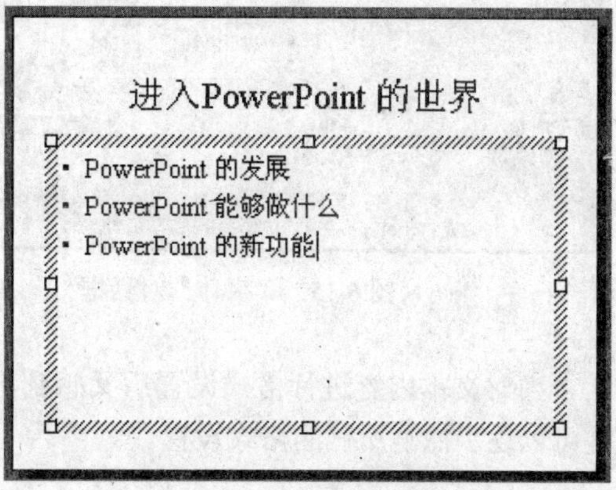

图 6-13　在幻灯片中输入文字

除了能够在各种预留文字框中输入文字外，还可以在幻灯片上的任意位置输入文本。方法是在绘图工具栏上单击选择“文本框”或“竖排文本框”按钮，在所要输入文字处单击并拖至适当宽度，然后便可在其中输入文字。

6.3.3　选定文本

1．选定一个词语

选定一个词语的方法是双击该词。

2．选定一个段落

选定一个段落的方法是三击该段落的任一位置。

3．选定整个文本

选定整个文本即选定一张幻灯片，可以单击大纲窗口中的按钮，或者按 Ctrl+A 键。

6.3.4　设置字体

为了使演示文稿中的文字更加漂亮美观，可以将演示文稿中的文字设置为各种字体。在 PowerPoint 中，影响到文字形象的有字体、字形、大小及颜色几个方面。操作步骤如下：

01　选定幻灯片中要设置格式的文字，如图 6-14 所示。

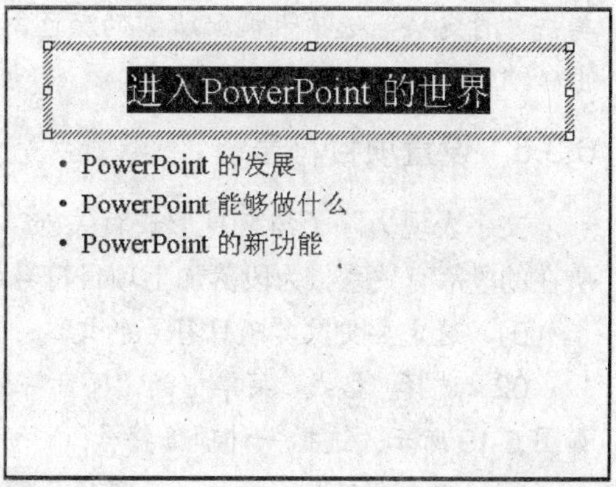

图 6-14　选定文字

02　选择“格式”菜单中的“字体”命令，弹出“字体”对话框，如图 6-15 所示。选择字体、字形、字号、效果和颜色。

03　单击“确定”按钮，设置字体效果如图 6-16 所示。

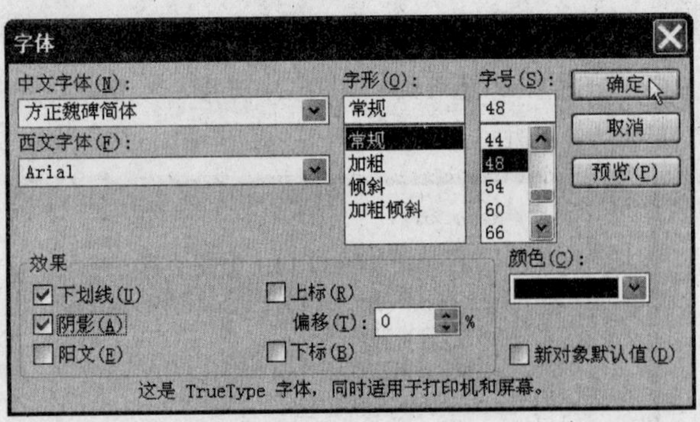

图 6-15 “字体”对话框

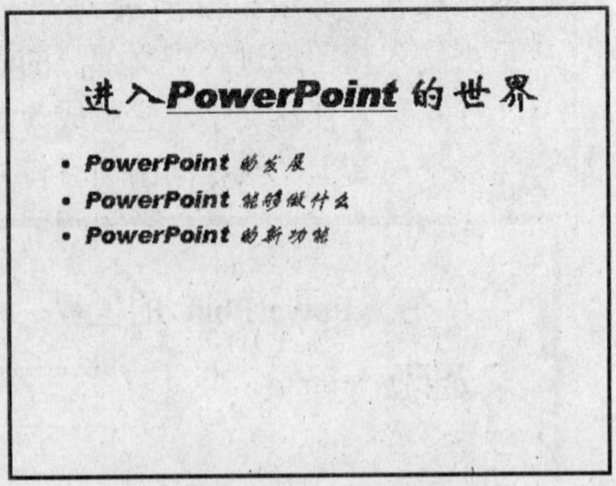

图 6-16 设置字体的效果

当对文本内容进行格式设置后又感到不满意时，按 Ctrl+Z 键可以逐步撤消所做的格式设置。

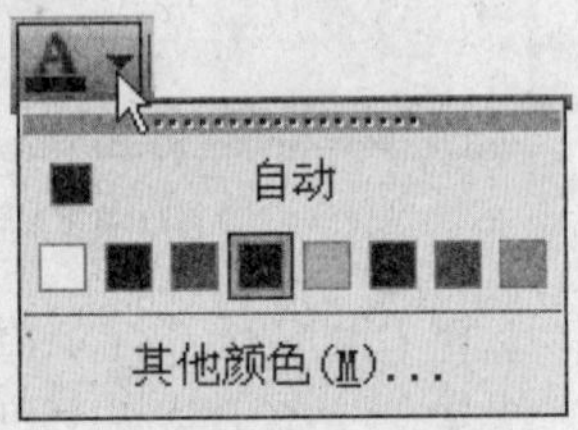

图 6-17 颜色列表框

6.3.5 设置文字颜色

具体操作步骤如下：

01 选定要更改颜色的文本。

02 单击“绘图”工具栏上的“字体颜色”按钮，弹出列表框，如图 6-17 所示。

03 如果要将标题文本颜色还原为默认值，选择“自动”。

04 如果要更改为配色方案中的颜色，单击“自动”选项下的八种颜色之一。

05 如果要更改为非配色方案中的颜色，单击“其他颜色”，弹出“颜色”对话框，如图 6-18 所示。

06 在“标准”选项卡上单击所需颜色，或单击“自定义”选项卡调配所需的颜色，然后单击“确定”按钮。

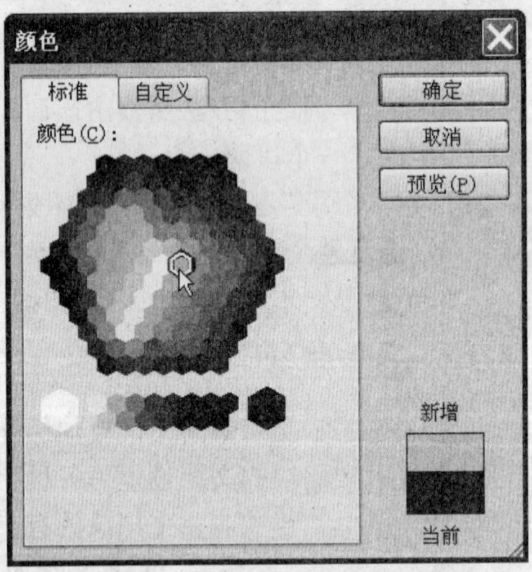

图 6-18 更改文本的颜色

6.3.6 设置项目符号

文字表现力除了与自身形式有关外，它还和所在的段落有关系。为段落加上项目符号可以起到醒目的作用，具体操作步骤如下：

01 选定要更改其项目符号的文本。

02 选择“格式”菜单中的“项目符号和编号”命令，弹出“项目符号和编号”对话框，如图 6-19 所示。选择一种项目符号。

03 单击“确定”按钮，设置项目符号的结果如图 6-20 所示。

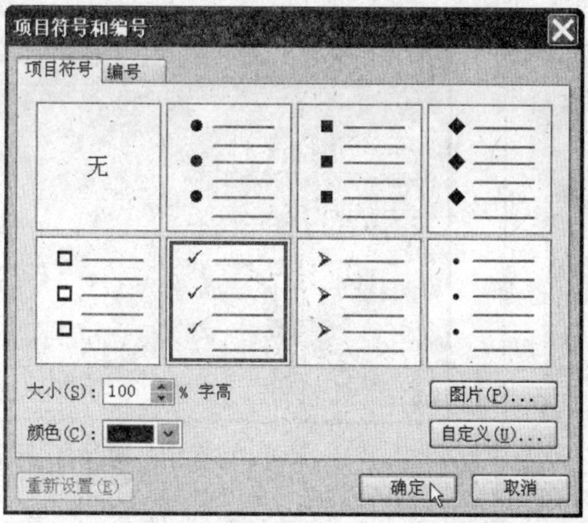

图 6-19　“项目符号和编号”对话框

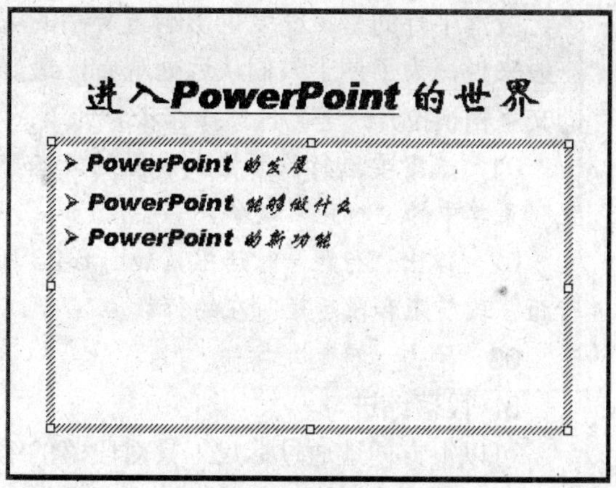

图 6-20　设置项目符号效果

04　如果认为“项目符号和编号”对话框中的项目符号不合适，可以单击“图片”按钮，弹出“图片项目符号”对话框，在其中选择合适的图片项目符号，单击“确定”按钮，如图 6-21 所示。

05　单击“项目符号和编号”对话框中的“自定义”按钮，弹出“符号”对话框，在其中选择合适的符号，单击“确定”按钮，如图 6-22 所示。

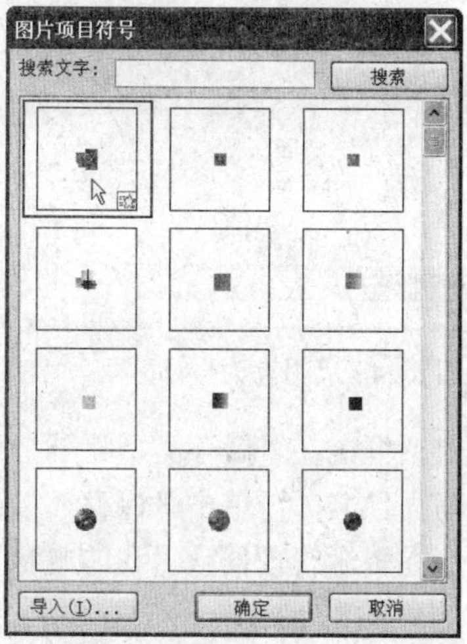

图 6-21　设置图片项目符号

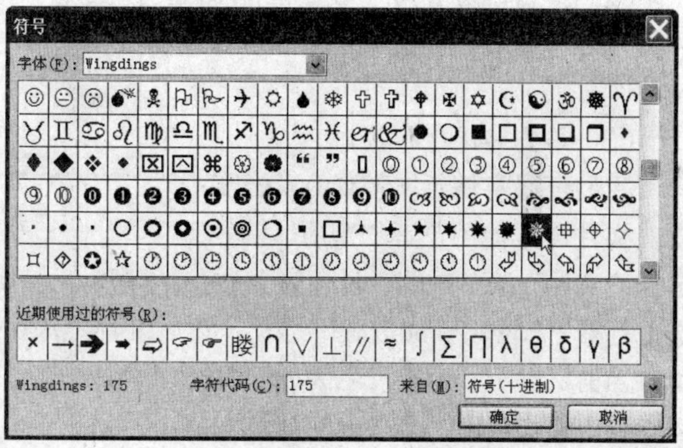

图 6-22　设置符号

6.3.7　段落格式

1. 段落对齐

为了控制段落的摆放形式，PowerPoint 提供了多种控制方式，其中包括“格式”工具栏上的四个对齐按钮：左对齐、居中对齐、右对齐、分散对齐，使用它们可以很方便地对段落作对齐处理。

选定文本后，单击工具栏中任何一个对齐按钮，系统即可按照要求进行段落的对齐。例如，选定幻灯片中的文字，单击“居中对齐”按钮，则将文字居中对齐。

2．设置行距

段落中行的密疏程度也影响着文字的观赏效果。一般来说，为了便于人们从远处观看，最好应让各行的文字稍稍拉开一些。具体操作步骤如下：

01 选定要进行段落格式设置的文本，选择“格式”菜单中的“行距”命令。

02 弹出“行距”对话框，如图6-23所示。选择行距、段前距和段后距所在的行数。

03 单击“确定”按钮。

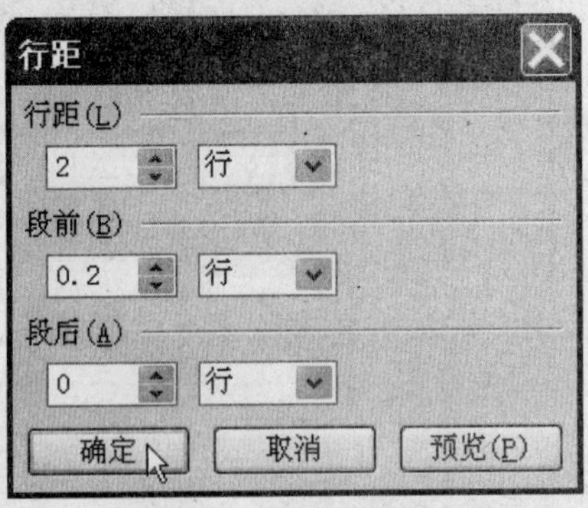

图6-23 “行距”对话框

3．段落缩进

可以很方便地通过标尺工具对段落的缩进格式进行控制。单击“视图”菜单中的“标尺”命令，在幻灯片编辑区将出现标尺。标尺上面的小三角控制段落首行的缩进，下面的小三角控制其他行的缩进，而小方块则是控制整个段落的缩进。

6.3.8 保存演示文稿

在演示文稿中制作完幻灯片后，需要将其保存起来。操作步骤如下：

01 单击“文件”菜单，选择“保存”命令。

02 弹出“另存为”对话框，如图6-24所示。选择演示文稿保存位置，输入文件名。

03 单击“保存”按钮。

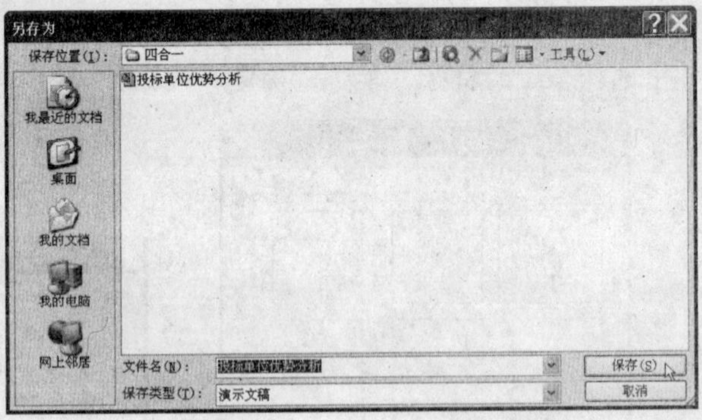

图6-24 “另存为”对话框

我们可以将演示文稿保存为幻灯片放映文件，方便浏览者的观看。方法是选择“文件”菜单中的“另存为”命令，打开“另存为”对话框，在“保存类型”下拉列表框中选择“PowerPoint放映”选项，然后设置好保存路径与文件名，再单击“保存”按钮即可将当前文件另存为扩展名为.pps的幻灯片放映文件。以后在资源管理器或“我的电脑”窗口中双击该文件即可直接放映演示文稿。

6.4 在演示文稿中插入图片

6.4.1 打开演示文稿

要对一个演示文稿进行编辑，首先应打开它。具体操作步骤如下：

01 单击“文件”菜单，选择“打开”命令。

02 弹出“打开”对话框，如图6-25所示，选择要打开的文档所在的驱动器和文件夹，然后选择要打开的文档。

03　单击“打开”按钮。

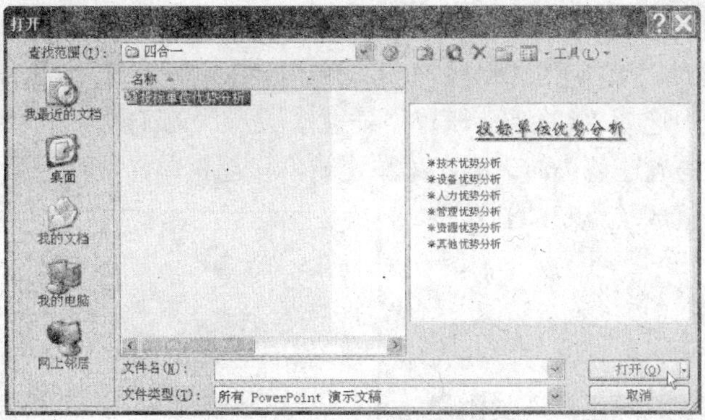

图 6-25　“打开”对话框

6.4.2　图形的绘制和修饰

PowerPoint 的绘图工具已经得到了进一步的集成，虽然仍然还是一条工具栏，但内容要比以前的版本丰富多了。

在这个工具栏中包含了大量的预制图形，为用户制作各种图形提供了很大的方便。

单击“自选图形”，弹出一个菜单，可以在其中选择需要绘制某种图形的相应按钮，如图 6-26 所示。

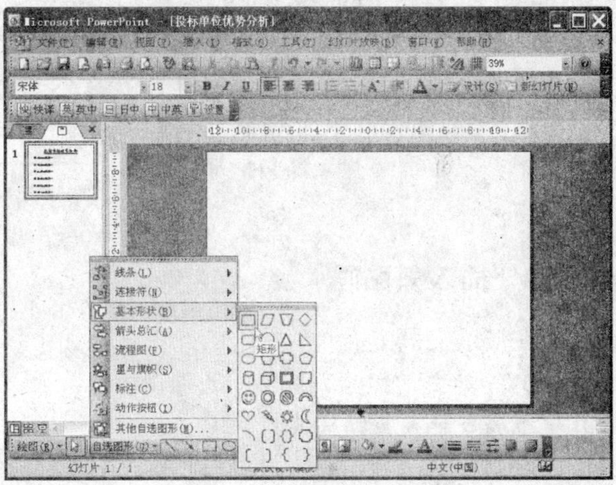

图 6-26　选择相应的绘图按钮

1．绘制直线与弧线

绘制线条先要单击“自选图形”中的“线条”，取用其中的“直线”工具，单击一次表示只能使用一次，如果要多次使用，则需单击两次。当鼠标变成“十”字光标后，就可以绘制直线了。

绘制弧线是从工具栏上选取弧形工具后，先画出一截弧线来，然后向下拖动直至画出圆弧来。

2．基本形状

“基本形状”一共包含了 32 个图形，从矩形、椭圆到各类形状的三角形等这样一些常用基本形状一应俱全。此外，像“流程图”中的图形也可以根据需要作为一般的图形使用。

3．箭头总汇

单击“自选图形”中的“箭头总汇”，在出现的列表中选择一种箭头样式。将鼠标移到幻灯片编辑区，鼠标指针变成“十”字光标后，就可以绘制箭头了。

4．绘制曲线

单击“自选图形”，在打开的下拉列表中选择“线条”，取用其中的“曲线”工具，单击曲线的起始点，松开鼠标键至曲线的“拐点”处单击鼠标，再移动再单击直至绘出整个曲线。

5．绘制任意多边形

在 PowerPoint 中绘制任意形状的多边形是一件十分容易的事。单击“自选图形”，在打开的下拉列表中选择“线条”，取用“任意多边形”的工具。单击给出多边形的起始点，松开鼠标，移至构成这条边的另一点处单击，再移动再单击，直至画出整个多边形。注意，一旦按鼠标，它就成了笔状的自由曲线工具了。

6．修饰图形

对于绘制出的图形，可以对其进行各种修饰，如填充颜色、添加阴影和三维效果等。

选定要进行设置的图形，然后单击“绘图”工具栏上的“线型”按钮、“线条颜色”按钮、“填充色”按钮、“阴影”按钮和“三维效果”按钮，即可对图形进行各种修饰。图 6-27 所示的是各种图形的修饰效果。

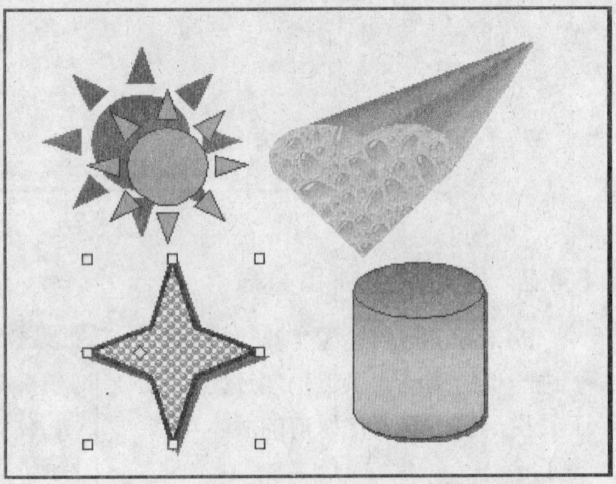

图 6-27　图形的修饰

6.4.3　插入剪贴画

在演示文稿中插入剪贴画的操作步骤如下：

01　单击“插入”菜单，选择“图片”子菜单中的“剪贴画”命令。或者单击绘图工具栏中的“插入剪贴画”按钮。

02　屏幕右边出现“剪贴画”任务窗格，单击“搜索”按钮，出现剪贴画的缩略图，如图 6-28 所示。

03　拖动滑块选择剪贴画，确认插入的剪贴画后，点击该缩略图，剪贴画就自动插入到幻灯片中，如图 6-29 所示。在幻灯片中可以调整剪贴画的大小和位置。

图 6-28　浏览剪贴画

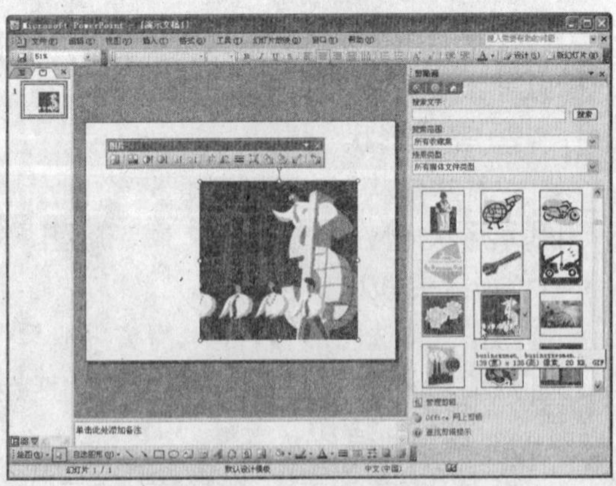

图 6-29　在幻灯片中插入剪贴画

6.4.4 插入艺术字

在演示文稿中插入艺术字的操作步骤如下：

01　单击“插入”菜单，选择“图片”子菜单中的“艺术字”命令。或者单击绘图工具栏中的“插入艺术字”按钮。

02　弹出“艺术字库”对话框，如图 6-30 所示。PowerPoint 的艺术字库提供了多种艺术字造型，用户可以从中选择一种自己喜欢的样式。

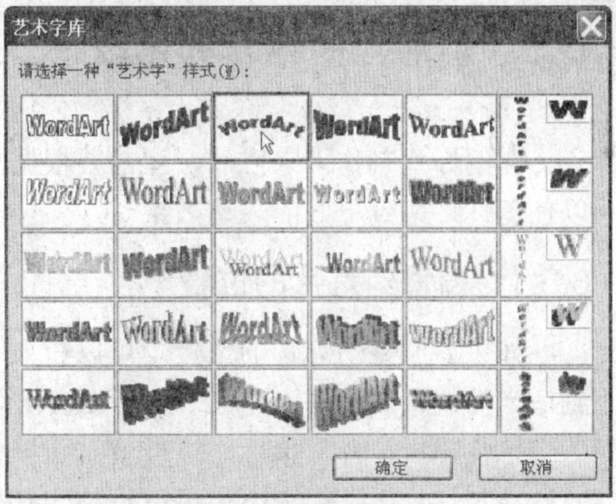

图 6-30　选择“艺术字”样式

03　单击“确定”按钮，弹出“编辑‘艺术字’文字”对话框，如图 6-31 所示，可以在此输入文本，并设置该文本的一些特性，比如字体、字号或粗斜体等。

04　单击“确定”按钮，这时输入的文字就按照所希望的造型出现在幻灯片中，如图 6-32 所示。同时“艺术字”工具栏也出现在窗口中，可方便修改艺术字。

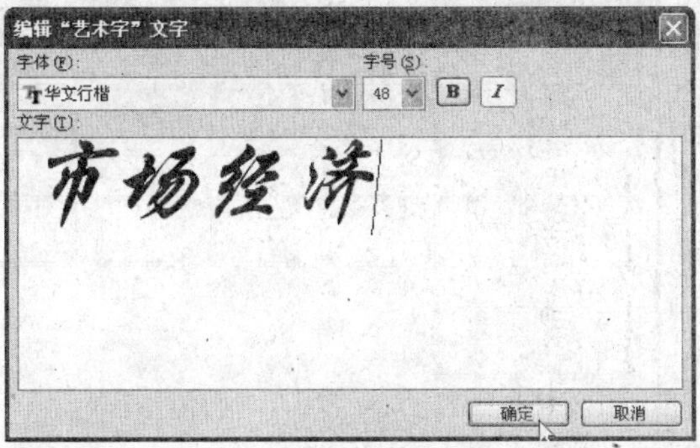

图 6-31　编辑艺术字

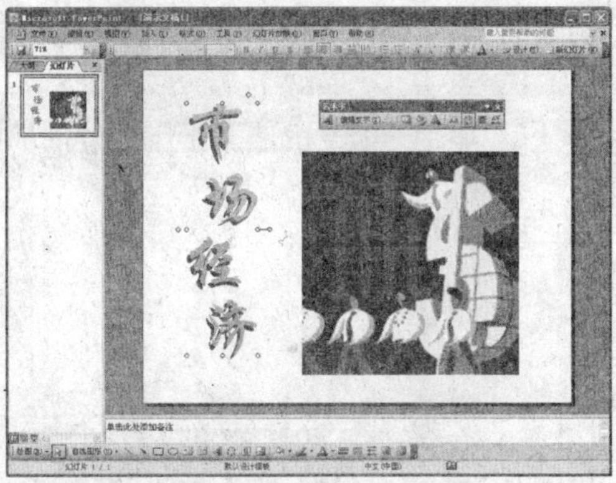

图 6-32　插入艺术字

6.4.5 插入图片

在 PowerPoint 的演示文稿中，不仅可以插入剪贴画，还可以插入由其他图形图像软件创建的图片。操作步骤如下：

01　单击“插入”菜单，选择“图片”子菜单中的“来自文件”命令。或者单击绘图工具栏中的“插入图片”按钮。

02　弹出“插入图片”对话框，如图 6-33 所示。在“查找范围”框中选择

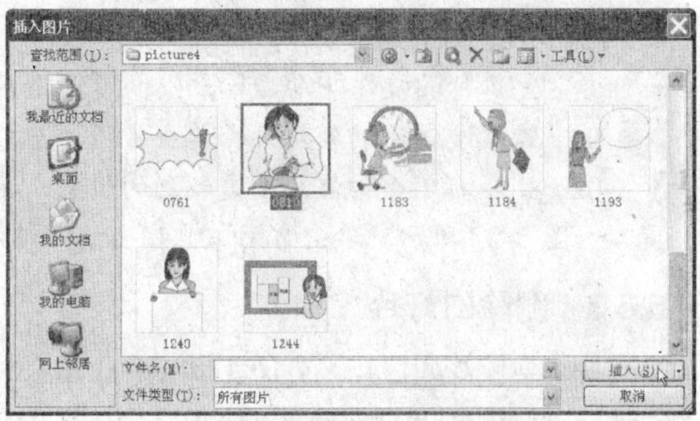

图 6-33　“插入图片”对话框

文件夹，在“名称”框中选择图片文件，在右边的框中可以预览图片。

03 单击“插入”按钮，将图片插入到幻灯片中。

6.5 幻灯片的编辑和修改

在幻灯片制作出来以后，还需要根据总体结构的需要做一些适当的编辑和修改工作，以使幻灯片达到更好的表达效果。

6.5.1 调整幻灯片的位置

如果要调整幻灯片的位置，可以在大纲窗口中单击幻灯片，按住鼠标不放，拖动鼠标到适当的位置，在移动过程中屏幕上会出现一条黑线指示所处的位置，如图 6-34 所示。到达目标位置后，释放鼠标，这样就重新调整了幻灯片的位置。

在幻灯片浏览视图下也可以调整幻灯片的位置。单击屏幕左下角的“幻灯片浏览视图”按钮，进入幻灯片浏览视图状态。当以拖动的方式移动幻灯片时，由幻灯片前面的竖线来指示当前幻灯片将要移至的位置，如图 6-35 所示。如果希望能够在幻灯片浏览视图中同时看到更多的幻灯片，可以通过常用工具栏的“显示比例”下拉列表来进行选择。

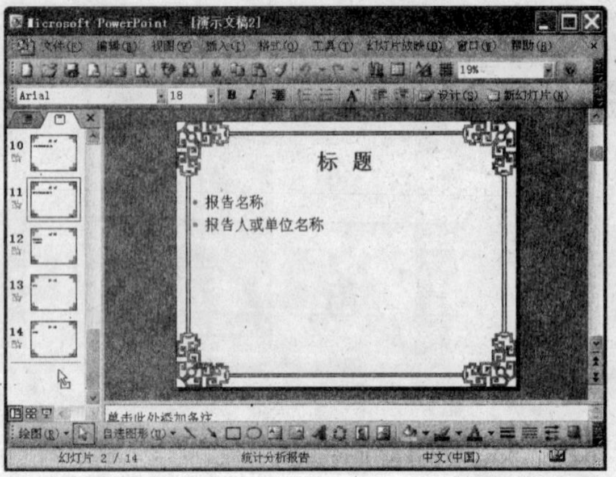

图 6-34 调整幻灯片的位置

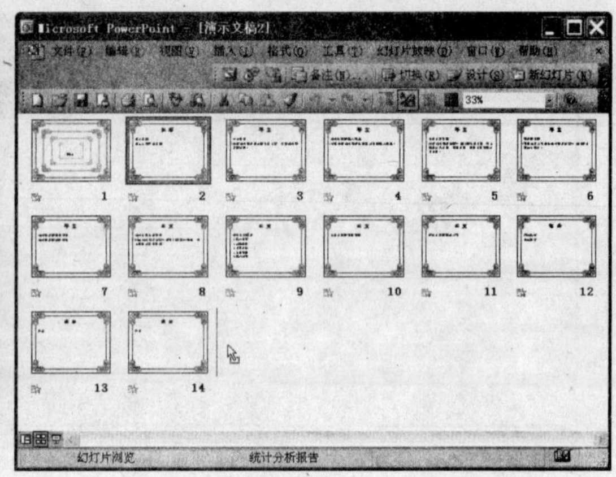

图 6-35 浏览视图下移动幻灯片

6.5.2 复制幻灯片

复制幻灯片的操作非常简单，操作步骤如下：

01 选择要复制的幻灯片，单击常用工具栏上的“复制”按钮，如图 6-36 所示。

02 用鼠标单击幻灯片要复制到的位置，屏幕上会出现一条闪烁的黑线指示所处的位置，如图 6-37 所示，单击常用工具栏上的“粘贴”按钮，则完成幻灯片的复制。

6.5.3 删除幻灯片

如果要删除幻灯片，只需选定该幻灯片，然后按一下 Del 键就可以了，PowerPoint 会自动对这些幻灯片重新编号。

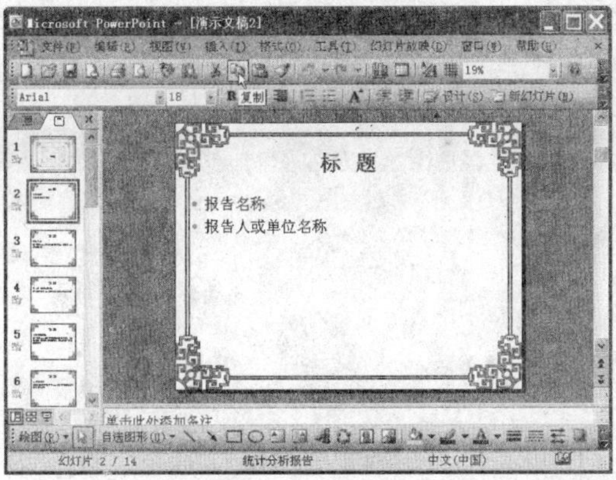

图 6-36 选定幻灯片

图 6-37 复制幻灯片

6.6 幻灯片的格式

6.6.1 幻灯片配色方案

PowerPoint 有一套控制颜色的机制即所谓的“配色方案”，它以预设的方式控制着你的演示文稿的一些基本颜色特征，如标题文本的颜色、各种对象的线体颜色及封闭对象的填充颜色等。其实用户完全可以不使用这种预设的配色方案，而去选择一种所喜欢的控制对象颜色的方式，甚至修改并创建自己的配色方案。

用户既可以为当前幻灯片选择配色方案，也可以将该配色方案用于整个演示文稿。改变配色方案的操作步骤如下：

01 单击“格式”菜单，选择“幻灯片设计”命令。

02 屏幕右边出现“幻灯片设计”窗口，单击“配色方案”，弹出多种配色方案类型，如图 6-38 所示。可以看到，第一个配色方案四周标有黑色方框，表示它为当前的默认配色方案，从中可看到它的背景为白色，标题和正文文字颜色均为黑色，而填充颜色为浅绿色。

03 单击所需要的配色方案，则新选的配色方案将作用到幻灯片中，如图 6-39 所示。在 PowerPoint 中，当用户选择了一种新的配色方案后，幻灯片或整个演示文稿中所有与该方案中控制颜色相关的内容都将自动发生变化。

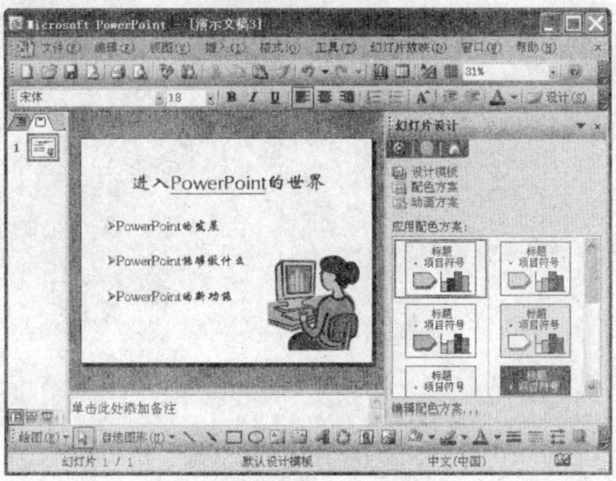

图 6-38 选择“配色方案”

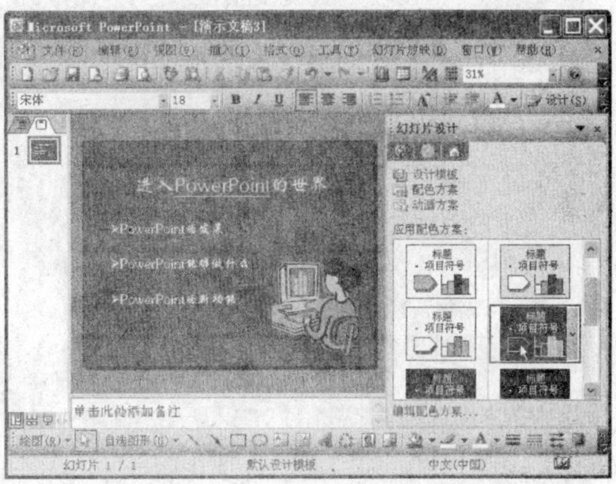

图 6-39 改变配色方案后的效果

6.6.2 更改配色方案的颜色

具体操作步骤如下：

01 单击“幻灯片设计”窗口下方的“编辑配色方案”，弹出“编辑配色方案”对话框，单击“自定义”选项卡，如图 6-40 所示。

02 在“配色方案颜色”下面单击需要更改的颜色，再单击“更改颜色”按钮。

03 在“标准”选项卡中，直接从调色板中选择所需的颜色，然后单击“确定”按钮。

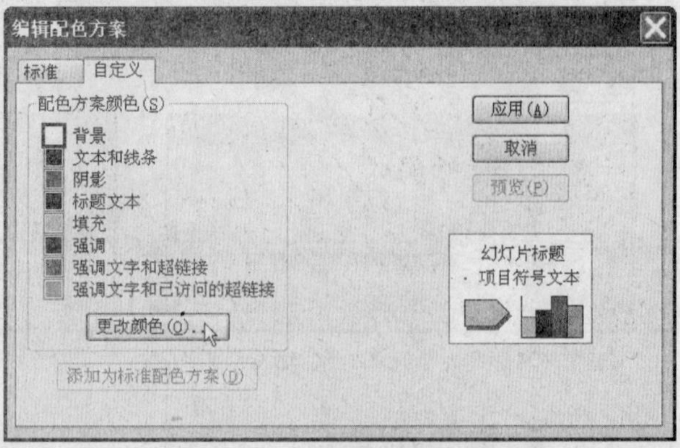

图 6-40 更改配色方案的颜色

04 在“自定义”选项卡中，拖动十字形光标选择颜色，并拖动滚动条调整亮度，然后单击“确定”按钮。

05 如果要将配色方案连同演示文稿一起存盘，单击“添加为标准配色方案”按钮。

6.6.3 更改幻灯片背景

通过更改幻灯片的颜色、阴影、图案或纹理，可以改变幻灯片的背景，使其更具视觉美感。

具体操作步骤如下：

01 选定要改变背景的幻灯片，单击“格式”菜单，选择“背景”命令。

02 弹出“背景”对话框，单击“背景填充”列表框中的下拉箭头，如图 6-41 所示。在弹出的列表中，单击“自动”，背景设置为系统默认值；单击颜色选项，背景则以系统中的配色方案进行设置。

03 单击“应用”按钮，设置背景的效果如图 6-42 所示。

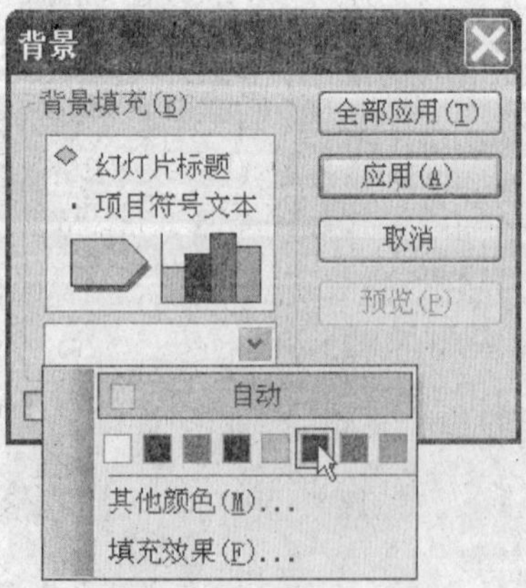

图 6-41 “背景”对话框

图 6-42 更改背景效果

04　单击图 6-41 中的“填充效果”项，弹出“填充效果”对话框，单击“渐变”选项卡，如图 6-43 所示。选择“颜色”为“预设”，“预设颜色”设为“极目远眺”，选择“底纹样式”为“斜上”。单击“确定”按钮。

05　单击“应用”按钮，设置渐变填充的效果如图 6-44 所示。

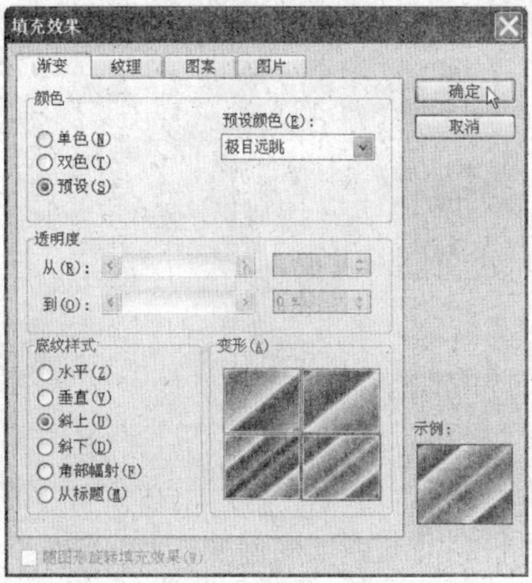

图 6-43　“填充效果”对话框

图 6-44　设置渐变填充效果

06　单击图 6-41 中的“填充效果”项，弹出“填充效果”对话框，单击“纹理”选项卡，如图 6-45 所示。选择一种纹理，单击“确定”按钮。

07　单击“应用”按钮，设置纹理填充的效果如图 6-46 所示。

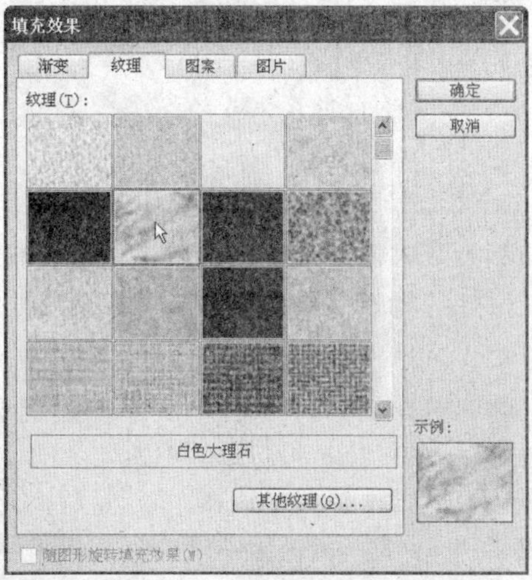

图 6-45　“填充效果”对话框

图 6-46　设置纹理填充效果

6.6.4　应用设计模板

PowerPoint 提供的、由专家们精心制作的模板，其造型和色彩都非常优美，巧妙地使用它们，可以在最短的时间内将自己的演示文稿充分地享有专业品质的特征。

要使用 PowerPoint 的应用设计模板，操作步骤如下：

01　选定要应用设计模板的幻灯片，单击“格式”菜单，选择“幻灯片设计”命令。

02 屏幕右边出现“幻灯片设计”窗口，单击“设计模板”，弹出多种设计模板类型，如图 6-47 所示。

03 选择所需要的设计模板，单击模板右边的下拉箭头，在弹出的菜单中选择“应用于选定幻灯片”项，则所选的设计模板将作用到幻灯片中，如图 6-48 所示。

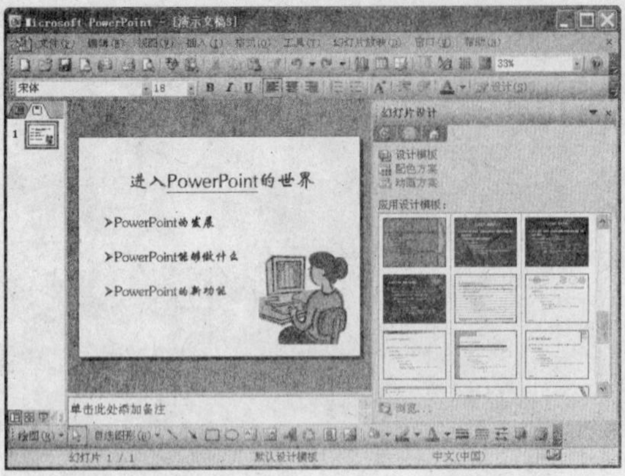

图 6-47 选择设计模板

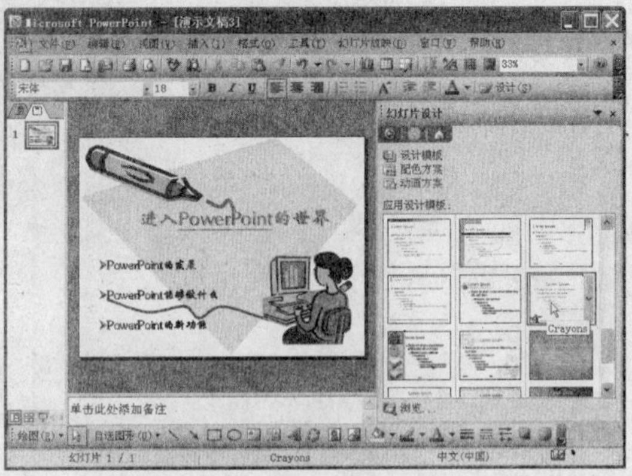

图 6-48 将模板应用到演示文稿

6.6.5 母版

PowerPoint 的一大特色就是可以使演示文稿的所有幻灯片具有一致的外观。控制幻灯片外观的方法有三种：母版、配色方案、设计模板。下面讲解母版的使用。

1. 幻灯片母版

幻灯片母版控制在幻灯片上键入的标题和文本的格式与类型，母版还包含背景项目，例如放在每张幻灯片或标题幻灯片上的图形。

幻灯片母版控制所有幻灯片的格式。更改幻灯片母版上的任何格式设置(如增加字号)，这种更改也会应用于标题幻灯片中。如果要使个别的幻灯片外观与母版不同，则直接修改该幻灯片。

如果应用新的设计模板，或更改幻灯片标题的颜色或大小，或更改幻灯片母版上的背景颜色，则所有幻灯片都会反映这种改变。如果在幻灯片母版中添加图形，每张幻灯片上都会出现该图形。

如果创建独特的幻灯片，例如其背景和母版不同或填充颜色不属于母版配色方案，那么即使更改母版，这些幻灯片仍然维持不变。随时都可以将母版格式还原到已改变的幻灯片上。例如，如果幻灯片上有隐藏的背景项，只要从“格式”菜单中选择“背景”命令，再清除“忽略母版的背景图形”复选框即可显示背景项。

并非所有幻灯片在每个细节上都必须与幻灯片母版一致。例如，某张幻灯片可能使用与母版不同的背景颜色或阴影图案。或者可能要隐藏某个背景图形，例如公司徽标，在个别幻灯片上不会出现该徽标。对于其他幻灯片，或许想在标题或文本格式上使用不同的大小和颜色，或在页眉和页脚部分放入不同的信息。此外，幻灯片也可以使用与母版不同的配色方案。

具体操作步骤如下：

01 单击“视图”菜单，选择“母版”子菜单中的“幻灯片母版”命令。

02　选择所需要的幻灯片母版，幻灯片母版有 5 个占位符：标题区、文本区、日期区、页脚区和数字区，如图 6-49 所示。修改这些占位符的格式将影响所有基于该母版的幻灯片。

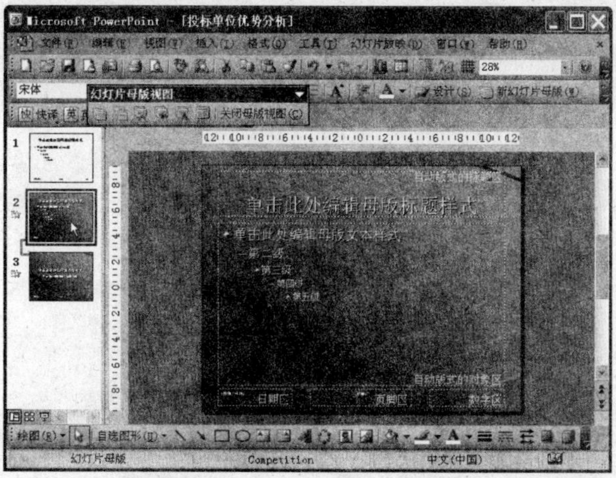

图 6-49　幻灯片母版

2. 标题母版

通常情况下，演示文稿的第一张幻灯片是标题幻灯片，它的内容是演示文稿标题和副标题。标题母版控制标题幻灯片的格式和位置，它还能控制指定为标题幻灯片的幻灯片，例如某部分的开始。

如果更改标题母版的版式，所有标题幻灯片也会随之改变。

选择“视图”菜单的“母版”子菜单中的“幻灯片母版”命令，进入幻灯片母版视图。选择“插入”菜单中的“新标题母版”命令，进入“标题母版”幻灯片编辑窗口。标题母版视图也有 5 个占位符：标题区、副标题区、日期区、页脚区和数字区。

3. 讲义母版

讲义母版用于讲义的格式化标准。选择“视图”菜单的“母版”子菜单中的“讲义母版”命令，进入讲义母版视图。讲义母版也有 5 个占位符：页眉区、日期区、页脚区、数字区和幻灯片或大纲区。在讲义母版视图中有一个“讲义母版”工具栏，利用“讲义母版”工具栏可以设置每张页面的幻灯片数量，或者显示大纲位置。

4. 备注母版

备注母版用于格式化演讲者备注页面的内容，备注母版还允许重新调整幻灯片区域的大小。选择“视图”菜单的“母版”子菜单中的“备注母版”命令，进入备注母版视图，备注母版中共有 6 个占位符。

6.7　制作动画效果

6.7.1　设置动画方案

设置动画方案的具体操作步骤如下：

01　选定幻灯片，单击“幻灯片放映”菜单中的“动画方案”命令。

02 屏幕右边显示出多种动画方案，单击一种动画方案，可看到幻灯片按照选择的动画方案逐个出现，如图 6-50 所示。

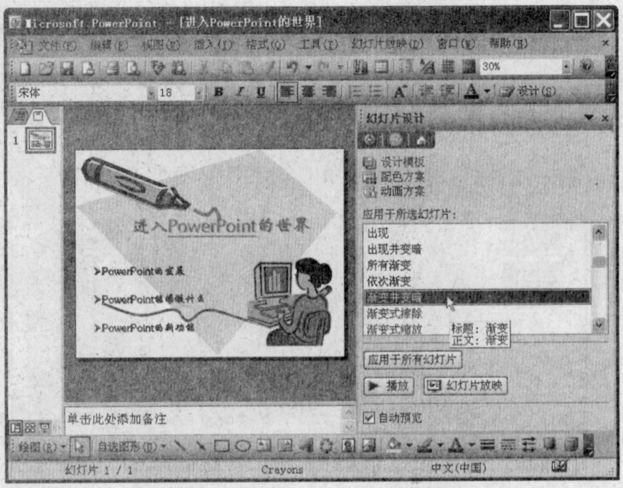

图 6-50 动画效果

6.7.2 自定义动画

使用“幻灯片放映”菜单的“自定义动画”命令，可以设置所需幻灯片上的动画效果，更改幻灯片上对象的出现顺序，并且设置每个对象的播放时间。操作步骤如下：

01 单击“幻灯片放映”菜单，选择“自定义动画”命令。

02 在任务窗格中弹出“自定义动画”窗口，如图 6-51 所示。选择某个对象，单击“添加效果”按钮，在出现的级联菜单中，可以分别选择“进入”、“强调”、“退出”、“动作路径”方面的动画效果。例如，选择“进入”时的动画效果为“飞入”。

03 单击“开始”框中的下拉箭头，选择什么时候开始。

04 单击“方向”和“速度”框中的下拉箭头，选择运动方向和速度。

05 用鼠标指向相应项目文本，如标题 1，单击其右侧的下拉箭头，在弹出的菜单中选择“效果选项”命令。如图 6-52 所示。

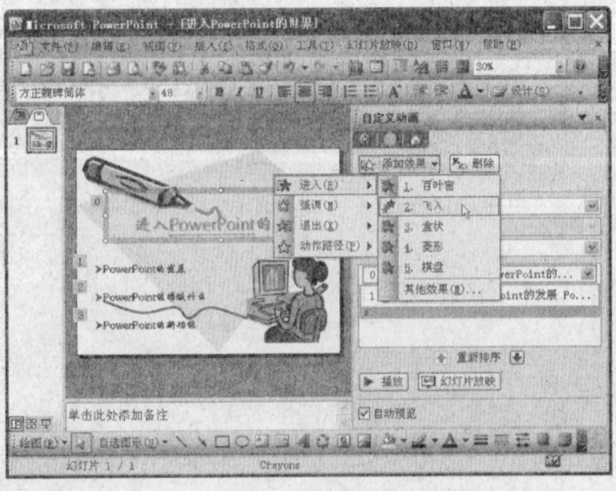

图 6-51 设置动画效果

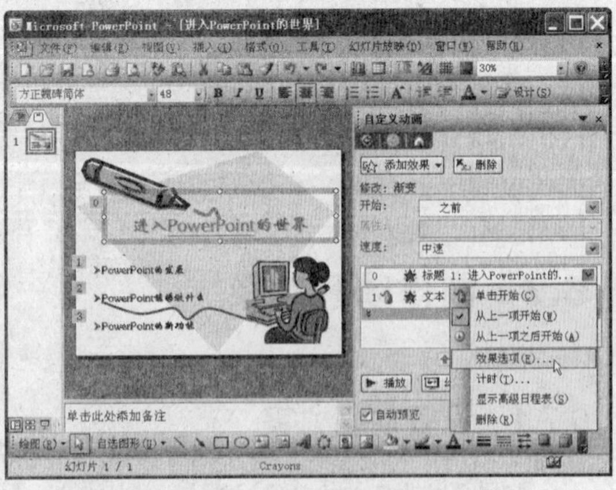

图 6-52 选择“效果选项”命令

06　弹出动画效果对话框，单击“效果”选项卡，如图 6-53 所示，选择“声音”选项和“动画播放后”的效果。

07　单击“计时”选项卡，选择相应的效果，如图 6-54 所示。单击“确定”按钮。

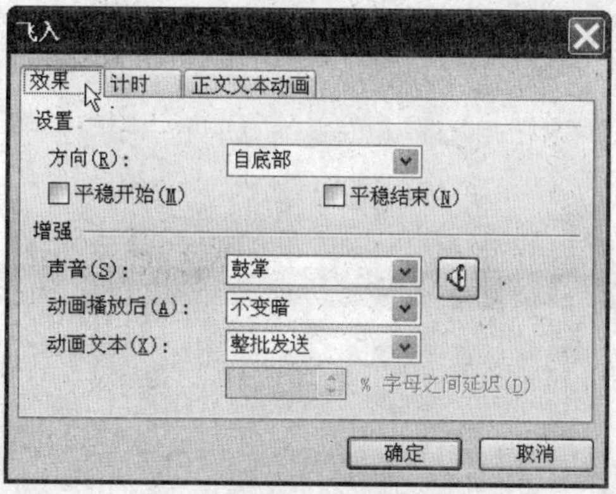

图 6-53　设置效果

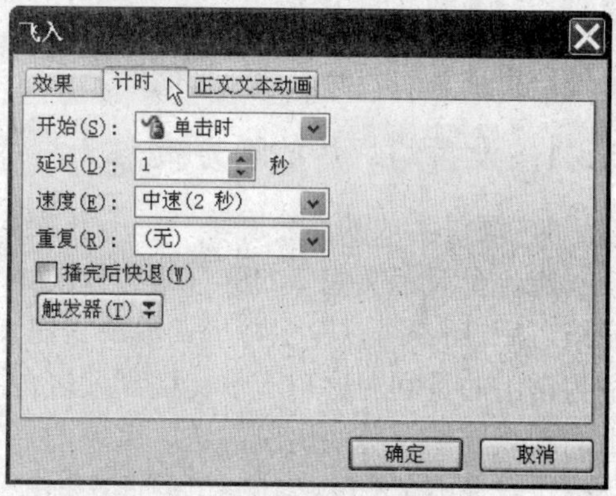

图 6-54　设置计时

08　设置完成一个文本对象后，进行下一个对象的设置。

09　单击“播放”按钮，可观看设置的效果。单击“幻灯片放映”按钮，可进行幻灯片的放映。

6.7.3　幻灯片之间的切换

切换方式是指当前幻灯片到下一张幻灯片之间的换页方式。要对切换方式中的动画效果进行设置，具体操作步骤如下：

01　单击“幻灯片放映”菜单，选择“幻灯片切换”命令。

02　在任务窗格中弹出“自定义动画”窗口，如图 6-55 所示。在切换效果列表框单击一种切换效果，例如，选择“扇形展开”效果。

03　在“速度”列表框中，选择切换速度；在“声音”列表框中，选择引入幻灯片时的声音。

04　在“换页方式”中，可选择单击鼠标时切换，也可以设定幻灯片的切换时间间隔。

05　单击“播放”按钮，可观看设置的效果。单击“幻灯片放映”按钮，可进行幻灯片的放映。

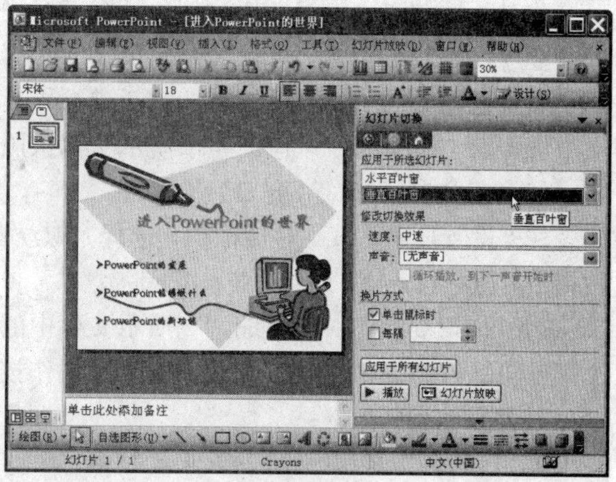

图 6-55　设置幻灯片切换方式

如果要快速检查每张幻灯片的切换方式，可以单击窗口左下角的“幻灯片浏览视图”按钮，切换到“幻灯片浏览”视图中，可看到每张幻灯片的左下方均有一个小图标。单击各张幻灯片左下方的小图标，PowerPoint 就会快速演示该幻灯片的切换效果。

6.8 幻灯片的放映

创建完成演示文稿后，其最终目的就是为了在观众面前放映及演示。要想获得所希望的效果，除了要在创建演示文稿的过程中做好整体规划，精益求精，以得到出色的视觉效果外，更重要的是要设计一种能够完全吸引用户视线的演示过程。

6.8.1 设置幻灯片放映方式

1．演讲者放映（全屏幕）

当一个演示文稿中的所有幻灯片制作完毕之后，用户可以有多种形式放映它们。最为常用的是利用这个演示文稿到报告会上向观众介绍有关的情况，这时可以选择“演讲者放映（全屏幕）”方式，此选项能以全屏幕的方式运行演示文稿，并且，演讲者在使用过程中对演示文稿有着完整的控制权。单击“幻灯片放映”菜单，选择“设置放映方式”命令，弹出“设置放映方式”对话框，如图 6-56 所示。

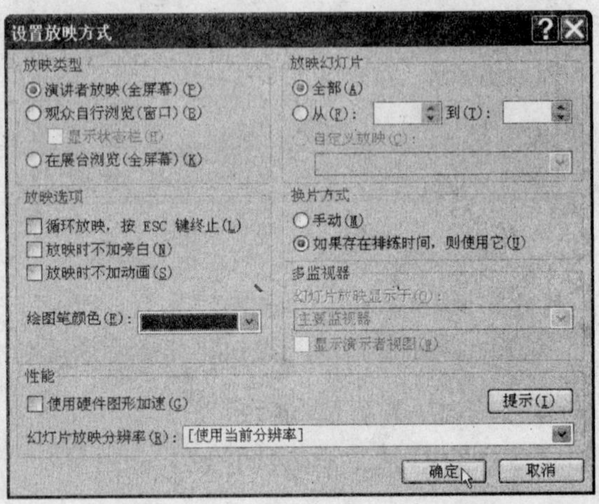

图 6-56 “设置放映方式”对话框

“设置放映方式”对话框中的“放映类型”部分，控制着将要以何种形式放映该演示文稿。如果用户要亲自去宣讲它的内容，需要对它拥有完全的控制权，那么应按下“演讲者放映（全屏幕）”单选按钮。

此对话框的“放映幻灯片”部分是用来控制将要放映哪些幻灯片。用户可以根据不同的需要选择是放映全部幻灯片，还是仅仅放映其中的某一段。

如果已精心地对幻灯片的换片时间进行了一些设置，这时可以在下面的“换片方式”栏中选择第二个按钮，以保证整个演示文稿按照用户的节奏换片。

2．观众自行浏览（窗口）

在“设置放映方式”对话框中，选择“观众自行浏览（窗口）”单选按钮，单击“确定”按钮后，演示文稿就将以这种方式放映了。

为了使得观众能够随意地浏览演示文稿中的幻灯片，应提供必要的放映控制手段，这个工作可通过“幻灯片放映”菜单中的“动作按钮”命令来完成。

具体操作步骤如下：

01 单击“幻灯片放映”菜单，指向“动作按钮”，如图 6-57 所示，可在打开的按钮工具栏中选定一个动作按钮。

02 单击了该按钮之后，鼠标箭头改变成小小的“十”字，在要添加按钮之处按下并拖动它，就会以系统的当前缺省颜色画出一个按钮。

03 当画出按钮后松开鼠标时，会随即调出一个“动作设置”对话框，如图 6-58 所示，它将对鼠标以何种方式引发何种内容做出规定。

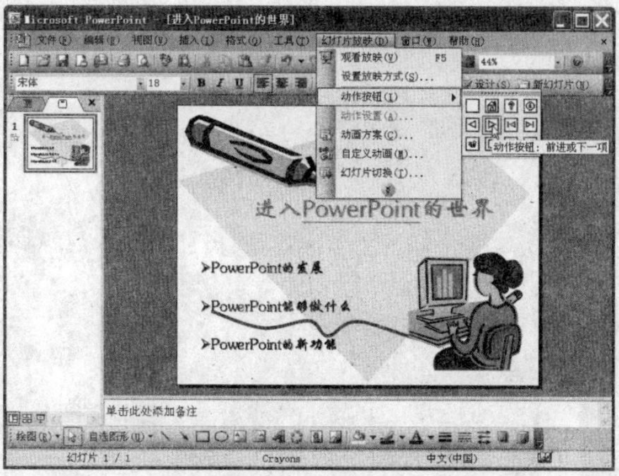

图 6-57　设置动作按钮

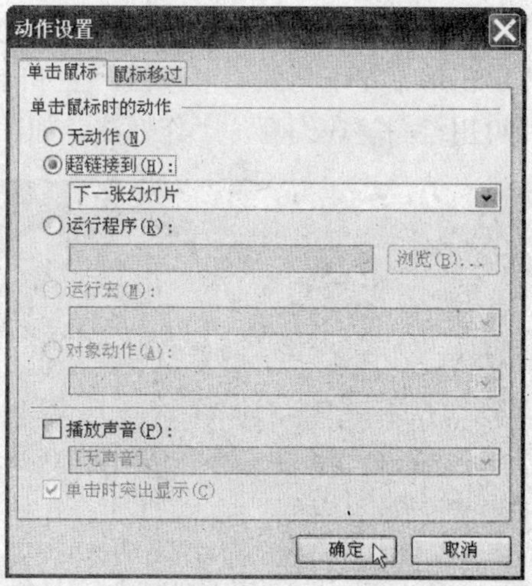

图 6-58　“动作设置”对话框

04　图 6-59 显示了在幻灯片中添加了一个动作按钮，在幻灯片放映过程中，观众可通过这个按钮来进行幻灯片的放映操作。

图 6-59　在幻灯片中添加动作按钮

3. 在展台浏览（全屏幕）

如果在“设置放映方式”对话框中选中“在展台浏览（全屏幕）”的放映方式，就可以使得该演示文稿自动运行。这样在不需要专人看管的情况下，演示文稿就能够在像展览会场这样的环境里周而复始地循环放映下去。

6.8.2　放映幻灯片

制作并编辑完演示文稿后，则可观看放映效果，用下面三种方式来启动幻灯片放映：

- 选择“视图”菜单中的“幻灯片放映”命令。
- 选择“幻灯片放映”菜单中的“观看放映”命令。
- 单击窗口左下角的“幻灯片放映”按钮。

此时打开的放映窗口如图 6-60 所示。

用户在幻灯片放映过程中还可在幻灯片上作标注，用以引起观众的注意。要作标注可先单击屏幕左下角的笔形按钮，在弹出的菜单中选择笔的类型，例如选择“荧光笔”，这样即可用绘图笔在幻灯片上作标注，如图 6-61 所示。

图 6-60　放映幻灯片

图 6-61　用绘图笔作标注

在播放演示文稿时，单击鼠标右键，在弹出的快捷菜单中选择“定位”中的“幻灯片漫游”命令，打开“幻灯片漫游”对话框，在“幻灯片标题”列表框中选择要跳转到的幻灯片，单击“定位至”按钮，即可快速跳转到想要显示的幻灯片。

在播放演示文稿时，单击鼠标右键，在弹出的快捷菜单中选择“定位”中的“按标题”命令，然后在弹出的下级菜单中选择要显示的幻灯片，即可根据标题快速跳转到想要显示的幻灯片。

在播放演示文稿时，如果知道要跳转到的幻灯片序号，直接在键盘上按相应的序号，然后按 Enter 键，即可通过序号快速跳转到想要显示的幻灯片。

放映演示文稿时，按 N 键、→键、↓键、Enter 键、空格键、PageDown 键均可快速显示下一张幻灯片。按 Backspace 键、P 键、←键、↑键、PageUp 键均可快速返回上一张幻灯片。

放映演示文稿时，按 S 键或“+”键（数字键盘上的），可暂停幻灯片的放映，再次按 S 键或“+”键（数字键盘上的），则继续播放。

放映演示文稿时，同时按住鼠标左、右键不放，几秒钟后便可快速返回演示文稿的第一张幻灯片。

6.9　认识中文 PowerPoint 2007

6.9.1　PowerPoint 2007 主界面

Microsoft Office PowerPoint 2007 可以使用户快速创建极具感染力的动态演示文稿，同时集成工作流和方法，以轻松共享信息。从 Microsoft Office Fluent 用户界面到新的图形以及格式设置功能，Office PowerPoint 2007 使用户拥有控制能力，从而创建具有精美外观的演示文稿。

Microsoft PowerPoint 2007 的主界面如图 6-62 所示。

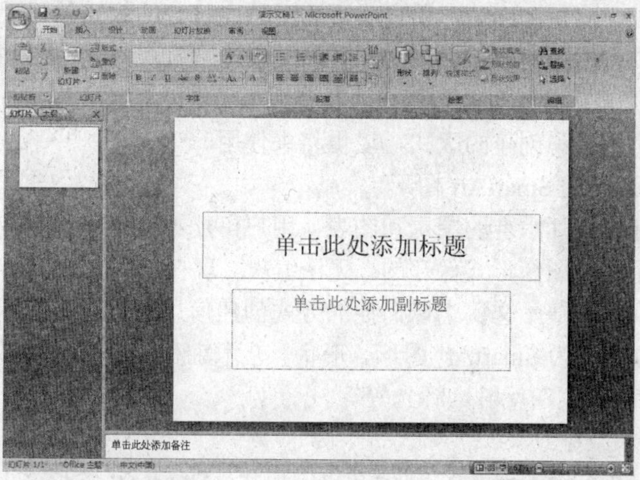

图 6-62　PowerPoint 2007 主界面

6.9.2　PowerPoint 2007 新增功能

为了帮助用户制作具有专业外观的演示文稿，Microsoft Office PowerPoint 2007 提供了一组综合功能，用户可以使用它们创建信息，并为其设置格式。只需单击几次鼠标，即可创建并添加设计师水准的 SmartArt 图形。

1．创建并播放动态演示文稿

（1）全新的直观型外观

Office PowerPoint 2007 具有一个称为 Microsoft Office Fluent 用户界面的全新直观用户界面，与早期版本的 PowerPoint 相比，它可以帮用户更快更好地创建演示文稿。Office PowerPoint 2007 提供新效果、改进效果、主题和增强的格式选项，利用它们，可以创建外观生动的动态演示文稿，而所用的时间只是以前的几分之一。你可以在直观的分类选项卡和相关组中查找功能和命令，从预定义的快速样式、版式、表格格式、效果及其他库中选择便于访问的格式选项，从而以更少的时间创建更优质的演示文稿。你还可以利用实时预览功能，在应用格式选项前查看它们。

（2）主题和快速样式

Office PowerPoint 2007 提供新的主题、版式和快速样式，当设置演示文稿格式时，它们可以为你提供广泛的选择余地。过去，演示文稿格式设置工作非常耗时，因为必须分别为表格、图表和图形选择颜色和样式选项，并要确保它们能相互匹配。主题简化了专业演示文稿的创建过程。用户只需选择所需的主题，PowerPoint 2007 便会执行其余的任务。单击一次鼠标，背景、文字、图形、图表和表格全部都会发生变化，以反映你选择的主题，这样就确保了演示文稿中的所有元素能够互补。最重要的是，可以将应用于演示文稿的主题应用于 Microsoft Office Word 2007 文档或 Microsoft Office Excel 2007 工作表。

在演示文稿中应用主题之后，“快速样式”库将发生变化，以适应该主题。结果，在该演示文稿中插入的所有新 SmartArt 图形、表格、图表、艺术字或文字均会自动与现有主题匹配。由于具有一致的主题颜色，所有材料就会具有一致而专业的外观。

（3）自定义幻灯片版式

使用 Office PowerPoint 2007，用户就不再受预先打包的版式的局限。现在，用户可以创建包含任意多个占位符的自定义版式和各种元素（如图表、表格、电影、图片、SmartArt 图形和剪贴画），乃至多个幻灯片母版集（具有适合不同幻灯片主题的自定义版式）。此外，现在还可以保存自定义和创建的版式，以供将来使用。

（4）设计师水准的 SmartArt 图形

过去，要创建设计师水准的图示和图表，用户可能不得不雇用专业设计师。但是，设计师交给你的图示是以图像形式保存的，无法编辑。现在，利用 SmartArt 图形，你可以在 Office PowerPoint 2007 演示文稿中以简便的方式创建信息的可编辑图示，完全不需要专业设计师的帮助。你可以为 SmartArt 图形、形状、艺术字和图表添加绝妙的视觉效果，包括三维（3-D）效果、底纹、反射、辉光等等。

（5）新效果和改进效果

可以在 Office PowerPoint 2007 演示文稿的形状、SmartArt 图形、表格、文字和艺术字上添加阴影、反射、辉光、柔化边缘、扭曲、棱台和 3-D 旋转等效果。如果你不再需要雇用设计师为你创建上述效果，那么你完全可以直接在 PowerPoint 中自行使用专业的易于修改的效果。

（6）新增文字选项

可以使用多种文字格式功能（包括形状内文字环绕、直栏文字或在幻灯片中垂直向下排列的文字，以及段落水平标尺）创建具有专业外观的演示文稿。现在，还可以选择不连续文字。

新的字符样式为用户提供了更多文字选择。除了早期版本的 PowerPoint 中的所有标准样式外，在 Office PowerPoint 2007 中还可以选择全部大写或小型大写字母、删除线或双删除线、双下划线或彩色下划线。可以在文字上添加填充颜色、线条、阴影、辉光、字距调整和 3-D 效果。

使用主题时，只需单击鼠标即可更改演示文稿的外观。通过选择不同的选项，可以修改主题字体、主题颜色和主题效果。

（7）表格和图表增强

在 Office PowerPoint 2007 中，表格和图表都经过了重新设计，因而更加易于编辑和使用。功能区提供了许多易于发现的选项，供用户编辑表格和图表使用。快速样式库提供创建具有专业外观的表格和图表所需的全部效果和格式选项。当从 Microsoft Office Excel 2007 中剪切和粘贴数据、图表和表格时，可以体验前所未有的流畅。使用主题，演示文稿可以拥有与工作表相同的外观。

（8）演示者视图

如果你使用了两台监视器，那么可以在一台监视器（如指挥台）上运行 Office PowerPoint 2007 演示文稿，而让观众在第二台监视器上观看该演示文稿。演示者视图提供下列工具，可以让你更加方便地呈现信息：

- 使用缩略图，用户可以不按顺序选择幻灯片，并且可以为观众创建自定义演示文稿。
- 预览文本可让用户看到你的下一次单击会将什么内容添加到屏幕上，例如，新幻灯片或列表中的下一行项目符号文本。

• 演讲者备注以清晰的大字体显示，因此可以将它们用作演示文稿的脚本。

• 在演示期间可以关掉屏幕，随后可以在中止的位置重新开始。例如，在中间休息或问答时间，你可能不想显示幻灯片内容。

2. 有效地共享信息

在以前版本的 PowerPoint 中，如果文件较大，则难以共享内容或通过电子邮件发送演示文稿，用户也无法以可靠方式与使用不同操作系统的用户共享演示文稿。

现在，无论你是需要共享演示文稿、创建审批、审阅工作流，还是需要与没有使用 Office PowerPoint 2007 的联机人员协作，都可以通过多种新方法实现与他人的共享和协作。

（1）幻灯片库

在 Office PowerPoint 2007 中，可以通过在位于中心位置的幻灯片库（位于运行 Microsoft Office SharePoint Server 2007 的服务器）中存储单个幻灯片文件，共享和重复使用幻灯片内容。可以将 PowerPoint 2007 中的幻灯片发布到幻灯片库，也可以将幻灯片库中的幻灯片添加到 PowerPoint 演示文稿中。在幻灯片库中存储内容，削减了重新创建内容的必要性，因为用户可以轻松地重复使用已有内容。

使用幻灯片库时，可以通过将演示文稿中的幻灯片与服务器上存储的幻灯片相链接，确保你拥有最新内容。如果服务器版本改变，则会提示你更新幻灯片。

（2）PowerPoint XML 文件格式

PowerPoint XML 是压缩文件格式，因此生成的文件相当小，这样就降低了存储和带宽要求。在 Office XML 文件格式中，分段式数据存储有助于恢复损坏的文档，因为当文档的一部分损坏时，文档的其余部分仍能打开。

（3）另存为 PDF 或 XPS

Office PowerPoint 2007 支持将文件导出的格式为 PDF 和 XPS。

可移植文档格式（PDF）是一种可以保留文档格式，并允许文件共享的版式固定的电子文件格式。PDF 格式确保在联机查看或打印文件时能够完全保留原有的格式，并且文件中的数据不能轻易地被更改。对于要使用专业印刷方法进行复制的文档，PDF 格式也很有用。

XML 纸张规范（XPS）是一种电子文件格式，可以保留文档格式，并允许文件共享。XPS 格式可确保在联机查看或打印 XPS 格式的文件时，该文件可以严格保持你所要的格式，文件中的数据也不能轻易地被更改。

3. 保护并管理信息

当与他人共享演示文稿时，用户不仅希望确保它只能被适当人员访问，还希望确保该演示文稿不包括你无意增加的内容、个人信息或导致收件人词典无法识别的字词的编辑标记。另外，用户可能还希望限制对演示文稿内容的访问，以免公开可能的敏感信息。

Office PowerPoint 2007 提供了多种帮助用户保护和管理信息的方法。

（1）保护演示文稿

利用 Officc PowerPoint 2007 中的众多新增安全功能，可以隐藏作者姓名、确保所有批注都已删除和限制拥有更改权的人员，这样就可以确保将演示文稿发送出去之后，你仍能安全地对其进行管理。

（2）防止更改文档的最终版本

在与他人共享最终版本演示文稿前，可以使用“标记为最终版本”命令将演示文稿设置为只读状态，并且告诉他人，你共享的是最终版本演示文稿。当演示文稿被标记为最终版本后，编辑命令、校对标记和键入功能都将被禁用，以避免查看文档的人员无意中更改了文档。“标记为最终版本”命令并非安全功能，任何人都可以通过关闭“标记为最终版本”来编辑标记为最终版本的文档。

（3）查找和删除文档中的隐藏元数据和个人信息

在与他人共享演示文稿前，可以使用文档检查器检查演示文稿中是否存在隐藏元数据、个人信息和可能存储在演示文稿中的其他内容。文档检查器可以查找和删除批注、墨迹注释、文档属性、文档管理服务器信息、不可见对象、幻灯片外内容、演示文稿备注和自定义 XML 数据等信息。文档检查器有助于确保与他人共享的演示文稿不包含任何隐藏个人信息，或你的组织不希望发布的任何隐藏内容。此外，组织可以对文档检查器进行自定义，以添加对其他类型的隐藏内容的检查。

（4）向演示文稿添加数字签名

可以通过向演示文稿添加不可见的数字签名，对演示文稿提供可靠性、完整性和来源方面的保障。数字签名提供了所签内容的确切记录，而且可以让人们在以后进行签名验证。

（5）信息权限管理

用户可能需要控制可以访问公司信息的人员，如果你创建的是包含高度机密信息的演示文稿，就尤其需要进行此类控制。将 Office 2007 版本与 Windows Server 2003 的 Microsoft Windows Rights Management Services 配合使用，就可以指定防止他人复制、打印或编辑演示文稿的权限。

（6）在文档信息面板中管理文档属性

利用文档信息面板，可以在使用 Office PowerPoint 2007 演示文稿时方便地查看和编辑文档属性。在 Office PowerPoint 2007 中，文档信息面板显示文档的顶部。用户可以使用文档信息面板来查看和编辑标准的 Microsoft Office 文档属性，以及已保存到文档管理服务器中的文件的属性。如果使用文档信息面板来编辑服务器文档的文档属性，则更新的属性将直接保存到服务器中。

（7）Office 诊断

Microsoft Office 诊断是一系列有助于发现计算机崩溃原因的诊断测试。这些诊断测试可以直接解决部分问题，也可以确定其他问题的解决方法。Microsoft Office 诊断代替了 Microsoft Office 2003 中的检测、修复以及 Microsoft Office 应用程序恢复功能。

（8）程序恢复

Office PowerPoint 2007 改进了在程序异常关闭时有助于避免丢失工作成果的功能。只要可能，Office PowerPoint 2007 在重新启动后，都会尽力恢复程序状态的某些方面。

例如，假设你同时处理几个文件，每个文件都在不同的窗口中打开，每个窗口中都有特定可见数据，这时 Office PowerPoint 2007 崩溃。当重新启动 Office PowerPoint 2007 后，它将打开这些文件，并将窗口还原为 Office PowerPoint 2007 崩溃前的状态。

习题与思考题

1．PowerPoint 2003 的主窗口包括哪些基本内容?

2．使用“内容提示向导”来创建一个公司会议演示文稿。

3．利用内容提示向导创建演示文稿与利用模板创建演示文稿有什么不同?

4．试着将创建的演示文稿切换到各种视图中，比较它们各自的特点。

5．如何打开和保存一个演示文稿?

6．练习设置演示文稿中的字符格式和段落格式。

7．练习更换一种演示文稿设计模板，查看哪些方面发生了变化。

8．如何更改幻灯片的配色方案?

9．如何使用一幅图片作为幻灯片的背景?

10．将自己喜爱的图片插入到幻灯片中，如何使图片出现在每张幻灯片的相同位置?

11．幻灯片的放映方式包括哪几种? 如何启动幻灯片的放映?

12．请选择一个带图片的幻灯片版式，输入标题“欢迎进入动物乐园”，在剪辑艺术库中选择一个图片插入到幻灯片中，并输入文字“新奇、快乐、刺激”。

13．制作一张具有动画效果的幻灯片，在这张幻灯片中包含的内容有:

（1）在标题栏、文本栏、备注栏分别建立标题、文本内容及备注内容。

（2）在幻灯片中添加剪贴画，插入艺术字。

（3）在幻灯片自定义动画时设置动画顺序、时间及动画的效果。

14．以连续播放幻灯片的形式制作一份演示文稿，这份演示文稿包含的内容为:

（1）至少要插入两张以上的幻灯片，同时选用不同的幻灯片版式。

（2）在每张幻灯片中适当地插入一些剪贴画、艺术字。

（3）应用“幻灯片切换”菜单中的“预设动画”命令设置幻灯片的连续播放。

15．利用“内容提示向导”制作一套带有图片和表格的个人介绍幻灯片，然后完成下列操作:

（1）分别利用幻灯片的 3 种放映方式演示制作的幻灯片。

（2）在“演讲者放映（全屏幕）”方式下，设置“动作按钮”和“动画”，按钮和动画效果自定。

（3）使用 PowerPoint 提供的“排练计时”功能，控制幻灯片的演示时间为 3 分钟。

第7章　学习应用计算机网络

计算机网络是当今信息化社会计算机科学与工程中迅速发展的新兴技术之一，也是计算机应用中一个空前活跃的重要领域。Internet 技术的广泛应用，全球性信息高速公路建设的迅猛发展，使国家与国家、机构与机构、人与人之间变得更近，使人类实现资源共享、全球通信、家庭办公等许多愿望变为现实。计算机网络正在改变着人们的工作方式和生活方式。

7.1　计算机网络基础知识

随着计算机技术的迅猛发展，计算机的应用逐渐渗透到各个技术领域和整个社会的各个方面。社会的信息化、数据的分布处理、各种计算机资源的共享等各种应用要求都推动计算机技术朝着群体化方向发展，促使计算机技术与通信技术紧密结合。计算机网络属于多机系统的范畴，是计算机和通信这两大现代技术相结合的产物，它代表着当前计算机体系结构发展的一个重要方向。

7.1.1　计算机网络的含义

计算机网络就是将分散的计算机，通过通信线路有机地结合在一起，达到相互通信、软硬件资源共享的综合系统。

计算机网络是计算机的一个群体，是由多台计算机组成的，这些计算机是通过一定的通信介质互连在一起的，计算机之间的互连是指它们彼此之间能够交换信息。互连通常有两种方式：计算机间通过双绞线、同轴电缆、电话线、光纤等有形通信介质连接，或通过激光、微波、地球卫星通信信道等无形介质互连。

7.1.2　计算机网络的拓扑结构

计算机网络的拓扑结构是指一个计算机网络的连接方式，它有下面几种类型。

1. 总线型网络

用一条称为总线的主电缆，将工作站连接起来的布局方式，称为总线型拓扑，如图 7-1 所示。

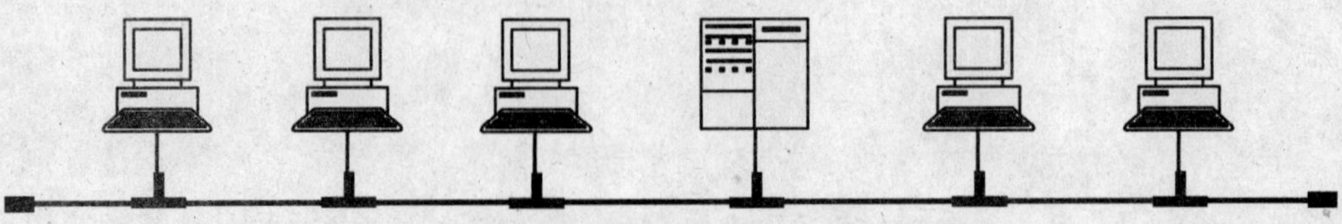

图 7-1　总线型网络拓扑结构

所有网上微机都通过相应的硬件接口直接连在总线上，任何一个结点的信息都可以沿着总线向两个方向传输扩散，并且能被总线中任何一个结点所接收。由于其信息向四周传播，类似于广播电台，故总线网络也被称为广播式网络。总线上传输信息通常多以基带形式串行传递，每个结点上的网络接口板硬件均具有收发功能，接收器负责接收总线上的串行信息将其转换成并行信息送到微机工作站；发送器是将并行信息转换成串行信息广播发送到总线上。当总线上发送信息的目的地址与某结点的接口地址相符合时，该结点的接收器便接收信息。总线只有一定的负载能力，因此总线长度有一定限制，一条总线也只能连接一定数量的结点。

总线布局的特点是：结构简单灵活，非常便于扩充；可靠性高，网络响应速度快；设备量少、价格低、安装使用方便；共享资源能力强，极便于广播式工作即一个结点发送所有结点都可接收。

在总线两端连接的器件称为端结器（或终端匹配器），主要与总线进行阻抗匹配，最大限度吸收传送端部的能量，避免信号反射回总线产生不必要的干扰。

总线型网络结构是目前使用广泛的结构，也是最传统的一种主流网络结构，适合于信息管理系统、办公自动化系统领域的应用。

2. 环型网络

环型网中各结点通过环路接口连在一条首尾相连的闭合环型通信线路中，环路上任何结点均可以请求发送信息。请求一旦被批准，便可以向环路发送信息。环型网中的数据按照设计主要是单向，同时也可是双向传输。由于环线公用，一个结点发出的信息必须穿越环中所有的环路接口，信息流中目的地址与环上某结点地址相符时，信息被该结点的环路接口所接收，而后信息继续流向下一环路接口，一直流回到发送该信息的环路接口结点为止，如图 7-2 所示。

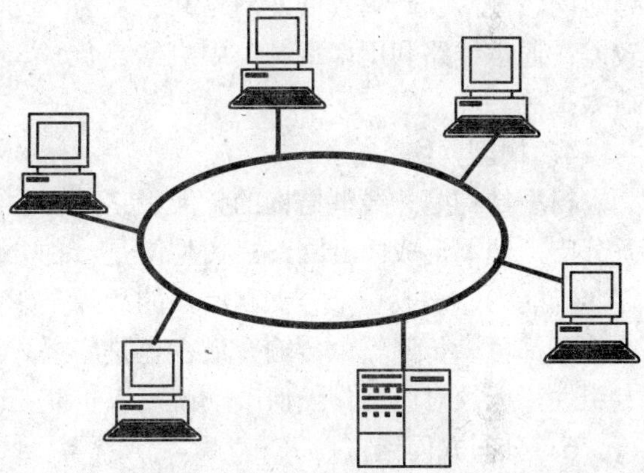

图 7-2　环型网络拓扑结构

环型网的特点是：信息在网络中沿固定方向流动，两个结点间仅有唯一的通路，大大简化了路径选择的控制；某个结点发生故障时，可以自动旁路，可靠性较高；由于信息是串行穿过多个结点环路接口，当结点过多时，影响传输效率，使网络响应时间变长。但当网络确定时，其延时固定，实时性强；由于环路封闭故扩充不方便。

环型网也是微机局域网络常用拓扑结构之一，适合信息处理系统和工厂自动化系统。1985 年 IBM 公司推出的令牌环型网（IBM TOKENRING）是其典范。在 FDDI 得以应用推广后，这种结构会进一步得到采用。

3. 星型网络

星型拓扑是由中央结点为中心与各结点连接组成的，各结点与中央结点通过点到点的方式连接。中央结点（又称中心转接站）执行集中式通信控制策略，因此中央结点相当复杂，负担比各站点重得多。现有的数据处理和声音通信的信息网大多采用星型网，目前流行的 PBX 就是星型网拓扑结构的典型实例。

在星型网中任何两个结点要进行通信都必须经过中央结点控制，因此中央结点的主要功能有以下三项：

（1）为需要通信的设备建立物理连接，要求通信的站点发出通信请求后，控制器要检查中央转接站是否有空闲通路，被叫设备是否空闲，从而决定是否能建立双方的物理连接。

（2）在两台设备通信过程中要维持这一通路。

（3）当通信完成或者不成功要求拆线时，中央转接站应能拆除上述通道。

在文件服务器（FS）/工作站（WS）局域网络模式中，中心点计算机是文件服务器，存放共享资源。由于中心结点与多机连接，线路较多，为便于集中连线，目前多采用一种称为集线器（Hub）的硬件用于星型结构。Hub 主要起到一个信号的再生转发功能，它通常有 8 个以上的连接端口，每个端口之间在电路上相互独立，某一端口的故障不会影响到其他端口状态，可以同时连接粗缆、细缆和双绞线，如图 7-3 所示。

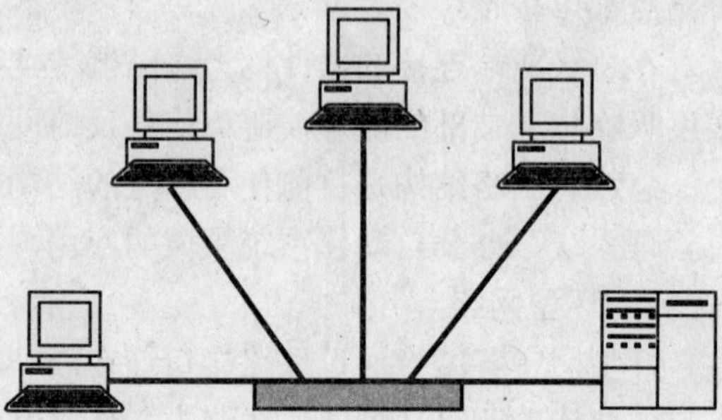

图 7-3 星型网络拓扑结构

星型网络的特点是：网络结构简单，便于管理；控制简单，建网容易；网络延迟时间较短，误码率较低；网络共享能力较差；通信线路利用率不高；中央结点负荷太重等。

4．树型网络

树型结构是总线型结构的扩展，它是在总线网上加上分支形成的，其传输介质可有多条分支，但不形成闭合回路。树型网是一种分层网，其结构可以对称，联系固定，具有一定容错能力，一般一个分支和结点的故障不影响另一分支结点的工作，任何一个结点送出的信息都可以传遍整个传输介质，也是广播式网络。一般树型网上的链路相对具有一定的专用性，无须对原网作任何改动就可以扩充工作站。

5．分布式网络

分布式网络也叫网状网络，如图 7-4 所示，它是由分布在不同地点的计算机系统互连而成，网中无中心节点。通信子网是封闭式结构，通信控制功能分布在各节点上。

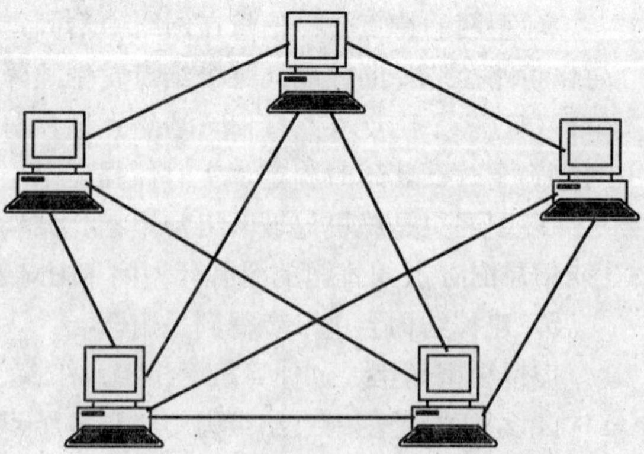

图 7-4 分布式网络拓扑结构

分布式网络的特点是：可靠性高；网内节点共享资源容易；可改善线路的信息流量分配；可选择最佳路径，传输延时小；控制复杂；软件复杂；线路费用高，不易扩充。

局域网络通常只有总线型、环型、星型和树型网络四种，在实际组建局域网络时，拓扑结构不一定是单一的，通常是这四种拓扑结构的综合利用，特别是局域网络互连技术得到大力发展开发后，会出现某种拓扑结构的复合形式。而分布式网络常是广域网采用的拓扑结构。

7.2 进入 Internet 世界

7.2.1 认识 Internet

Internet 是世界上最大的计算机网络，它连接了全球不计其数的网络与电脑，是世界上最开放的信息系统。“Internet”一词是“Interconnect”与“network”两个词的合称，其本意是网间网、互联网的意思，是由多个网络相互连接而成的网络。

Internet 可以把世界各地的计算机或物理网络连接在一起，按照一种称为“TCP/IP”的协议进行数据传输，而不管这些网络的类型是否相同、规模是否一样以及距离的远近。凡是采用 TCP/IP 协议（传输控制协议/网际协议）并能够与 Internet 上的任何一台计算机进行通信的计算机都可看成是 Internet 的一部分。任何人只要进入 Internet，就可以利用其中难以数计的资源，同世界各地的人们自由通信和交换信息，以及去做通过计算机能做的任何事情。

因此，从网络的角度讲，Internet 是采用网络协议 TCP/IP 的全世界最大的、完全开放的计算机网络的集合。它集现代通信技术、计算机技术于一体，是一种在计算机之间实现国际信息交流和共享的手段。

7.2.2 Internet 的应用

1. 电子商务

电子商务是指利用电子网络进行的商务活动，它利用一种前所未有的网络方式将顾客、销售商、供货商和雇员联系在一起，它包括虚拟银行、网络购物和网络广告等内容。据预测，电子商务将会成为 Internet 最重要和最广泛的应用。

2. 网上教育

网上教育即 Internet 远程教育，它是指跨越地理空间进行教育活动。远程教育涉及各种教育活动，包括授课、讨论和实习。它克服了传统教育在空间、时间、受教育者年龄和教育环境等方面的限制，带来了崭新的学习模式，随着信息化、网络化水平的提高，它将使传统的教育发生巨大的变化。

3. 网上娱乐

Internet 可以说是世界上最大的游乐场，其中的娱乐项目包括网上电影、网上音乐、网络游戏、网上聊天等。

4. 信息服务

在线信息服务使人们足不出户就可了解世界和解决生活中的各种问题，目前，主要的在线信息服务形式有网上图书馆、电子报刊、网上求职、网上炒股等。

5. 虚拟医院

虚拟医院是指通过计算机网络提供求医、电子挂号、预约门诊、预定病房、专家答疑、远程会诊、远程医务会议、新技术交流演示等服务。

Internet 对社会各方面产生的影响越来越大，Internet 改变了人们的一些思维方式和逻辑概念，使得人类的交流具有强烈的时代特征。但由于 Internet 的开放性，由此引起的版权问题、税收问题、网络犯罪问题、安全问题等也呈现出来。

7.2.3 Internet 地址

1. IP 地址

在 Internet 上，每一台计算机都称为主机，每台主机必须有一个 IP 地址，这个 IP 地址在整个 Internet 网络中是唯一的。用户与 Internet 上的主机通信或查找各种资源时，都必须知道地址。

IP 地址可表达为二进制格式和十进制格式。二进制的 IP 地址为 32 位，分为四个 8 位二进制数，如 11001010，11000000，1010011，00001001。在用十进制格式表示时，每 8 位二进制数用一个十进制数表示，并以小数点分隔。上例的十进制表示为 202.192.171.9。IP 地址分为 A、B、C 等几个等级，分别适用于规模大小不同的网络。IP 地址由国际组织按级别统一分配，我们国家的国家级网管中心负责分配 C 类 IP 地址。

2. 域名系统

由于数字地址标识不便记忆，因此又产生了一种字符型标识，这就是域名。国际化域名与 IP 地址相比，更直观一些。域名地址在 Internet 实际运行时由专用的域名服务器转换为 IP 地址。

Internet 的电子邮件地址格式由“用户名”和“域名”两部分组成，中间以@分隔，如 btd@www.sc.cninfo.net。@符号之前的部分称为用户名，它标识了一个网络系统内的某个用户。@符号之后的部分为域名，它标识了该用户所属的机构、所使用的主机或节点机。

域名的命名方式称为域名系统（简称 DNS），域名必须按 ISO 有关标准进行。域名由几级组成，各级之间用圆点“.”隔开。

域名末尾部分为一级域，代表某个国家、地区或大型机构的节点，如 cn 代表中国，uk 代表英国，hk 代表中国香港，还有一些大型机构如 com 表示商业，gov 表示政府等。倒数第二部分为二级域，代表部门系统或隶属于一级区域的下级机构，如 edu 代表教育网。再往前为三级及其以上的域，是本系统、单位或所用的软硬件平台的名称。

域名由申请域名的组织机构选择，然后再向 Internet 网络信息中心 NIC 登记注册。作为个人用户，通过个人计算机与 Internet 连接，只需登记一个用户名即可，域名由当地 Internet 服务机构提供，将该服务机构的域名作为自己的 Internet 地址的一部分即可。

7.3 网络冲浪

7.3.1 上网浏览

浏览器是用户在网络上使用的一个统一的平台，只要有一个浏览器，就可以在网络上遨游了。Internet Explorer 是微软公司推出的功能强大的浏览器，由于该软件操作简便，使用简单，易学易用，深受用户的喜爱。

使用 IE 浏览器浏览网页的具体操作步骤如下：

01 双击 Windows 桌面上的 Internet Explorer 浏览器图标，屏幕上将显示 Internet Explorer 浏览器界面。

02　在地址栏中输入网页的网址，例如输入新浪网的地址，然后按回车键，屏幕上显示新浪网的网页内容。鼠标指针变成手形的位置就会有超链接连接到其他网页，单击网页中的“企业”，如图 7-5 所示。

03　在出现的网页中查看内容，然后单击“产业资讯”，如图 7-6 所示。

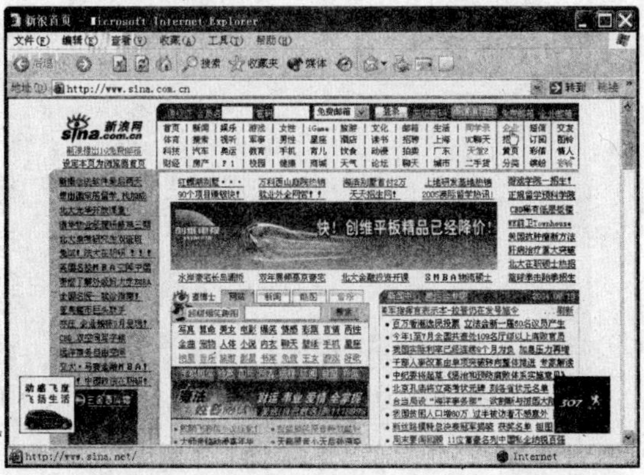

图 7-5　进入网页

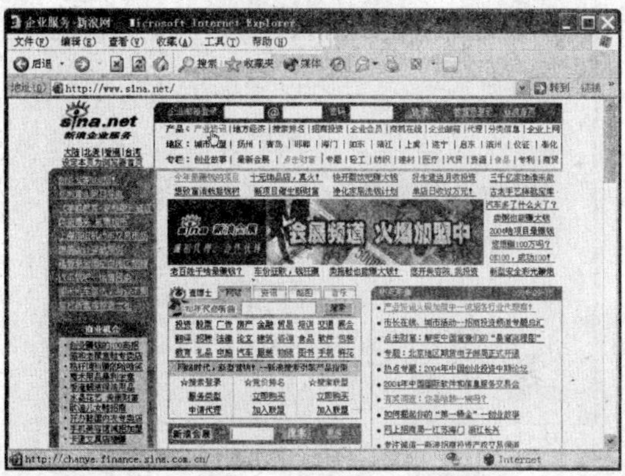

图 7-6　查看网页内容

04　在出现的网页中查看内容，然后单击某一感兴趣的标题，如图 7-7 所示。

05　阅读文章的具体内容，如图 7-8 所示。

图 7-7　单击感兴趣的标题

图 7-8　阅读文章内容

从浏览网页的步骤可以看出，WWW 浏览是一件非常容易的事情。当我们进入网页，就可以在网页中选择我们喜欢的项目——文字或图像，当把鼠标移到该项目，鼠标的指针变成手形，就说明这有超链接连接到我们感兴趣的网页，如果该项目鼠标的指针没有变成手形，那么该项目不是一个超链接，仅仅是说明的文字或图像。明白这个道理，我们就可以在因特网中任意遨游。

7.3.2　重新浏览网页

如果我们在浏览网页时，想对前面或后面的网页重新浏览，可以使用浏览器工具栏中的“前进”按钮和“后退”按钮，就可以很方便地在已经浏览过的网页之间切换。

具体操作步骤如下：

01　在地址栏中输入网址“http://www.sohu.com”，然后按回车键，进入“搜狐”主页，如图 7-9 所示。

02　在地址栏中输入网址“http://www.dcdisplay.com/”，然后按回车键，进入“神州数码”主页，如图 7-10 所示。

图 7-9　进入搜狐网页

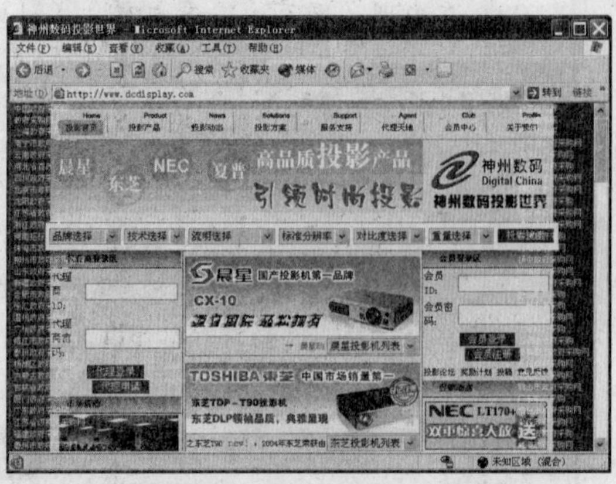

图 7-10　进入神州数码

03　单击“后退”按钮，返回浏览过的上一个网页，即进入“激动网”主页。

04　单击“前进”按钮，返回浏览过的下一个网页，即进入“神州数码”主页。

通过工具栏的前进和后退按钮，可以不断地浏览已经浏览过的网页，而不需重新输入这些网页的地址，十分方便。

7.3.3　使用多个浏览窗口进行浏览

同时打开多个浏览窗口的操作步骤如下：

01　用鼠标指向“旅游”，单击鼠标右键，出现快捷菜单，选择“在新窗口打开”命令，然后将新打开的窗口最小化，如图 7-11 所示。

02　用鼠标指向“读书”，单击鼠标右键，出现快捷菜单，选择“在新窗口打开”命令，然后将新打开的窗口最小化，如图 7-12 所示。

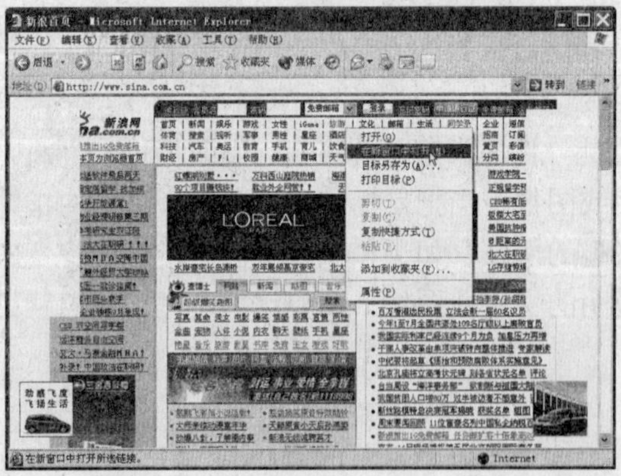

图 7-11　打开旅游栏目

图 7-12　打开读书栏目

03　打开几个窗口后，可用鼠标左键在状态栏中单击，就可以在窗口之间进行切换，随意浏览每个窗口的内容，如图 7-13 所示。

图 7-13　查看旅游和读书的内容

7.4　收藏夹的使用

对于经常访问的网页，我们可以将之添加到收藏夹中，这样利用收藏夹访问这些网页将十分方便。

7.4.1　将网页添加到收藏夹

收藏夹就像一个网页目录，将经常访问的网页添加到收藏夹中，就会方便以后浏览这些网页。

将网页添加到收藏夹的具体操作步骤如下：

01　在地址栏输入北京大学的网址，进入该网的主页。

02　单击“收藏”菜单中的“添加到收藏夹”命令，如图 7-14 所示。

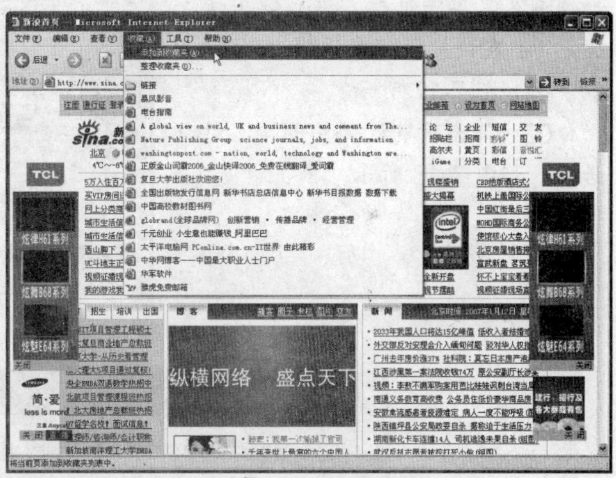

图 7-14　选择“添加到收藏夹”命令

03　弹出“添加到收藏夹”对话框，如图 7-15 所示。在“名称”框中输入网页的名称，单击“确定”按钮。

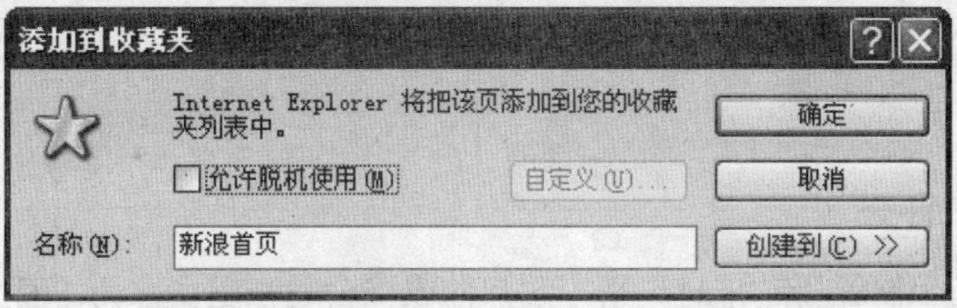

图 7-15　确定网页名称

04　单击“收藏”菜单，在其菜单中可看到刚添加的网页名称，如图 7-16 所示。

在浏览网页时，为了能够更快速地访问所喜爱的网页，除了将该网页添加到收藏夹外，还可以通过“链接”工具栏来实现快速浏览。打开该网页，用鼠标将IE浏览器地址栏中最前面的IE图标拖向“链接”工具栏即可。以后单击“链接”工具栏时，就会弹出一个快捷菜单，选择需浏览的网站即可快速连接到该网站，无需再按Enter键确认。同时，还可以在快捷菜单上单击鼠标右键，为网站另取一个名字。

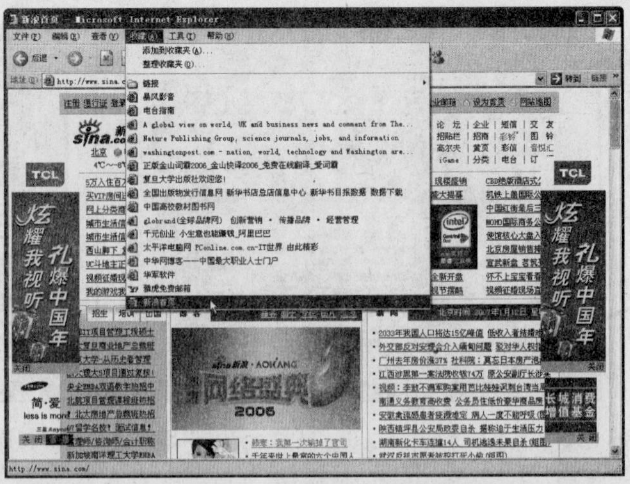

图7-16　查看添加的网页

7.4.2　删除收藏夹中的网站

在收藏夹中对于不需要的网址，可将它从收藏夹中删除，具体操作步骤如下：

01　单击“收藏”菜单，选中一项内容，单击鼠标右键，弹出快捷菜单。在快捷菜单中选择“删除”命令，如图7-17所示。

02　弹出“确认文件删除”对话框，如图7-18所示。单击“是”按钮。

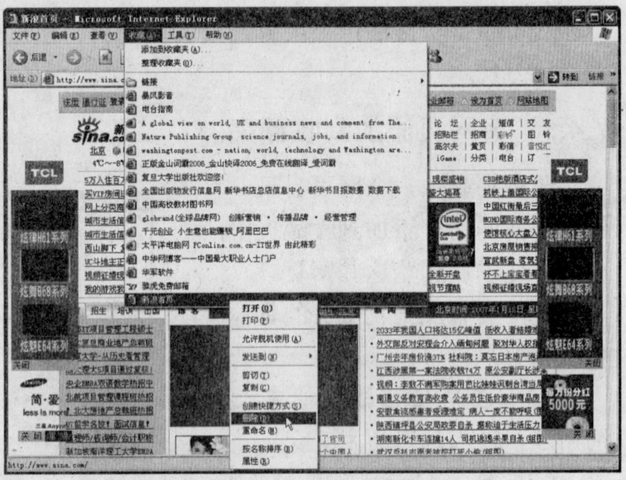

图7-17　选择“删除”命令

图7-18　“确认文件删除”对话框

7.4.3　创建文件夹

随着用户的上网经历越来越丰富，用户的收藏会越来越多。为了有效地管理用户的收藏，最好在收藏夹下建立一些子文件夹，将收藏分门别类，整理得井井有条。若一级分类还不够，用户还可进行二级分类。分类标准如何制定，取决于用户的个人喜好。

创建文件夹的具体操作步骤如下：

01　单击“收藏”菜单，选择“整理收藏夹”命令，弹出“整理收藏夹”对话框，如图 7-19 所示。

02　单击“创建文件夹”按钮，出现一个名为“新建文件夹”的文件夹，将“新建文件夹”改为适当的名称。

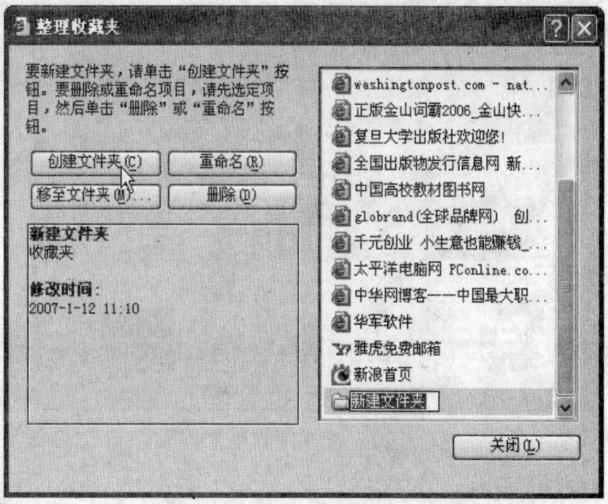

图 7-19　单击“创建文件夹”按钮

7.4.4　重命名和删除网页

具体操作步骤如下：

01　选择一个网站，单击“重命名”按钮，输入网站的新名称。

02　单击要删除的网页，然后单击“删除”按钮，可删除某个网页。

7.5　在网上查找资料

Internet 是一个全球信息资源宝库，各种信息里面应有尽有。人们上网的目的，很多就是为了获取信息。Internet 上的内容纷繁浩瀚，如何在这信息的海洋里找到自己需要的信息及资料呢？用户可以凭自己的上网经验，访问适当网站，浏览其网页。这种办法要求上网者对 Internet 非常熟悉，找资料有非常强的针对性。由于依靠人工浏览网页，浏览的范围自然就很有限，速度很慢，很多时候还会漏掉眼前的信息。

搜索引擎是专门帮助人们查询信息的站点，通过这些具有强大查找能力的站点，我们可以得到满意的答复。因为这些站点提供全面的信息查询和良好的速度，就像发动机一样强劲有力，所以人们就把这些站点称为“搜索引擎”。

7.5.1　利用分类检索查找信息

“分类检索”是在搜索网站中，按照主题分类，在相关的类别中进行查询，操作比较简单。在查询信息时，如果我们大致知道要搜索的信息属于哪一个分类，就可以利用分类检索的方式来搜索信息。但是，有时很难确定所查找的信息在哪一个类别中，再加上用户对信息分类的理解与网站设计者不一致，查找信息时就可能要走弯路。

下面以搜狐搜索引擎为例，说明目录分类检索方法的使用。假定我们想了解一些健康饮食方面的知识，可以采用分类检索来查找信息。

具体操作步骤如下：

01　输入搜狐的网址，进入搜狐网页。在搜狐的网页中，单击“财经”栏目，如图 7-20 所示。

02　屏幕上显示出“财经”的相关内容，单击“营销管理”超链接，如图 7-21 所示。

图 7-20　搜狐搜索引擎网页

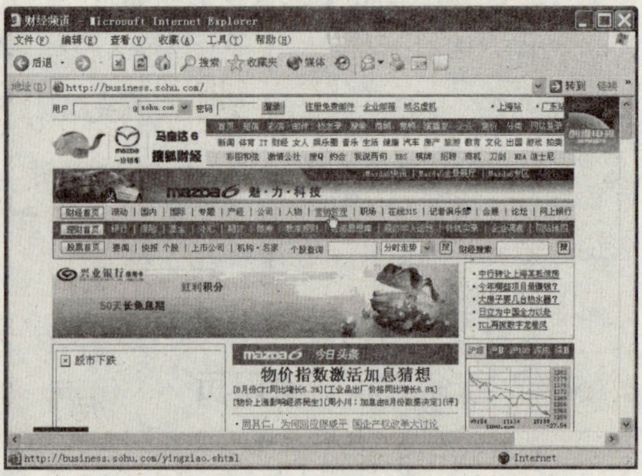

图 7-21　选择“营销管理”项

03　屏幕上显示出与营销管理有关的一些内容，单击感兴趣的项目，如图 7-22 所示。

04　屏幕上显示出文章的具体内容，如图 7-23 所示。

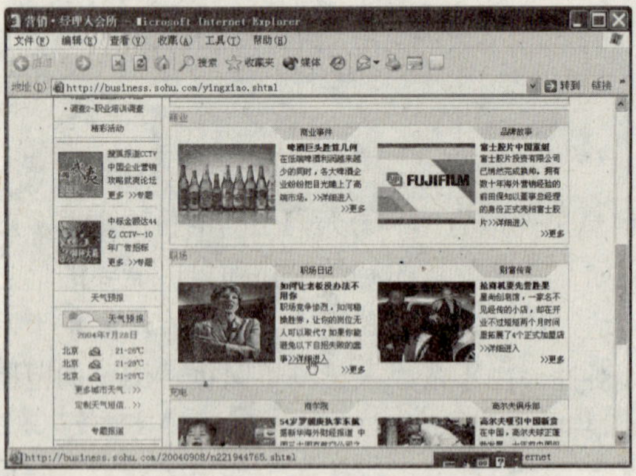

图 7-22　选择感兴趣的项目

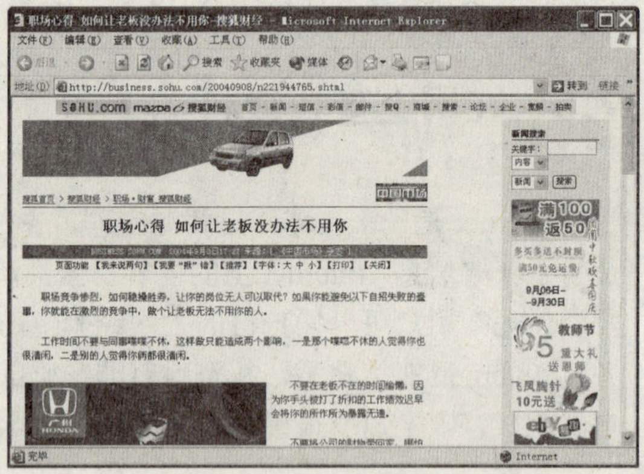

图 7-23　阅读具体内容

7.5.2　利用关键字查找信息

“关键字检索”是利用标题、词语等关键字，从搜索引擎数据库中准确地查找相关的信息。利用关键字进行检索时，在检索框内输入的关键词相当重要，用户一定要仔细考虑。

以搜狐搜索引擎为例来说明关键词检索方法的使用，具体操作步骤如下：

01　输入搜狐的网址，进入搜狐网页，在“搜索”框中输入要搜索关键字，例如输入“传真机”，单击“搜索”按钮，如图 7-24 所示。

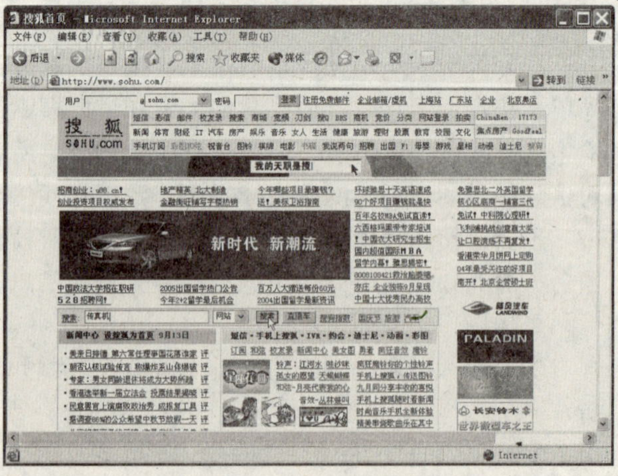

图 7-24　输入关键字

02　屏幕上显示出与关键字相关的一些网页网址，查看搜索出的网页内容，进入一个感兴趣的网站，例如“上海 OA24h 办公商务网”，如图 7-25 所示。

03　屏幕上显示出办公商务网的网页内容，如图 7-26 所示。

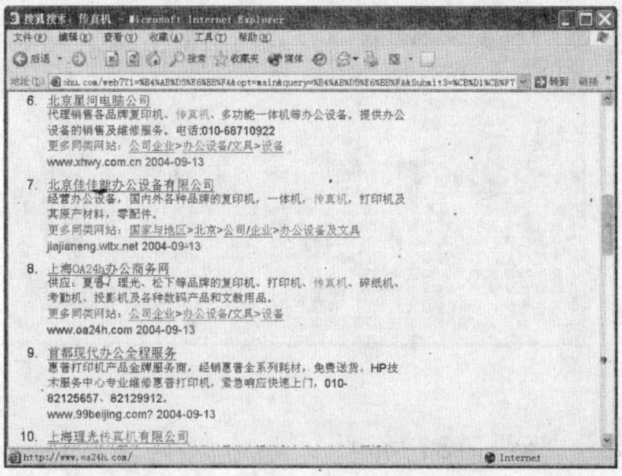

图 7-25　显示与关键字相关的信息

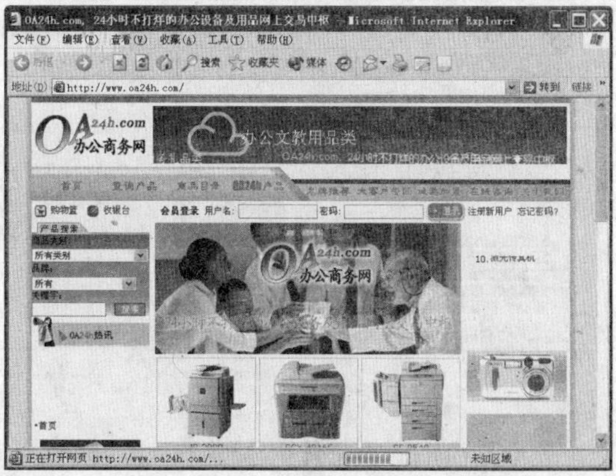

图 7-26　进入办公商务网

04　查看各种办公设备，单击“传真机”项，如图 7-27 所示。

05　屏幕上显示出各种型号的传真机，单击所需要的传真机，可查看该传真机的具体情况，如图 7-28 所示。

图 7-27　单击“传真机”项

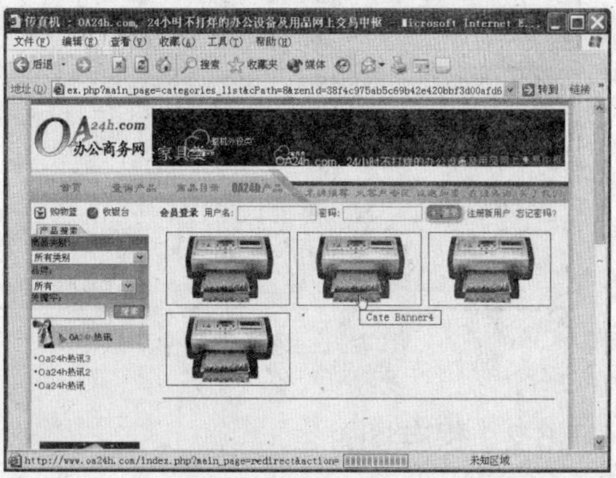

图 7-28　查看所需要的传真机

7.6　网页信息的保存

7.6.1　保存网页中的文字

如果要保存网页中所需要的文字，具体操作步骤如下：

01　选定要保存的文字，然后单击鼠标右键，弹出快捷菜单，选择“复制”命令，如图 7-29 所示。

02　启动记事本文字处理软件，单击“编辑”菜单中的“粘贴”命令，网页文字就出现在编辑区，如图 7-30 所示。

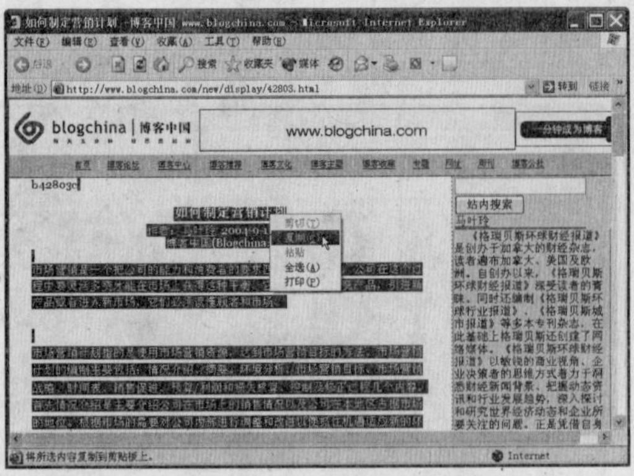

图 7-29　选定要保存的文字

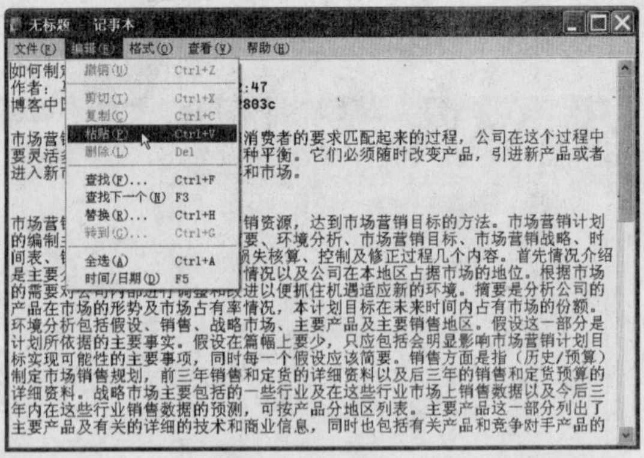

图 7-30　复制文字

03　单击“文件”菜单中的“保存”命令，如图 7-31 所示。

04　弹出“另存为”对话框，选择保存位置，输入文件名，单击“保存”按钮，如图 7-32 所示。

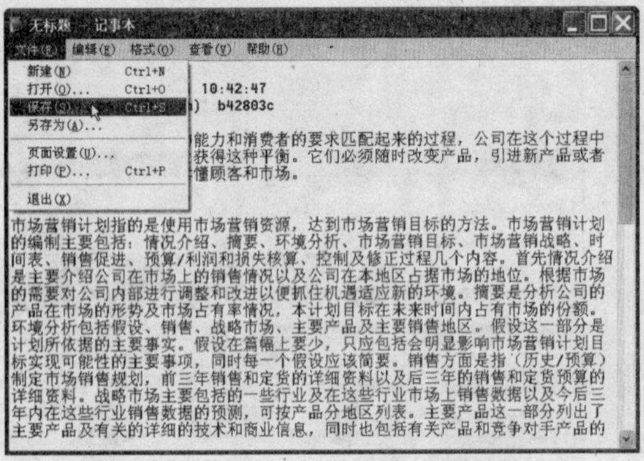

图 7-31　选择“保存”命令

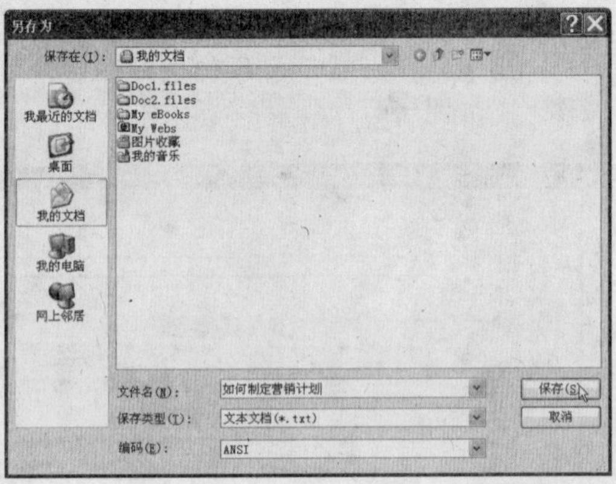

图 7-32　“另存为”对话框

7.6.2　保存图片

在浏览网页时，我们会发现一些漂亮的图片，如果想把这些图片保存起来，具体操作步骤如下：

01　选定要保存的图片，然后单击鼠标右键，弹出快捷菜单，选择“图片另存为”命令，如图 7-33 所示。

02　弹出“保存图片”对话框，选择保存位置，输入文件名，单击“保存”按钮，如图 7-34 所示。

图 7-33　选定要保存的图片

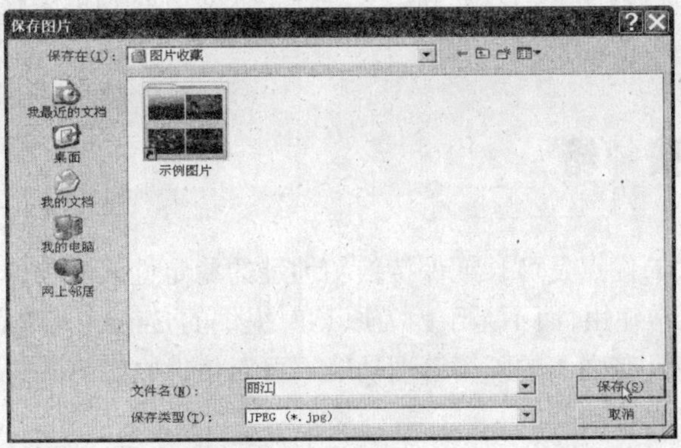

图 7-34　“保存图片”对话框

7.7　电子邮件的认识

电子邮件是 Internet 上使用最广泛的服务之一，通过电子邮件，我们可以方便快捷地与世界上任何地方的朋友交流。电子邮件的英文名称为 E-mail，电子邮件的含义就是用电子方式来传递信件。电子邮件除了可以发送文字外，还可以发送图片、声音等，信息的传递安全性也较高。电子邮件包括以下几个部分：

1．发件人

包括发件人的电子邮件地址、姓名和回复地址。回复地址是收信方回信时使用的地址。没有提供回复地址时，则使用发件人的电子邮件地址回信。姓名可以任意给定，此名不影响电子邮件的收发。

2．收件人

收件人的信息至少包括其电子邮件地址，有的系统还支持姓名和用户组，例如 Microsoft Outlook，就能让用户使用姓名和组进行通信。组是多个用户的集合。一封邮件可以写给多个收件人，包括自己，只需要将多个收件人的电子邮件或姓名使用“；”或“，”隔开即可，并不需要用户将邮件复制很多份后分别发送。

3．主题

主题是对整封电子邮件内容的概括和提炼，书写电子邮件时虽然可以没有主题，但写主题应是一个非常好的主意。合适的主题能让收信方一看便知邮件的作用和主要内容，从而能够区分轻重缓急，并且方便对电子邮件的分类和管理。

4．正文

正文通常是信件的主要内容，是发件人对收件人要说的话。当然，如果是通过附件邮寄一个文件给他人，正文里可以只有一两句简单的话，说明附件中文件的作用以及如何使用，甚至一个字也没有都行。正文里可以包括一般文字，需要时也可以图片、动画或者将网页作为正文。好的电子邮件软件还支持使用漂亮的信纸。

5．附件

附件就是附加在电子邮件上的文件。通过电子邮件可以将一个文件或多个文件发送给他人，文件的数量和大小取决于电子邮件系统。若要通过电子邮件将文件传送给他人，首先要将文件作为附件附加（插入）到电子邮件上，对方收到电子邮件后，必须将附件中的文件保存到磁盘上，才能使用。

7.8 申请免费邮箱

免费信箱最大的优点是可长期保持信箱地址的稳定性，即使你更换了 ISP，你的免费 E-mail 仍然可以照常使用，而不至于因为原 ISP 提供的 E-mail 无效而导致与朋友失去联系。

大多免费信箱具有强大的邮箱管理功能，可对信件收发方式进行灵活的控制，比如设置过滤、拒收、转信等功能。

以申请 163 免费信箱为例，申请免费邮箱的操作步骤如下：

01 在地址栏中输入“http://mail.163.com/”后敲回车，进入网易 163 邮箱的网页。单击“注册 2280 兆免费邮箱”按钮，如图 7-35 所示。

02 屏幕上显示出一些条款内容，仔细阅读这些条款内容，然后单击“我接受”按钮，如图 7-36 所示。

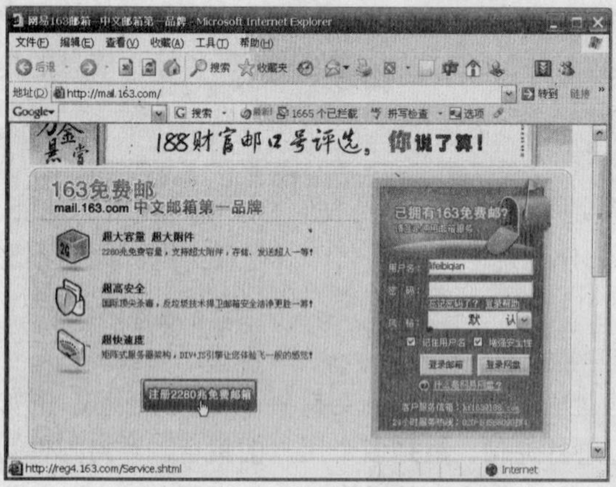

图 7-35 进入申请邮箱的界面

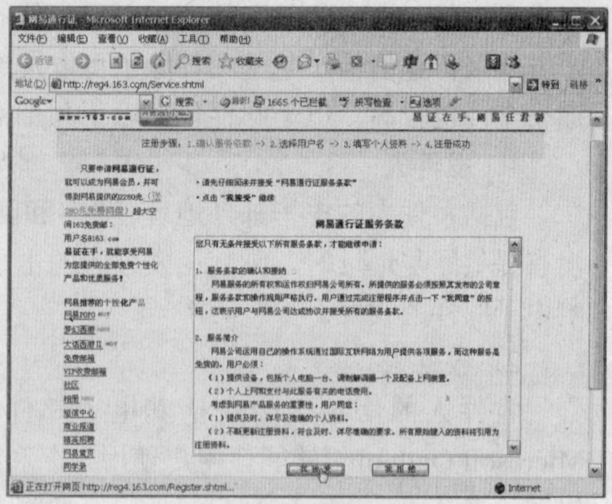

图 7-36 显示服务条款

03 在出现的界面中填写用户名，填写安全设置，然后单击“提交表单”按钮，如图 7-37 所示。

04 在出现的界面中详细填写申请邮箱所需要的个人资料，然后单击“提交表单”按钮，如图 7-38 所示。

05 进入邮箱申请的“注册成功”界面，屏幕显示你的邮箱已注册成功，如图 7-39 所示。

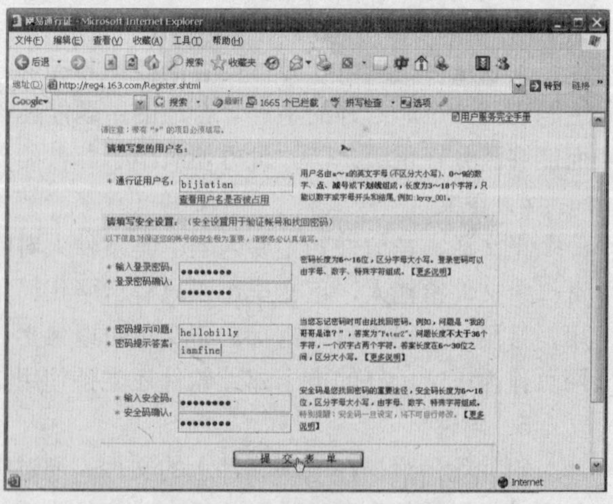

图 7-37 输入用户名

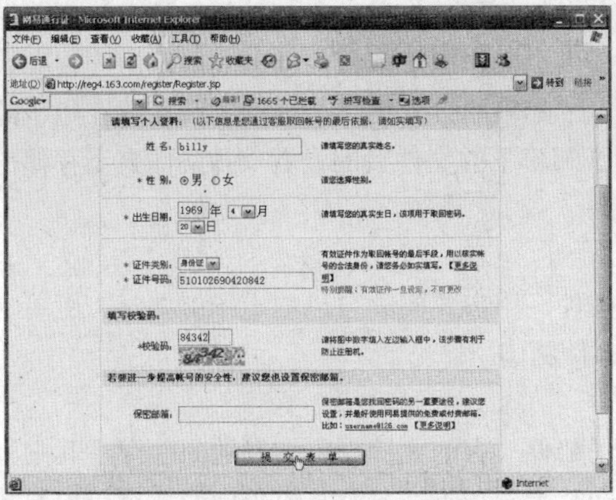

图 7-38　填写个人资料

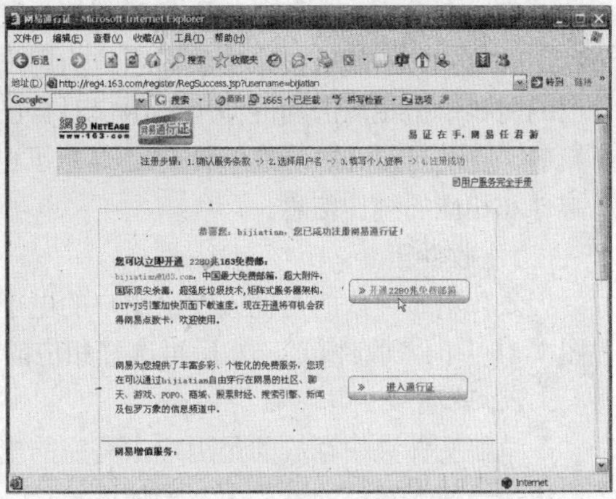

图 7-39　邮箱申请成功

7.9　通过浏览器收发电子邮件

7.9.1　登录邮箱

申请到电子邮箱（无论是否免费），用户可以通过 Internet 上的任何一台计算机访问自己的电子邮箱。访问的第一项工作就是要登录，即验证用户的身份。出于安全和隐私保护考虑，用户离开计算机时应及时清除被 IE 自动保存的口令和表单内容、Internet 临时文件和历史记录，然后关闭浏览器，必要时可以关机，避免他人脱机访问用户曾经访问的网页，因为用户的电子邮件内容就是以网页的形式出现的。

在 163 的主页上，提供了用户登录电子邮箱服务，在地址栏中输入网易的网址“http://mail.163.com”，可进入网易的网页。

登录邮箱的具体操作步骤如下：

01　在网易的网页中输入用户名和密码，单击“登录邮箱”按钮，如图 7-40 所示。

02　进入电子邮箱界面，如图 7-41 所示。

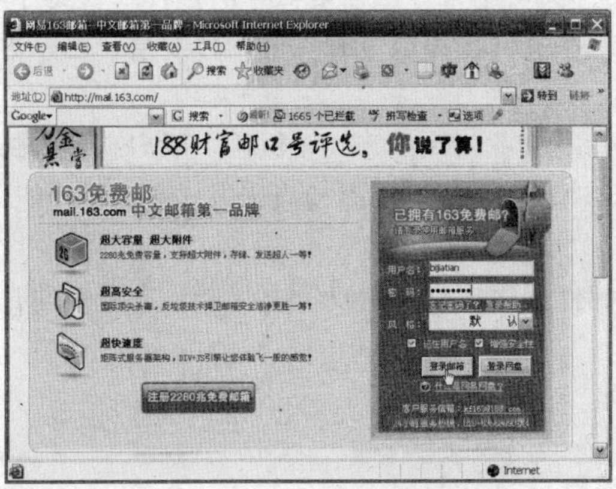

图 7-40　进入网易网页

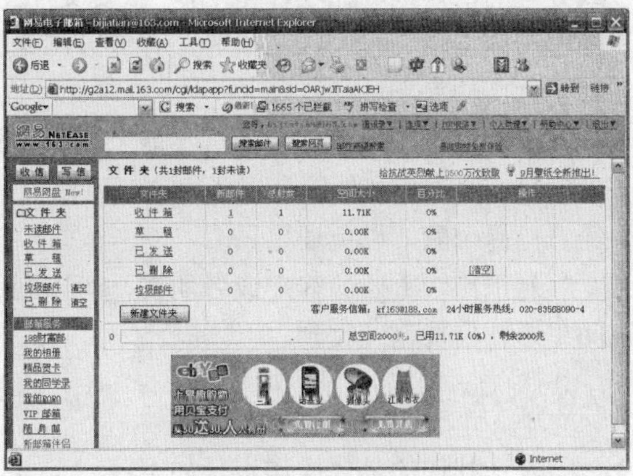

图 7-41　电子邮箱界面

完成登录后，就可以使用你的邮箱收发电子邮件了。收发电子邮件等各种操作都可以利用邮箱左边的超链接来实现。系统为用户提供了操作电子邮箱的众多功能，用户根据自己的需要单击相应的功能即可。用户对自己电子邮箱的设置信息、地址本都存放在电子邮箱中。通过观察可知，图 7-41 中还显示了电子邮箱下的文件夹的设置、各文件夹下存储的邮件和相应的统计信息。

1．收件箱

收件箱中存放的是他人发给用户的电子邮件，用户要阅读自己的电子邮件时，应单击图 7-41 中的“收件箱”，然后再选择相应的邮件阅读。

2．草稿

草稿文件夹中存放的是用户未写完的电子邮件（有的系统则将待发的邮件存于其中），用户在给他人写信的过程中，若信比较长，一时半刻写不完，为了避免中途计算机出现故障，应每写一部分便及时保存。当用户离开计算机而信没有写完时，也应保存，下次再从草稿文件夹中打开后继续书写。

3．已删除

已删除文件夹中存放的是被用户删除的邮件，用户将邮件删除后，其实并没有真正删除，只是被移到了已删除文件夹中。必要的时候，用户可以到已删除文件夹中找回误删除的电子邮件。如果用户要真正删除某封邮件，则需要在已删除文件夹中再一次删除。

用户的电子邮箱都有容量限制，存放在已删除文件夹中的邮件也同样占用邮箱空间，因而用户应及时清空该文件夹，释放邮箱空间；否则，过不了多久，用户可能就无法接收邮件，因为邮箱已满，无法放下新到的邮件。

4．新建文件夹

为了方便对邮件的管理，特别是当邮箱中需要保留的邮件很多时，最好在电子邮箱中再建立多个文件夹，给文件夹适当命名，然后将不同的邮件移动到相应的文件夹下，实现对邮件的分类管理。

例如，用户可以在收件箱下建立名为“公函”、“私人信函”、“重要文件”和“其他”等文件夹，“公函”文件夹下存放收到的办公类信件或者商业信件，收到的属于私人通信的邮件均移至文件夹“私人信函”下，无法分类的邮件则放在“其他”文件夹中，还未阅读或处理的信件则放在收件箱下，“重要文件”文件夹可用来存放需要保存的各种重要文件，如编写的文章、程序、文摘等，存放方法是将这些文件作为电子邮件的附件发给自己，再移至此文件夹下。

有时由于用户邮件较多，不能一次写完回信，或者邮件在等候发送后，用户忘记将邮件发出，结果把邮件给延误了，这时可以打开邮件程序的“退出时检查未发送邮件”功能，给自己提个醒，以免误事。

对于比较重要的客户或者朋友，可以利用邮件程序提供的自动回复功能，在最快的时间里通知信件已经收到。

7.9.2 发送邮件

发送邮件的具体操作步骤如下：

01 单击“写信”，出现发送邮件的窗口，如图 7-42 所示。

02　输入收件人的地址和邮件主题。

03　单击“精美信纸”，选择漂亮的信纸，在编辑区中，输入邮件的具体内容，然后单击“发送”按钮，如图 7-43 所示。

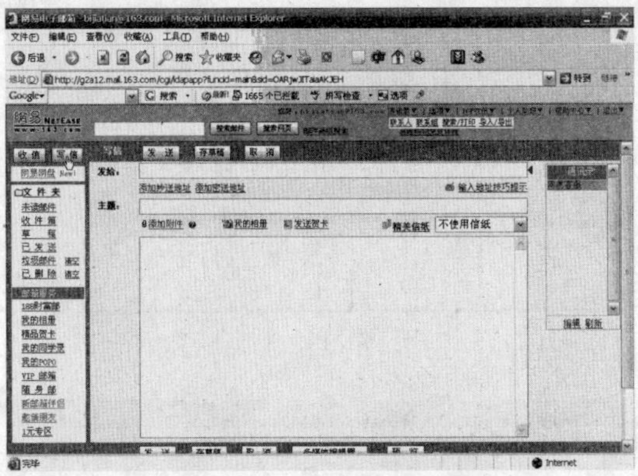

图 7-42　发送邮件的界面

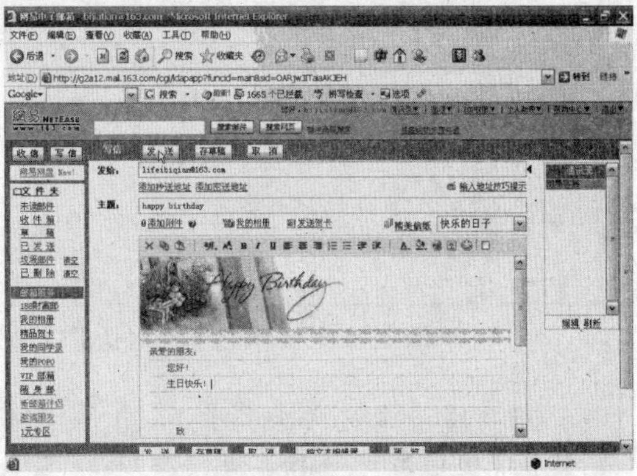

图 7-43　发送邮件

当你有一封信想发送给很多人时，是否在费力地一封一封发呢？其实发送时可采用群发技巧，操作如下：在填写收件人姓名时，可在每个地址之间用“,”分隔开，逗号一定要用半角小写。例如：***@sina.com,***@163.com,***@21cn.com，此功能适用于服务器发送邮件、使用各种软件发送邮件。

7.9.3　发送带附件的邮件

发送带附件邮件的具体操作步骤如下：

01　在写邮件的窗口中单击“添加附件”，如图 7-44 所示。

02　单击“浏览”按钮，如图 7-45 所示。

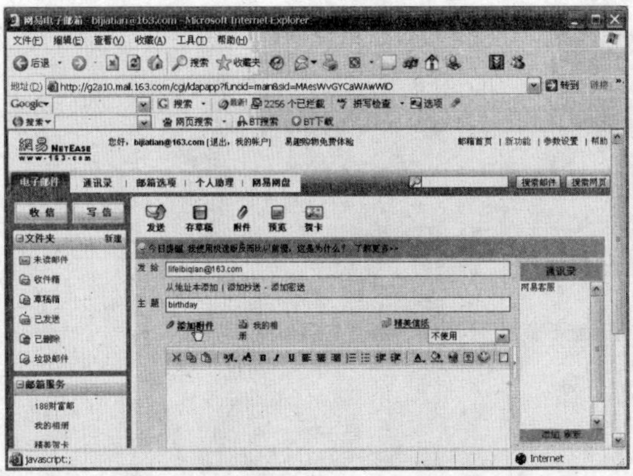

图 7-44　单击“添加附件”

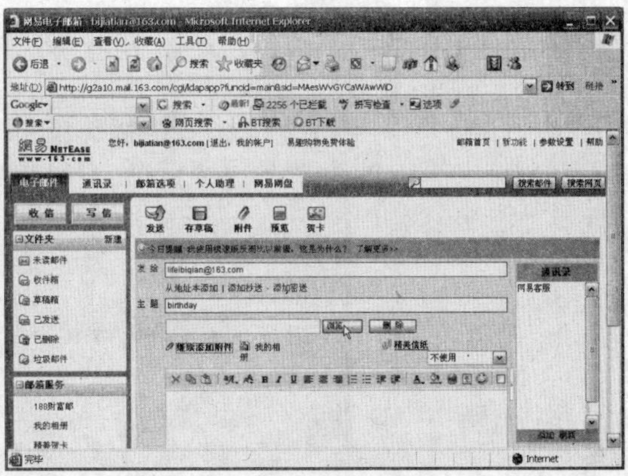

图 7-45　单击“浏览”按钮

03　在弹出的“选择文件”对话框中，选择要作为附件的文件，然后单击“打开”按钮，如图 7-46 所示。

04　将所选中的文件粘贴到邮件中，如果有多个附件要添加到邮件中，则单击“继续添加附件”，如图 7-47 所示。

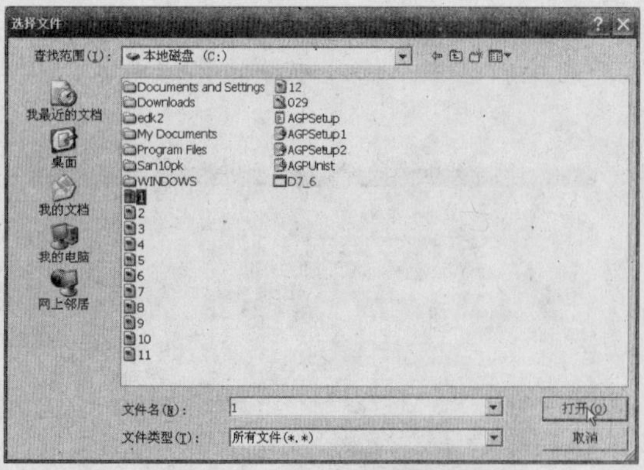

图 7-46 “选择文件”对话框

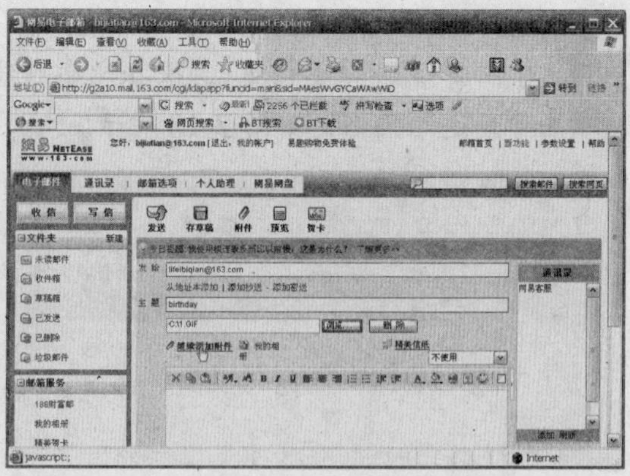

图 7-47 将附件粘贴到邮件上

05 将多个文件粘贴到邮件中后，单击“发送”按钮，发送带附件的邮件，如图 7-48 所示。在发送邮件时，对于比较大的内容打包成压缩文件再发送，这样可以节省发信时间，对方也可节省不少收信时间。

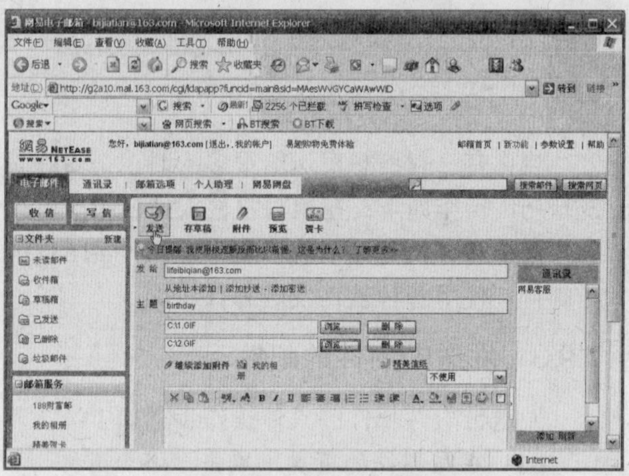

图 7-48 发送带附件的邮件

7.9.4 阅读邮件

我们收邮件的目的就是要阅读邮件的内容，所以必须学会如何来阅读邮件。

正确登录到自己的邮箱界面，单击窗口左边的“收件箱”，屏幕上将显示出收件箱中的电子邮件，如图 7-49 所示。

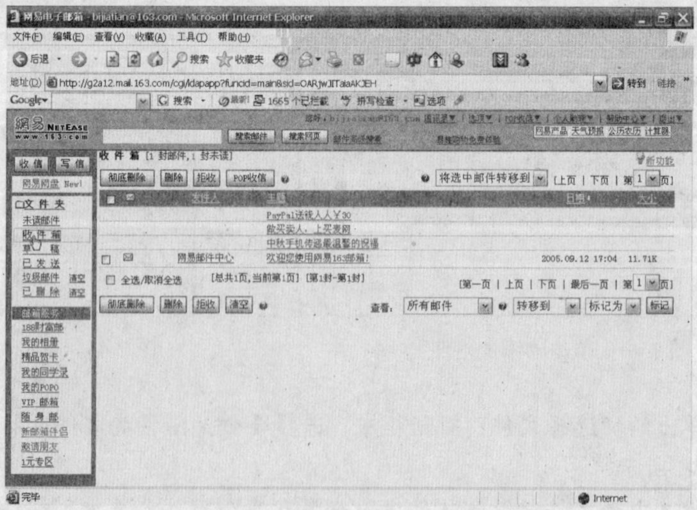

图 7-49 显示收件箱中的电子邮件

单击需要阅读其内容的电子邮件的发件人，其正文及其他各部分内容即在屏幕上显示出来，如图 7-50 所示。图 7-50 中提供了很多功能，用户可根据自己的需要进行操作。例如，用户认为邮件阅读后已无保存价值，则可单击“删除”。

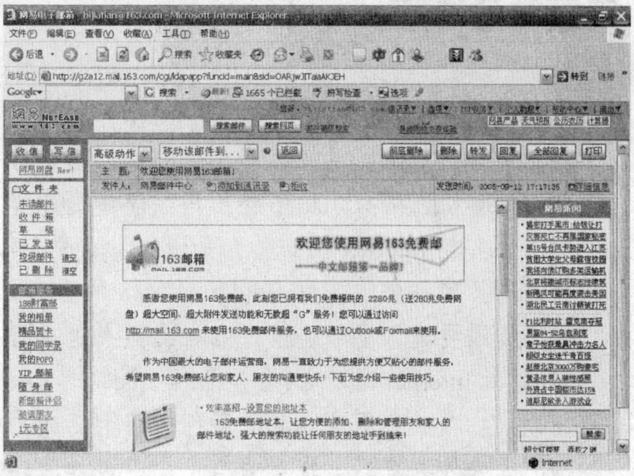

图 7-50　显示邮件内容

若需要给发件人回信，则单击“回复”。若需要给该封邮件的所有收件人和抄送人回复同样内容的信，则单击“全部回复”。用户应正确理解全部回复的意思，它不是指给收件箱中所有邮件的发件人回信。

“转发”的意思是将此邮件转寄给另外的用户。“添加到通讯录”的作用是将发件人的信息存入电子邮箱的地址本中，以后给他写信时可以直接使用。“拒收”是指以后拒绝收取此邮件的发件人发送给用户的邮件，原因可能是用户认为该发件人太讨厌。

如果所显示的电子邮件有附件，为了处理附件，在其名字上单击即可。如果附件的内容无法被 IE 显示，则提示用户将该文件保存到磁盘，跟下载文件一样。如果附件的内容可以在 IE 中显示，但用户却需要将其保存到本机硬盘，则应在其名字上单击鼠标右键，然后在弹出的菜单中单击“目标另存为”。

7.9.5　删除邮件

在邮件左边的空白方框上单击，选择需要删除的邮件。如果要同时选择所有的邮件，则单击“全选/取消全选”左边的空白方框。单击“删除”按钮，则选中的邮件将被移至已删除文件夹中。如图 7-51 所示。

若用户需要真正删除不需要的邮件，可单击已删除文件夹，在其中进行删除操作。若用户需要将已删除文件夹中的所有邮件删除，可单击“清空”。

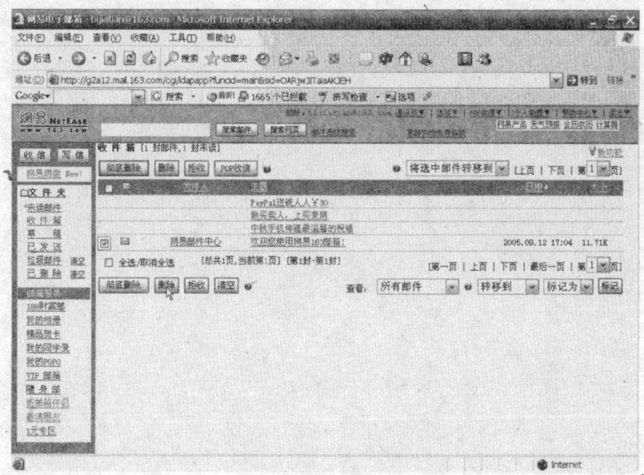

图 7-51　删除邮件

习题与思考题

1．什么是计算机网络?

2．计算机网络发展经过哪几个阶段？各有什么特点?

3．计算机网络有几种拓扑结构？简述这几种拓扑结构的特点。

4．什么是 Internet 网？什么是域？什么是 IP 地址?

5．请解释一个域名为 aid@juno.com 的含义。

6．如果要进入拨号连接，应在桌面上单击哪一个图标?

7.进入 Internet 网之后,会显示什么窗口？Internet Explorer 的窗口界面包括哪些部分?

8．鼠标在某个图片或某段彩色文字上变成手标的形状，表示什么含义?

9．如果要浏览某个站点的信息，应该如何操作?

10．如果要查询“工具软件”，应该在什么位置输入要查询的文字?

11．当查询到想要的内容，并且需要保存时，应该如何操作?

12．如果已接收到新邮件，如何阅读所接收到的邮件?

13．如果要发送电子邮件，应该如何操作?

14．如何删除不需要的邮件?

15．进入中文 YAHOO 主页，选择“教育类”网站浏览。

16．进入搜狐（http://www.sohu.com）主页，选择“娱乐类”网站浏览。

17．请给你的朋友寄一封“生日快乐贺卡”电子邮件。

18．用 IE 浏览器访问“163 网站”（http://www.163.com/），并且把显示的主页地址保存到收藏夹中，输入名称为“163 网站主页”。再访问该站点，要求通过“收藏”菜单直接访问该站点。

第 8 章　电脑的维护和管理

做好电脑的维护和管理工作，不仅可以使电脑始终保持在最佳工作状态，更能延长电脑的使用寿命，减少不必要的开支。而为了更好地使用电脑，还应必备许多工具软件，这些工具软件不仅能使我们了解和感知自己的电脑，而且还可以在使用电脑时获得便利，让电脑能为我们的工作和学习更好地服务。

8.1　计算机病毒的基本知识

计算机技术成为 20 世纪最伟大的发明，它给人们的工作、学习与生活带来了前所未有的方便与快捷。然而，计算机病毒也如幽灵一般，伴随着计算机技术的发展而日益猖獗，越来越严重地威胁到人们对计算机的使用，越来越多的人们遭受到计算机病毒的攻击，并因此造成了重大的损失。

8.1.1　什么是计算机病毒

简单地讲，计算机病毒是一种人为编制的计算机程序。一般是编制者为了达到某种特定的目的，编制的一种具有破坏计算机信息系统、毁坏数据、影响计算机使用的计算机程序代码。

一般来说，这种程序是一种比较精巧严谨的代码，按照严格的逻辑组织起来。在大多数的情况下，这种程序不是独立存在的，它依附（寄生）于其他的计算机程序。之所以称之为病毒，是因为其与生物病毒一样，能够进行自我复制功能和破坏功能。计算机病毒既具有破坏性，又具有传染性和潜伏性，会给用户带来巨大的损失。

8.1.2　计算机病毒的来源

计算机病毒的来源是多种多样，主要有以下几种：

1．无聊程序或实验品

主要是部分计算机工作人员或业余爱好者由于个人兴趣而制造出来的，有的是用来测试自己的编程能力，有的则纯粹是为了开玩笑，这类病毒一般以良性病毒为主。

2．蓄意破坏

一般多表现为病毒制造者对某个人或组织的报复性行为，也有一些是团体行为，比如现代战争中的信息战，实施有组织、有规模的病毒攻击是打击敌方信息系统的一个有效手段。

3．研究实验用

这类病毒是用于研究或实验而设计的样本程序，由于某种原因失去控制扩散出实验室或研究所，从而成为危害四方的计算机病毒。

8.1.3 计算机病毒的特点

计算机病毒有以下几个明显的特征：

1．传染性

这是病毒的基本特征，是判别一个程序是否为计算机病毒的最重要的特征，一旦病毒被复制或产生变种，其传染速度之快令人难以预防。

2．破坏性

任何计算机病毒感染了系统后，都会对系统产生不同程度的影响。发作时，轻则占用系统资源，影响计算机运行速度，降低计算机工作效率，使用户不能正常使用计算机；重则破坏用户计算机的数据，甚至破坏计算机硬件，给用户带来巨大的损失。

3．寄生性

一般的计算机病毒都不是独立存在的，而是寄生于其他的程序，当执行这个程序时，病毒代码就会被执行。一般在正常程序未启动之前，用户不易发觉病毒的存在。

4．隐蔽性

计算机病毒具有很强的隐蔽性，它通常附在正常的程序之中或藏在磁盘的隐密地方，有些病毒采用了极其高明的手段来隐藏自己，如使用透明图标、注册表内的相似字符等，而且有的病毒在感染了系统之后，计算机系统仍能正常工作，用户不会感到有任何异常，在这种情况下，普通用户是无法在正常的情况下发现病毒的。

5．潜伏性

大部分的病毒感染系统之后一般不会马上发作，它隐藏在系统中，就像定时炸弹一样，只有在满足其特定条件时才启动。比如黑色星期五病毒，不到预定时间不会觉查出异常，一旦逢 13 日的星期五就会发作，对系统进行破坏。

8.1.4 计算机病毒的传播途径

1．磁盘

计算机病毒可以通过存储设备来进行传播，包括硬盘、光盘、优盘等。在这些存储设备中，优盘是目前使用最广泛的移动设备，也是病毒传染的主要途径。

2．下载

随着 Internet 技术的迅猛发展，现在使用计算机的人们几乎每天都从网络上下载一些有用的资料信息。同时，Internet 是一个大舞台，也是那些病毒滋生的温床，当人们从 Internet 下载各种资料或软件的同时，无疑也为病毒提供了良好的侵入通道。

3．电子邮件

当互联网与电子邮件成为人们日常工作必备的工具之后，E-mail 病毒无疑是病毒传播的最佳方式了，近几年常出现的危害性比较大的病毒几乎全是通过 E-mail 进行传播的。

4．其他

有些病毒通过特殊的途径进行感染，比如固化在硬件中的病毒（早期，危害性极大）、通过网络媒介传染（如蠕虫程序）等。

8.1.5 计算机病毒的发展趋势

近几年，随着计算机及网络技术的发展，计算机病毒技术也变得越来越高明了，比如采用多种加密方式的多变性病毒、专门攻击备份文件的破坏型病毒以及针对 Office 的宏病毒等，甚至出现专门用来生成病毒的工具。而且随着 Internet 的普及，很多类似于计算机病毒、具有计算机病毒特征的程序也大量涌现，主要有计算机蠕虫、特洛伊木马、黑客工具等。

现在，以 Internet 为代表的网络技术在全球取得了飞速的发展，计算机网络的这种无边界的连通性更为病毒的传播与散发提供了条件。人们通过互联网络浏览网站，下载资料，传送邮件等，都为病毒的传播打开了方便之门。而且，随着计算机技术及病毒技术的发展，一方面，越来越多的企业更加依赖于计算机化的工作；另一方面，越来越先进的病毒技术又严重威胁到计算机里面的数据。这就无形之中给所有反病毒工作者提出了更高的要求，如何摆脱当前摆在企业管理人员面前的防病毒工作难题，如何更加安全可靠地保护企业的数据，这将促使每一个反病毒工作者为此付出孜孜不倦的努力。

8.2 压缩软件 WinRAR

所谓文件压缩，是指压缩文件的大小以节约计算机硬盘空间，方便传输。压缩工具是一种非常流行、非常实用的文件操作工具，它通过一定的技术手段压缩文件的大小，提高了文件传输的速度。

WinRAR 是在 Windows 环境下对.rar 格式的文件进行管理和操作的一款压缩软件。这是一个相当不错的软件，可以与 WinZip 相媲美。另外，在某些情况下，它的压缩率比 WinZip 还要大。WinRAR 的另外一个特点是支持很多压缩格式，除了.rar 和.zip 格式的文件外，WinRAR 还可以为许多其他格式的文件解压缩，同时，使用这个软件也可以创建自解压可执行文件。

WinRAR 压缩功能强大，其独特的多媒体压缩算法和紧固式压缩法更是有针对性地提高了压缩率。WinRAR 的最大优点是压缩率大，速度快。

8.2.1 WinRAR 的主界面及使用

点击 WinRAR 的图标后出现的主界面如图 8-1 所示。下面我们将对主界面中的每个按钮做一说明。

“添加”按钮就是压缩按钮，可对文件进行压缩。

“解压到”按钮用于把压缩文件解压到某一个路径。

“测试”可以对选定的文件进行测试，它可以告诉用户文件是否有错误。

“查看”按钮用于在窗口中选好一个具体的文件后，点击该按钮就会显示文件中的内

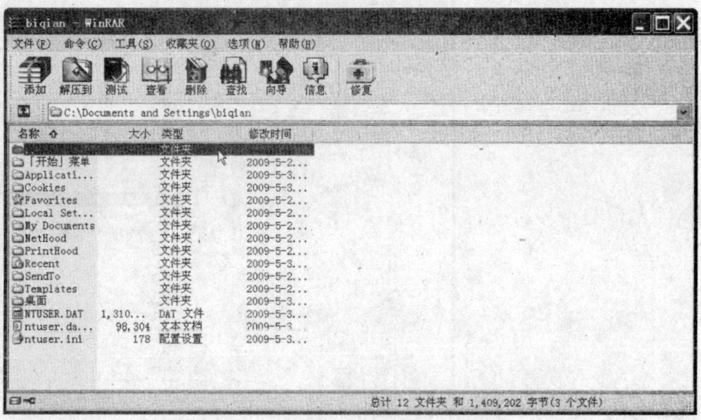

图 8-1　WinRAR 的主界面

容代码等。

“删除”按钮的功能就是删除选定的文件。

“修复”按钮允许修复文件。点击该按钮后，会出现如图 8-2 所示的窗口，因为修复后的文件 WinRAR 会自动为它起名为 reconst.rar，所以用户只要在“被修复的压缩文件保存的文件夹”处设置修复后的文件路径就可以了，当然也可以自己为它起名。损坏的压缩包可以用 RAR 和 ZIP 的格式来处理。

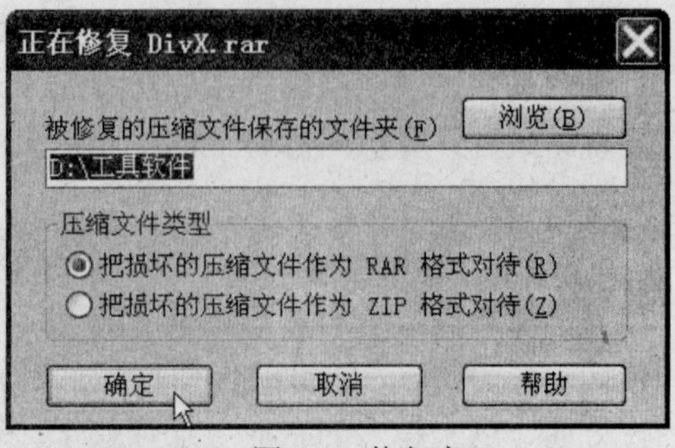

图 8-2　修复窗口

在 WinRAR 的主界面中双击并打开一个压缩包后，会出现几个新的按钮，如图 8-3 所示。其中“自解压格式”按钮是将压缩文件转化为自解压可执行文件。

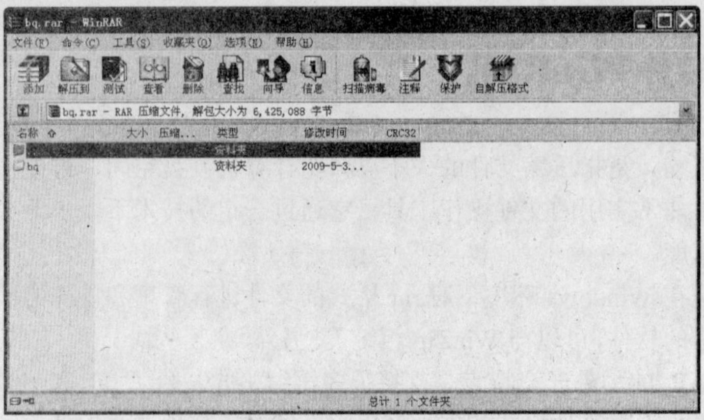

图 8-3　显示压缩包中的文件

8.2.2　使用 WinRAR 快速压缩文件

WinRAR 支持在右键菜单中快速压缩文件，操作十分简单。在要压缩的文件上单击鼠标右键，会弹出如图 8-4 所示的快捷菜单，选择“添加到 XXX.rar”（XXX 代表文件名），就会把这个文件压缩成 RAR 格式。

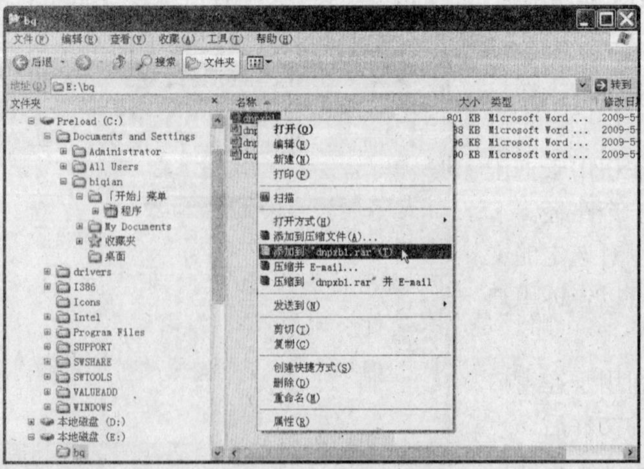

图 8-4　使用快捷菜单压缩文件

如果在快捷菜单中选择“添加到压缩文件”，会出现如图 8-5 所示的“压缩文件名和参数”对话框。在该对话框中有“常规”、“高级”、“选项”、“文件”、“备份”、“时间”和“注释”七个选项卡，可对各项参数进行详细的设置。

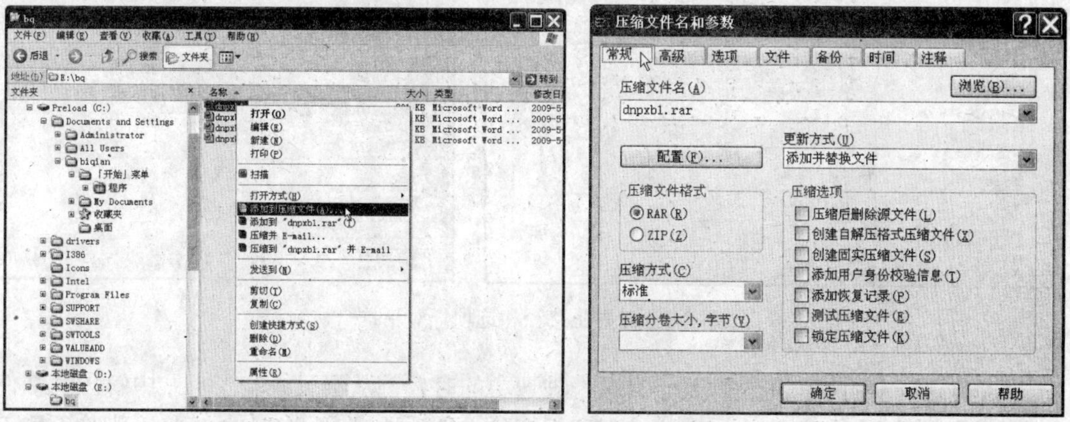

图 8-5 “压缩文件名和参数”对话框

8.2.3 使用 WinRAR 快速解压文件

当在压缩文件上单击右键后，出现如图 8-6 所示的快捷菜单，选择“解压到当前文件夹”，就可以将压缩文件解压到指定的路径中。通常路径是压缩时的路径名。

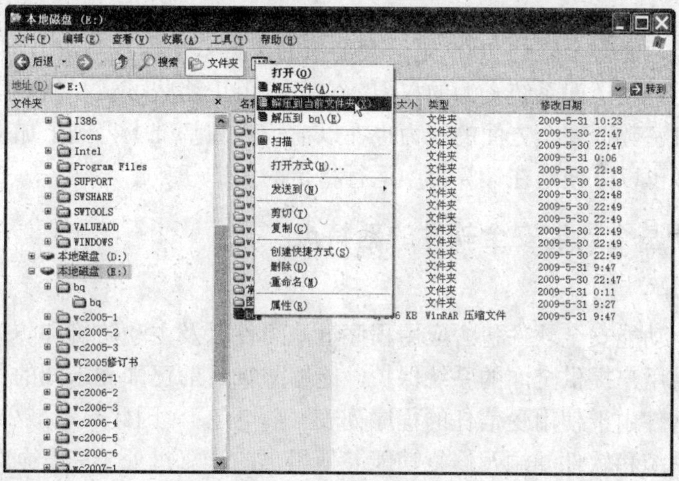

图 8-6 使用快捷菜单解压文件

如果在快捷菜单中选择“解压文件”，会弹出“解压路径和选项”对话框，如图 8-7 所示。在该对话框中，“目标路径”中通常默认的是当前待解压缩文件存在的路径，用户可以输入其他的路径。这个路径是压缩文件解压之后存放的路径。

“更新方式”是关于升级文件的内容，包括“解压并替换文件”、“解压并更新文件”、“仅更新已经存在的文件”三个选项，只能选择其中一种方式。

“覆盖方式”是关于当要解压的文件已经存在时是否覆盖的问题，包括“在覆盖前询问”、“没有提示直接覆盖”、“跳过已经存在的文件”和“自动重命名”四个选项。

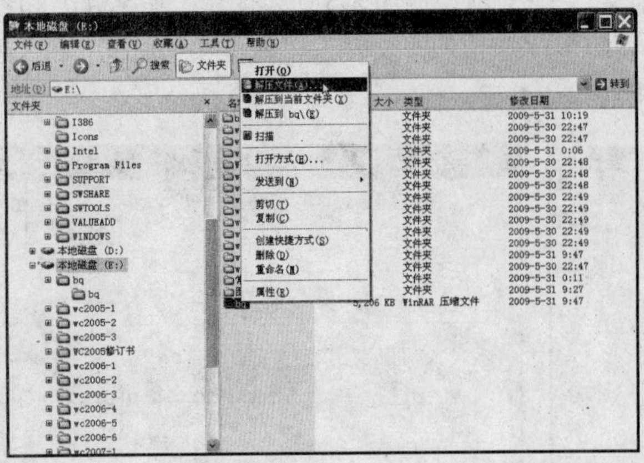

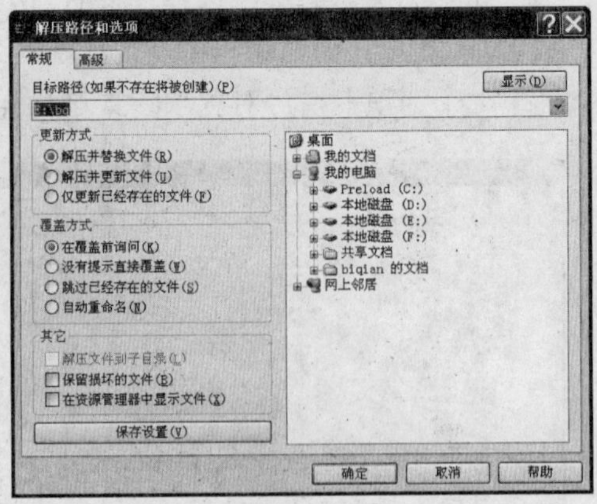

图 8-7 “解压路径和选项”对话框

“其它”中的“解压文件到子目录”被选中的时候，从根目录和子目录中解压的文件都将被保存至目标文件夹内。选中“保留损坏的文件”选项时，WinRAR 将不删除不能正确解压的文件。

以上的选项被设置好后，点击“确定”按钮，文件就可以被解压了。

8.3 卡巴斯基全功能安全软件

卡巴斯基全功能安全软件 2009 是一套全新的数据安全保护解决方案。该程序的主要功能就是限制其他程序访问系统资源的权限，它可以阻止那些可疑和危险程序的行为，并且其在保护用户机密数据安全方面的能力也在以前版本的基础上得到了加强。该程序包含向导和工具，这样可以方便地在计算机中运行指定的保护任务。

8.3.1 卡巴斯基全功能安全软件的新特点

1. 新的保护

卡巴斯基全功能安全软件包含应用程序过滤组件以及主动防御和防火墙等组件，这些组件共同作用为用户提供全面的系统保护，能够防御目前已知和未知的各种威胁。卡巴斯基全功能安全软件由于使用受信任的程序列表（白名单），因此显著减少了用户的输入。

扫描操作系统和软件漏洞及修复功能够使用户的计算机处于高安全级别，以防御危险的程序入侵计算机系统。

安全分析和浏览器配置组件可以方便地扫描并修复安装在计算机上的应用程序、操作系统和浏览器设置的安全威胁和漏洞。

由于使用了卡巴斯基安全网络技术，卡巴斯基实验室能够更快地响应新威胁，该技术将收集用户计算机的感染数据，并将其发送至卡巴斯基实验室服务器。

网络监控和网络数据包分析这两种新工具可以让用户方便地收集和分析计算机的网络信息活动。

新的系统恢复向导能够帮助用户恢复已经损坏的系统。

2．新的机密数据保护

新的应用程序过滤组件能够有效地监控其他程序对机密数据、用户文件和文件夹的访问。

使用新的虚拟键盘工具可以保证用户要通过键盘输入的关键数据安全性。

卡巴斯基全功能安全软件还包含隐私清理向导，该工具可以删除用户使用这台计算机的操作痕迹信息，这些信息（如访问的网站列表、打开的文件列表及 cookies）可能会引起入侵者的兴趣。

3．新的反垃圾邮件

由于使用 Recent Terms 技术，反垃圾邮件组件的垃圾邮件过滤率得到了极大的提高。

在微软 Outlook、Outlook Express、The Bat! 和 Thunderbird 中使用扩展插件，从而简化了反垃圾邮件设置的配置过程。

改进的家长控制组件能够有效地限制儿童访问不健康的网络资源。

4．为上网而设计的新的保护

由于扩展了钓鱼网站数据库，防御网络欺骗功能更加坚固。

由于添加扫描 ICQ 和 MSN 流量，访问网页更加安全。

通过扫描 Wi-Fi 连接，保障了无线网络的安全使用。

5．新的程序界面

新的程序界面反映了对信息安全的全面保护。

对话框的高信息容量能够帮助用户快速做出决定。

该软件已经扩展了有关程序运行信息的报告和统计功能。在使用报告时，可以允许专业用户使用过滤器来进行自定义的过滤。

8.3.2　程序界面

1．通知区域图标

在计算机中安装卡巴斯基全功能安全软件 2009 后，程序图标将立即出现在 Windows 任务栏的通知区域。

该程序是程序运行情况的一个指示器。它将会实时反映保护状态，并且显示一定数量的程序执行的基本功能。

如果图标为活动（彩色），则表示全面保护或部分功能组件正在运行；如果图标为非活动（黑灰色），则表示所有保护组件被禁用。

程序图标的改变取决于所正在执行的操作：

表示正在扫描邮件。

表示正在进行程序数据库和模块的更新。

表示需要重启计算机以应用更新。

表示程序的某些组件运行中失败。

同时，通过图标也可以访问程序界面上的基本功能，即快捷菜单和主程序窗口。要打开快捷菜单，可在程序图标上单击鼠标右键。要打开主程序窗口，可在程序图标上双击鼠标左键，主窗口打开时总是显示保护界面。

2．快捷菜单

卡巴斯基的快捷菜单如图 8-8 所示。该应用程序菜单包含了如下的项：

• 更新：开始应用程序模块和数据库更新，并在电脑上安装更新。

• 完全扫描我的电脑：开始对计算机中的危险对象进行一次完全扫描。这些对象存在于所有驱动盘，包括可移动存储媒介，都将被扫描。

• 扫描病毒：选择要扫描的对象，并启动对病毒的扫描。默认情况下，该目录包含几个对象，比如我的文件夹和邮件箱。用户可以向列表中添加要扫描的对象和启动一次反病毒扫描。

• 网络监控：查看建立的网络连接列表，打开端口和网络流量。

• 虚拟键盘：切换到虚拟键盘。

• 卡巴斯基全功能安全软件：打开主程序窗口。

• 设置：查看和配置应用程序设置。

• 关于：显示关于应用程序的信息窗口。

• 暂停保护/继续保护：临时暂停或继续实时保护组件。该菜单项不会影响产品的更新或病毒扫描任务的执行。

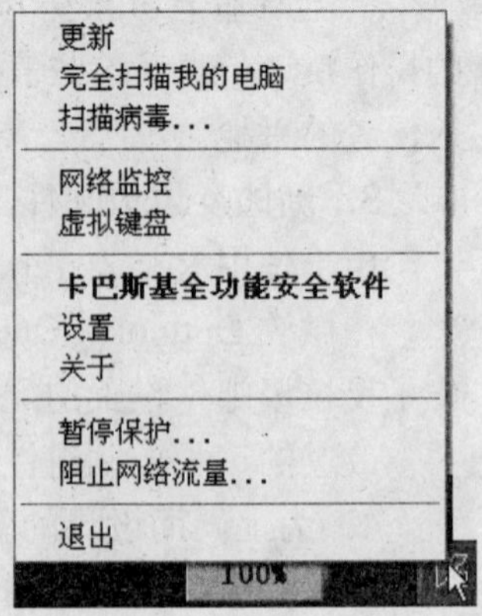

图 8-8　快捷菜单

• 阻止网络流量：临时阻止所有的计算机网络连接。如果用户想要允许计算机和网络的连接，从菜单中选择不阻止网络连接。

• 退出：关闭应用程序（当选择该选项时，应用程序在计算机内存中停止运行）。

如果在一项病毒扫描任务运行的时候打开快捷菜单，扫描的名称和它的进度状态（完成的百分数）将会显示在快捷菜单的顶部。通过选择该项任务，用户可以切换到主窗口，来查看关于当前它运行结果的报告。

3．主程序窗口

卡巴斯基的主程序窗口如图 8-9 所示。

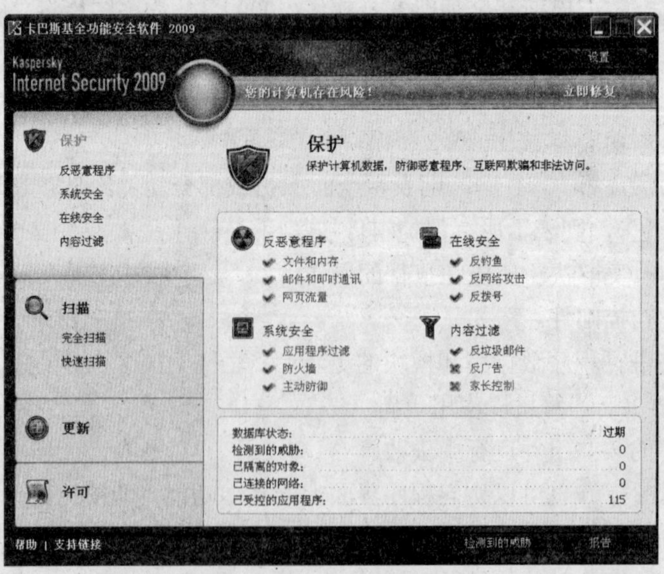

图 8-9　主程序窗口

主程序窗口可以分为三个部分。

（1）窗口的上面部分指示计算机当前的保护状态，有三种可能的保护状态，每一种状态都由一个确定的颜色来指示，这类似于交通灯。绿色表示用户的计算机处于安全的保护级别，黄色和红色表示警告。当出现如下情况：用户的设置或者操作程序时存在安全威胁，程序检测到反病毒数据库过期，一些组件被禁用，选择最低级的安全设置等，主程序窗口都显示成黄色或红色。

如果出现安全威胁，必须立即解决这些问题。要快速获得有关威胁的信息并解决，可以使用“立即修复”链接。

（2）主程序窗口的左边部分可以快速访问所有程序组件，如反病毒扫描和更新任务等。窗口左边包含如下几个部分：

• 保护：快速访问所有保护组件的设置。

• 反恶意程序：保护计算机，反病毒和其他恶意程序。查看关于任意保护组件运行的信息，切换到它的设置窗口；在被感染后运行恢复任务并创建应急磁盘。

• 系统安全：根据规则监控程序对系统资源的访问（程序过滤），在系统中分析程序的行为（主动防御），监控网络访问（防火墙），分析系统安全。

• 在线安全：保护计算机，防御网络攻击和互联网欺骗。如果存在网络攻击，阻止它攻击你的计算机；保护计算机不受如钓鱼、运行清除任务操作、访问虚拟键盘等威胁。

• 内容过滤：反广告和垃圾邮件，家长控制，运行网络数据包分析任务，配置 Internet Explorer 浏览器设置。

• 扫描：搜索病毒、rootkits 和漏洞，运行完全的计算机扫描，扫描启动对象。

• 更新：更新数据库和应用程序模块。

• 许可：程序激活，续费延长许可期限。

（3）主程序窗口的右边部分包含关于在窗口左边部分选择的程序功能的信息，用来配置该功能的设置并提供工具，如反病毒扫描任务、下载更新等。

8.3.3 更新程序

卡巴斯基全功能安全软件包括数据库，其中包含威胁签名、垃圾邮件的特征词语的样本和网络攻击的描述。然而，安装应用程序时，数据库可能已经过期，因为卡巴斯基实验室定期更新数据库以及程序模块。

在设置向导中可以选择更新启动模式。默认情况下，卡巴斯基全功能安全软件自动从卡巴斯基实验室服务器上检查更新。如果服务器有了一组新的更新数据，卡巴斯基全功能安全软件以静寂模式自动下载并安装更新。

为了保持电脑的保护处于最新状态，在安装完卡巴斯基全功能安全软件后应立即更新。

手动更新卡巴斯基全功能安全软件的方法是打开应用程序主窗口，在窗口的左侧选择“更新”，单击“开始更新”按钮。

8.3.4 安全分析

系统故障或恶意程序活动造成的有害行为会导致操作系统被破坏。另外，计算机上安装的程序的漏洞可能被入侵者利用，破坏你的计算机。

为了检测并清除这些安全问题，在安装完程序后应启用安全分析向导。安全分析向导将查找本地安装程序的漏洞以及操作系统和浏览器设置的异常和损害。

启动向导的方法是打开主程序窗口，在窗口左边选择“系统安全”，启动安全分析任务。

8.3.5 扫描计算机病毒

要保护计算机，扫描病毒是最重要的功能之一。扫描可以防止由于一些原因反恶意程序没有检测到的恶意代码蔓延。

要启动/停止反病毒的扫描任务，操作步骤如下：

01 打开主应用程序窗口。

02 在窗口的左侧选择扫描（完全扫描或快速扫描）。

• 完全扫描：彻底扫描整个系统。默认时，扫描以下对象：系统内存，启动时加载的程序，系统备份，电子邮件数据库，硬件驱动程序，移动存储介质和网络驱动器。

• 快速扫描：扫描所有操作系统启动时加载的对象。

03 单击“开始扫描”按钮进行扫描。如果需要在扫描运行的过程中停止扫描任务，可单击“停止扫描”按钮。

在进行扫描时，卡巴斯基创建了高、推荐、低三个安全级别。如果你觉得计算机感染恶意程序的几率很高，选择高安全级别。推荐级别适用于大多数的情况。如果在使用应用程序时需要考虑内存资源，可选择低安全级别，因为在这个级别扫描的文件范围会减少。

8.3.6 配置程序设置

在主程序窗口点击主窗口上部的“设置”按钮，或者从快捷菜单中选择“设置”，打开程序设置窗口，如图 8-10 所示。程序设置窗口包括两个部分：窗口左边的程序组件、病毒扫描任务、更新任务等；窗口右边的组件、任务等的设置列表，对应左边选择的组件。在这里可以对各种保护设置相应的方式。

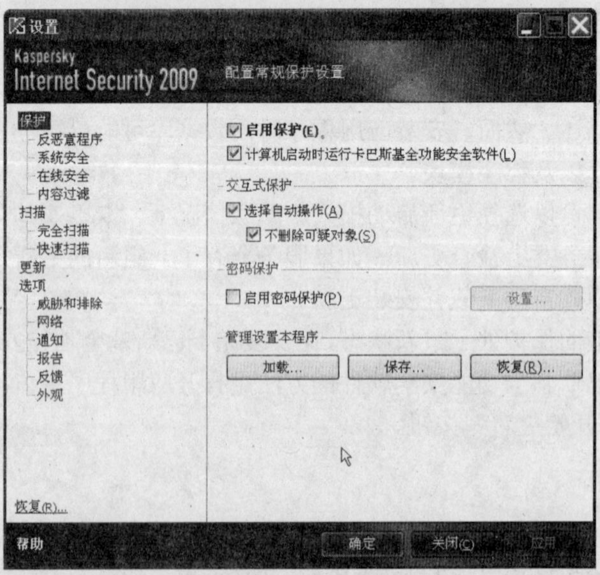

图 8-10 程序设置窗口

8.4　利用迅雷下载文件

8.4.1　迅雷的功能

迅雷使用的多资源超线程技术基于网络原理，能够将网络上存在的服务器和计算机资源进行有效地整合，构成独特的迅雷网络。通过迅雷网络，各种数据文件能够以最快的速度进行传递。

多资源超线程技术还具有互联网下载负载均衡功能，在不降低用户体验的前提下，迅雷网络可以对服务器资源进行均衡，有效降低了服务器负载。

迅雷具有如下一些功能：

（1）全新的多资源超线程技术，显著提升下载速度。

（2）功能强大的任务管理功能，可以选择不同的任务管理模式。

（3）智能磁盘缓存技术，有效地防止了高速下载时对硬盘的损伤。

（4）智能的信息提示系统，根据用户的操作提供相关的提示和操作建议。

（5）独有的错误诊断功能，帮助用户解决下载失败的问题。

（6）病毒防护功能，可以和杀毒软件配合保证下载文件的安全性。

（7）自动检测新版本，提示用户及时升级。

（8）提供多种皮肤，用户可以根据自己的喜好进行选择。

8.4.2　利用迅雷进行下载

1. 迅雷的主界面

下载速度一直是用户关心的问题，迅雷不但可以高速下载，还全面支持和优化网络游戏、MP3、软件等各个热门下载类别。启动迅雷，进入迅雷主界面，如图 8-11 所示。

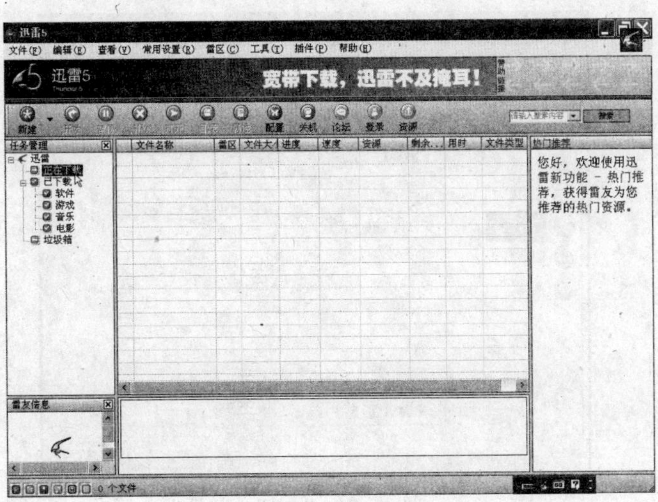

图 8-11　迅雷主界面

在迅雷中可以看到迅雷对下载任务的描述：基本信息栏（包括文件名、文件大小、已经下载完成、下载进度、当前的下载速度、用时、剩余时间、资源数）、详细信息栏（包括该任务下载的链接、引用页、文件描述等）以及连接信息栏，用户可以清楚地知道和了解正在下载文件的情况。

2．直接拖曳链接地址下载

只要用左键按住链接地址，拖放至迅雷的悬浮窗口，松开鼠标就可以了。与右键点击链接“使用迅雷下载”一样，会弹出存储目录的对话框，只要选择好存放目录就可以了。在迅雷页面的左下方，可以看到下载文件的名称、大小以及下载速度等信息。在下载软件的过程中，可以浏览网页、听歌，甚至玩游戏，都不会耽误用户了解下载软件的进程，悬浮窗口会显示下载百分比及线程图示。

3．丰富的配置

迅雷的代理服务器功能解决了代理上网用户无法使用迅雷的问题，用户可以根据自己的需要，设置适合的代理模式，支持大家熟悉的Socks5代理、HTTP代理、FTP。

线程配置功能可以让用户指定原始URL的线程和总线程，用户可以根据每个网站的要求选择原始URL线程数，并根据自己机器的情况选择最大线程，充分发挥P2SP技术带来的高速下载优势。另外，为了可以帮助用户更好地保护自己的硬盘，迅雷还增加了硬盘写入缓存配置，用户可以根据自身情况配置写入缓存的大小。

4．下载完毕后自动查毒

在迅雷中虽然可以下载到多种海量的各类资源，但如果下载的文件中带有病毒或木马程序，那么给我们带来的麻烦也是可想而知的。迅雷最新版本支持嵌入式查毒，也就是说，通过迅雷下载的所有文件，只要文件下载到本地硬盘后，迅雷就会立即启动杀毒软件的病毒扫描程序对所下载的文件进行病毒查杀，从而保证用户系统始终处于“无毒”状态。

开启迅雷的嵌入式查毒功能很简单，单击迅雷主界面中的“配置”按钮，弹出“配置”对话框，选择“病毒保护”选项卡，如图8-12所示。选中“下载完成后杀毒”选项，然后通过“浏览”按钮指定杀毒软件的病毒扫描程序路径即可。

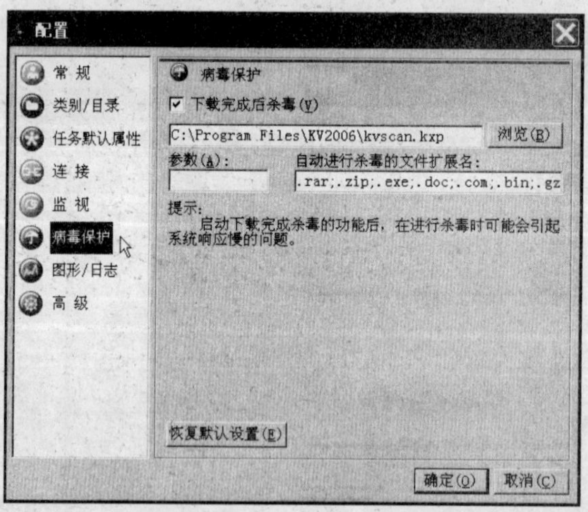

图8-12　“配置”对话框

提示　如果嫌迅雷对下载的每个文件都进行病毒扫描太占用时间，则可以通过定制让杀毒软件的病毒扫描程序只对一些如“.exe”、“.com”和“.dll”等高危文件进行病毒扫描，定制方法同样在“配置”对话框中进行，用户只要删除一些不需要的扩展名即可。

5．下载 Rtsp 协议的流媒体文件

Rtsp 协议是目前最流行的三大流媒体文件传输协议之一，过去我们下载 Rtsp、MMS 等流媒体协议的文件时，总是需要另外使用如“影音传送带”等专用的流媒体下载工具，切换起来很费事。现在，我们可以像下载其他正常的文件那样下载使用 Rtsp 协议的各种文件了，比如在 IE 浏览器中用鼠标右键点击 Rtsp 协议的下载链接，然后选择“使用迅雷下载”选项，即可直接添加下载任务了。

8.4.3　迅雷的设置

在迅雷中，用户可以配置开机是否启动迅雷，打开迅雷时是否自动开始任务和监视剪贴板功能，可设置一些选项方便用户建立下载任务，查找自己需要的任务，完成后关机，任务移动等功能。

1．任务管理

任务管理方便用户将不同状态的任务进行分类管理，例如把已经完成的任务和没有完成的任务分类，解决了任务列表杂乱的问题。用户在下载时还可以指定任务类别，将不同下载任务分别放入相应目录。任务管理中还提供垃圾箱功能，所有被删除任务都会先被扔到垃圾箱，在垃圾箱中删除任务才是真正的删除，避免用户因误操作引起的丢失问题。

2．任务移动

迅雷增加了下载队列功能，也就是说，如果用户设置了最多同时开始 3 个任务，而用户开始了 10 个任务，则第 4~10 个任务就会变成等待状态。一旦有任务完成，第 4 个任务就会自动从等待状态变成开始状态。如果把第 10 个任务移动到其他处于等待状态的任务上面，一旦有一个任务完成，开始的就是第 10 个任务，按照用户的需要一一进行下载。

3．完成后关机

用户可以在任何时候设置下载任务完成以后自动关闭，可以让用户不用守在电脑前等待下载完成。

4．搜索

大家平时在用到一些需要的软件、MP3、游戏时，都要到各大网站或提供下载的网站去下载，现在迅雷携带的搜索功能可以帮助用户搜索到软件，然后点击链接即可享受到迅雷带来的高速下载。

5．个性化悬浮窗口

用户可以对悬浮窗口进行个性化的设置。方法是用鼠标右键点击“悬浮窗口”，单击“配置”，弹出“配置”对话框，选择“图形/日志”选项卡，如图 8-13 所示。在这里可以改变悬浮窗口的前景色、背景色、透明度等，可以配合自己的桌面来进行设置。

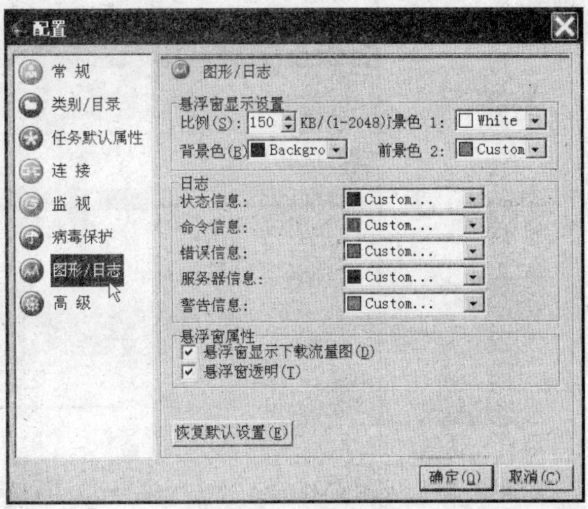

图 8-13　“配置”对话框

8.4.4 迅雷的其他功能

和其他的下载软件不同，迅雷在提供下载的同时还提供了丰富的互动内容。

1. 下载排行榜

用户可以根据迅雷的排行榜知道现在最流行的游戏、最热门的软件是什么。

2. 雷友必备

雷友必备里提供了每个用户最需要的各种工具软件，从视频播放到文字输入，从邮件管理到压缩解压，这里提供的是功能最强的工具软件，最适合刚安装了操作系统到处寻找工具软件的用户。

3. 迅雷通告

这是一个很特别的部分，迅雷会自动为用户送上最新的电影片花、最好玩的小游戏、最酷的游戏动画，让用户体验一下真正的娱乐下载。

8.5 利用 QQ 网上聊天

腾讯 QQ 是深圳腾讯计算机系统有限公司开发的一款基于 Internet 的即时通信软件。腾讯 QQ 支持在线聊天、视频电话、点对点断点续传文件、共享文件、自定义面板、QQ 邮箱等多种功能，并可与移动通信终端等多种通信方式相连。用户可以使用 QQ 方便、实用、高效地和朋友联系，可自动检查用户是否已联网，可以搜索、显示在线网友，可以根据 QQ 号、昵称、姓名、E-mail 地址等关键词来查找网友，并可加入到通讯录中。

8.5.1 下载与安装 QQ

如果需要 QQ 的最新版本，可以到腾讯公司的 QQ 网站（http://im.qq.com/）去免费下载。进入浏览器界面，在地址栏中输入“http://im.qq.com/”，敲回车键，进入 QQ 首页，点击“下载 QQ”栏，在出现的界面中选择需要下载的 QQ 版本，然后单击“下载”即可，如图 8-14 所示。

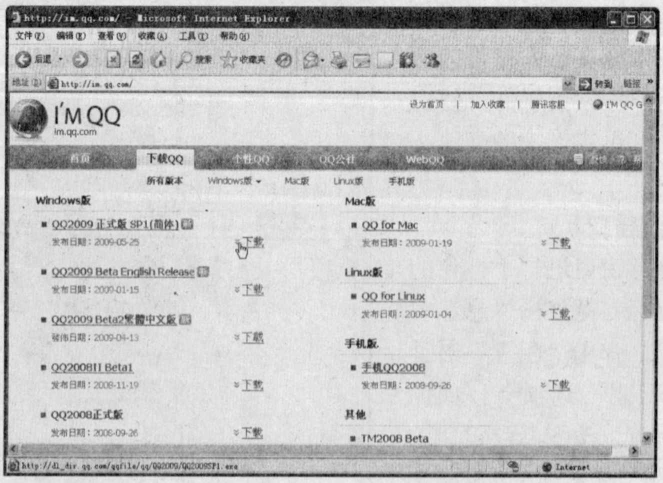

图 8-14 下载所需的 QQ 版本

下载 QQ 完成后，在资源管理器窗口中找到所下载的 QQ 应用程序，双击该文件，屏幕上弹出安装 QQ 的窗口，单击“下一步”按钮，按屏幕上出现的提示进行安装即可，如图 8-15 所示。

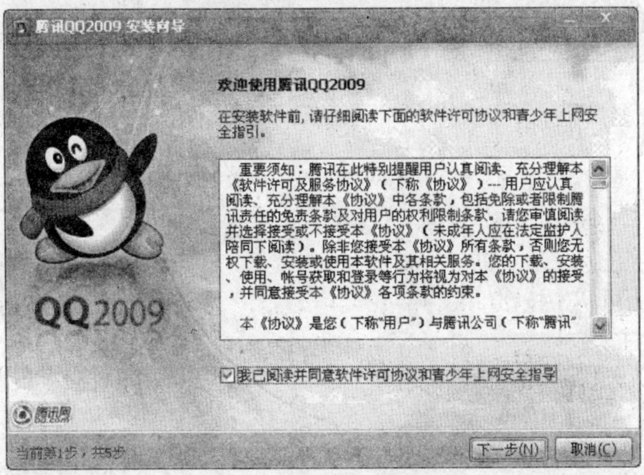

图 8-15　安装 QQ

8.5.2　申请 QQ 号码

在腾讯公司的 QQ 网页，单击“免费申请新的账号”，如图 8-16 所示。

按屏幕上出现的提示，选择相应的选项，并填写申请 QQ 的基本信息，然后单击“确定”按钮，屏幕上将显示出成功申请 QQ 号码的提示信息，如图 8-17 所示。

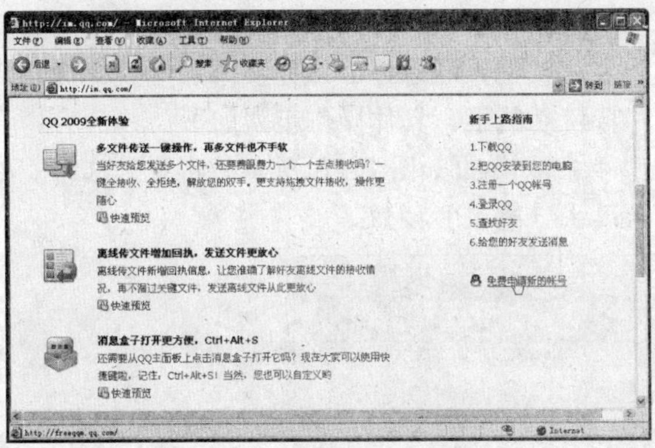

图 8-16　申请 QQ 号码

图 8-17　成功申请 QQ 号码

8.5.3　登录 QQ

申请 QQ 的操作完成后，会自动登录 QQ。若以后要使用申请的 QQ 号码进行登录，具体的操作步骤如下：

01　双击桌面上的 QQ 图标，弹出 QQ 用户登录界面，如图 8-18 所示。

02　在“账号”框中输入 QQ 账号，在“密码”框中输入 QQ 密码，单击“登录”按钮。

图 8-18　QQ 用户登录界面

03　登录成功后，在桌面上可以看到 QQ 的操作面板，如图 8-19 所示，在屏幕右下角的状态栏信息提示区会出现一个小企鹅图标。

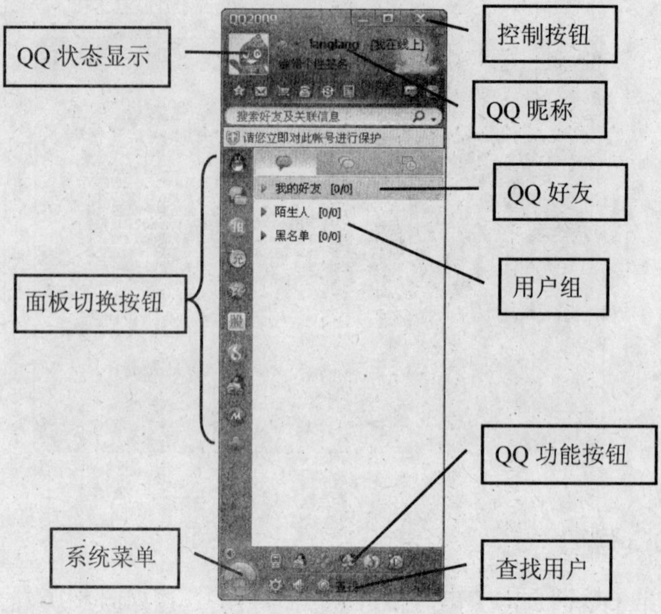

图 8-19　QQ 操作面板

8.5.4　查找并添加 QQ 好友

新号码首次登录时，好友名单是空的，要和其他人联系，必须先要添加好友。成功查找并添加好友后，你就可以体验 QQ 的各种特色功能了。具体操作步骤如下：

01　在 QQ 的操作面板上单击“查找”按钮，弹出如图 8-20 所示的窗口。选中“按条件查找”选项，填写要查找的条件，然后单击“查找”按钮。

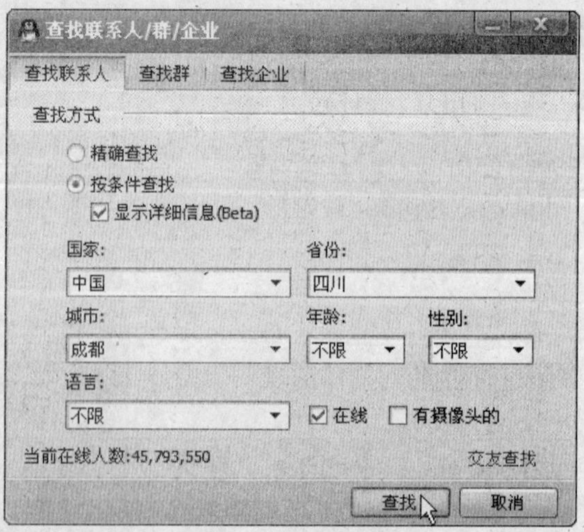

图 8-20　查找窗口

02　在弹出的窗口中选择希望添加的好友，然后单击“加为好友”按钮，如图 8-21 所示，对设置了身份验证的好友输入验证信息。若对方通过验证，则添加好友成功。

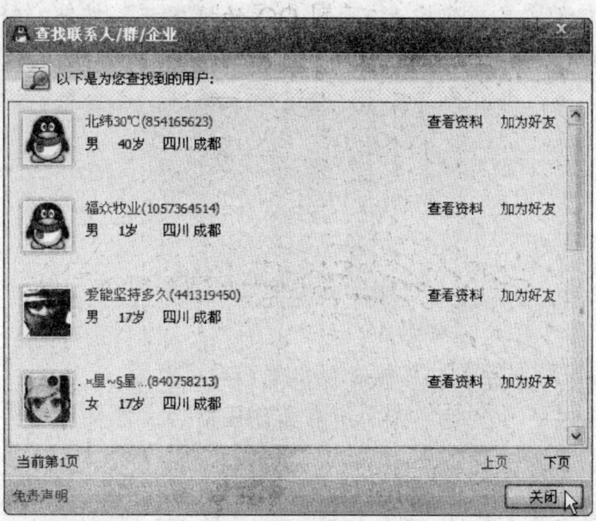

图 8-21 选择好友

如果你知道对方的 QQ 号码、昵称或电子邮件，则可进行“精确查找”。在图 8-20 中选中“精确查找”选项，输入查找条件，然后单击“查找”按钮。屏幕上会显示出 QQ 查找到的符合条件的用户，这时可选择希望添加的好友，然后单击“加为好友”按钮。

8.5.5 用 QQ 收发信息

当你拥有好友后，就可以与好友以收发信息的方式进行交流了。收发信息是 QQ 最常用和最重要的功能之一，包括发送信息和接收信息两个方面。具体操作步骤如下：

01 双击桌面上的“腾讯 QQ”图标，弹出 QQ 用户登录界面，输入 QQ 号码和 QQ 密码，单击“登录”按钮。

02 登录成功后，在 QQ 的操作面板上双击好友的头像，打开如图 8-22 所示的聊天窗口。

图 8-22 聊天窗口

03 在聊天窗口的文本框中输入文字后，单击“发送”按钮，将讯息发送出去。

04 当好友收到信息后，会回发信息。你收到信息后，好友的头像会在任务栏和“我的好友”组中不断闪烁，并有声音提示。查看聊天窗口，也会显示好友的回复信息。

习题与思考题

1．计算机病毒是什么？计算机病毒具有哪些特点？

2．计算机病毒的传播途径有哪些？

3．计算机被病毒感染后，有可能表现出哪些现象？

4．用 WinRAR 将一个文件夹中的所有文件压缩后，再将压缩文件复制到另一个磁盘中，并在该磁盘中将压缩文件解压。

5．用卡巴斯基全功能安全软件来查找计算机是否有病毒。

6．利用迅雷下载一部自己感兴趣的电影。

7．如果没有 QQ 号码，先申请一个 QQ 号码，然后对 QQ 号码进行保护操作，并登录，加入好友，收发信息。